普通高等教育教材

药用高分子材料

Polymers for Pharmaceuticals

金 青 主编

谭心舜 王法平 赵文英 彭 佳 副主编

化学工业出版社

·北京·

内 容 简 介

《药用高分子材料》立足国家药学教育指导委员会“社会需求导向”培养目标，依托青岛科技大学化工学科优势，将工学元素深度融入药物剂型的设计、制备、生产中。本书系统梳理了药用高分子材料在药物制剂中的应用原理，全书共六章，依次阐述高分子基础理论，天然、半合成、合成类药用高分子的结构与特性，制剂原理及包装材料应用，重点解析高分子材料在固体制剂、药囊、溶液及凝胶制剂中的形成机制与工业化应用，衔接本科教材并深化理论。通过对接国内外药典标准，深入探讨高分子材料结构特性与制剂可行性的关联。教材突出“工程应用导向”，通过理论与制剂案例的有机结合，助力培养兼具药学理论基础和工程实践能力的复合型人才。

本书主要面向药学专业“工业药学”方向硕士研究生及高年级本科生，适用于“药用高分子材料”课程教学，同时可作为制药工程、药用辅料研发等领域工程技术人员的参考用书。

图书在版编目（CIP）数据

药用高分子材料 / 金青主编. --北京 : 化学工业出版社, 2026. 1. --（普通高等教育教材）. --ISBN 978-7-122-48883-1

Ⅰ. TQ460.4

中国国家版本馆 CIP 数据核字第 202538MF35 号

责任编辑：马泽林　杜进祥　　　文字编辑：朱　允
责任校对：张茜越　　　　　　　装帧设计：刘丽华

出版发行：化学工业出版社
（北京市东城区青年湖南街 13 号　邮政编码 100011）
印　　装：北京科印技术咨询服务有限公司数码印刷分部
787mm×1092mm　1/16　印张 12　字数 282 千字
2026 年 1 月北京第 1 版第 1 次印刷

购书咨询：010-64518888　　售后服务：010-64518899
网　　址：http://www.cip.com.cn
凡购买本书，如有缺损质量问题，本社销售中心负责调换。

定　　价：45.00 元　

前　言

“药用高分子材料”课程为药学专业硕士研究生课程，依据全国药学专业学位研究生教育指导委员会以社会需求为导向目的的培养目标，重点服务于“工业药学”“临床医学”“药学管理”三个方向的药学专业型人才培养，青岛科技大学的药学专业充分发挥本校在化工、橡胶等工科领域的优势，将“工业药学”方向定为药学专业硕士的培养目标，以工学元素融入教材的编写形成本书的鲜明特色。

目前药用高分子材料在药物制剂中的应用日益广泛，其作为新兴药用辅料的原理尚未在药学专业研究生的教育中得到系统体现，现有的药用高分子材料相关教材主要是面向制药工程、药学专业的本科生教材，不能完全满足工业药学方向研究生的学习需求。因此笔者根据教学需要，结合教学经验编写了具有工程特色的《药用高分子材料》教材，为工业药剂理论研究提供有益补充。

本书的主要特色在于：

1. 以药物制剂形成过程为主线，从原理层面深入阐述高分子材料的理化性质及其药学应用；

2. 基于国内外药典标准，重点分析药用高分子材料的结构特性与制剂可行性之间的关系；

3. 突出工程应用导向，将理论知识与实际生产紧密结合。

本书由金青任主编，谭心舜、王法平，赵文英，彭佳任副主编。全书共分六章，重点解析高分子材料在固体制剂、药囊、溶液及凝胶制剂中的形成机制与工业化应用，衔接本科教材并深化理论。第一、二、五章由金青、赵文英合作编写，第三、四章由山东梅奥华卫科技有限公司王法平与谭心舜教授合作编写，第六章由金青、彭佳合作编写，内容及结构图审核由金青、赵文英、彭佳负责，青岛科技大学李微微、刘兴华、陈永根、郝小惠等药剂专业研究生进行了结构图的确认、核对等方面的工作。编写过程中，得到国家药用高分子研究专家孙怡提供的药用高分子包装材料资料的帮助，在此深表感谢。

由于编者水平有限加之药剂专业发展迅速，药物制剂种类日益丰富，药用辅料不断推陈出新，本书中难免存在疏漏之处，恳请广大读者批评指正，期待本书能为药学专业“工业药学”方向的研究生教学提供有力支持，同时也期望能为药用辅料工业化生产及相关领域的研究人员提供参考。

编　者

2025 年 1 月于青岛

目　录

第一章
高分子与药学

随着人们生活质量的不断提高，对医药产品及医疗服务的品质、疗效及安全性要求也日益提高，并因此引发了全球医药卫生领域的巨大变化。为了适应并推动这一变革的顺利进行，交叉学科成为制药工业技术高科技发展的必然趋势，将高分子引入药学行业，成为药物制剂研究的首要必选。

药物制剂是以现代化学、医学为主要理论指导，将用于治病防病的药物研究、开发和生产形成适宜给药形式的科学。药物剂型的制备所依靠的技术学科为药物制剂专业，内容包括药物剂型的制备理论、生产技术、质量控制与合理应用，药物制剂大部分形式是运用药用辅料进行药物加工并付诸应用。而60%以上药用辅料为高分子材料，如用淀粉、蛋白质、多糖等多种天然高分子材料以及聚乙二醇（PEG）、羟丙甲纤维素（HPMC）等多种有机合成高分子材料进行药物制剂的制备、包装等。高分子材料与药物制剂之间呈现学科密切交叉态势，尤其是现代药物和制剂的开发、医药学研究以及生命科学等领域更是离不开高分子化学理论，因此研究药用高分子材料在药物制剂的形成过程及应用的原理，对药学行业的发展有着重要的指导意义。

“药用高分子材料”课程是药学专业硕士研究生“工业药学”方向的核心课程，针对药用高分子在药学行业的重要地位，该课程对药用高分子的结构、性质、形成药物制剂的原理、高分子自身作为药物的应用原理以及药用高分子材料在药剂生产应用中的原理进行系统化阐述，达到将高分子材料进行药学性能（药物制剂形成、包装应用）原理服务于创新制剂产业化的目的。

第一节　高分子概述

高分子通常指由 10^3~10^5 个原子以共价键连接而成的一类分子量较高的分子聚集物，在药学领域，一般称分子量高于 10000 的分子为高分子。大部分高分子由小分子通过聚合反应而制得，因此也常被称为聚合物或高聚物，用于聚合的小分子被称为“单体”。

一、高分子化合物

高分子的研究是从将高分子溶液误认为是胶体溶液，是由小分子简单堆砌而成的胶团开始的。现在人们已经知道高分子的分子量从几千到几十万甚至几百万，是由成千上万个原子以共价键相互连接而成的结构复杂的大分子化合物[1]。随着感性认知的深化，1920 年，德国科学家 H. Staudinger 提出链型高分子的概念，认为“无论天然或合成高聚物，其形态和特性都可以由具有共价键连接的链型高分子结构来解释”，虽然它们的分子量很大，但都是以简单的结构单元和重复的方式连接的，其分子间作用力的情况与小分子大不相同，故具有特有的高强度、高韧性、高弹性等特性，开辟了对高分子研究的先河。1994 年，国际纯粹与应用化学联合会（International Union of Pure and Applied Chemistry，IUPAC）[2]将大分子与高分子认定为同义词，暂时定义高分子为“高分子量的分子”，其结构主要是由低分子量的分子按实际上或概念上衍生的单元多重重复组成的，由于组成的长链分子量很大，所含原子数目一般在几万以上，绝大多数高分子化合物是许多分子量不同的同系物的混合物，因此高分子化合物的分子量是平均分子量。

二、高分子化合物的分类

（一）根据来源分类

1. 天然高分子化合物

天然高分子化合物是指自然界存在的可供日常生活应用的高分子化合物，有淀粉、糊精、纤维素、阿拉伯胶、西黄蓍胶、甲壳素、海藻酸、透明质酸、动物明胶、蛋白质类、天然橡胶、植物藻类等。

2. 合成高分子化合物

合成高分子化合物是通过单体聚合反应（如加聚、缩聚）制备的高分子，或通过对天然高分子进行化学改性（如引入取代基、氧化、交联等）得到的衍生物。例如，可运用于包装塑料的聚丙烯、聚氯乙烯，将纤维素改性后形成的羧甲基纤维素、邻苯二甲酸醋酸纤维素、甲基纤维素、乙基纤维素、羟丙基纤维素、羟丙甲纤维素、琥珀酸醋酸纤维素等。

（二）根据分子链分类

1. 线型高分子

线型高分子（linear polymer）是指官能度为 2 的单体经过缩合聚合得到的无支链、主链很长的线状分子。有些烯类单体如甲基丙烯酸甲酯，聚合以后主链上出现的短侧链是由单体转换来的，而且长短一致，且有规律地出现在重复单元之中，这样的短侧链不称为支链，此类物质仍属于线型高分子。线型高分子体现的是柔性链结构，分子连接处为弯曲状态，具有热塑性特点，加热可以熔融且在适当的溶剂中可以溶解。

2. 支链型高分子

支链型高分子（branched polymer）是线型长链分子上带有长短不等支链的高分子，聚合后主链上出现多种侧链，长度不一致，导致同一种高分子化合物可以兼具晶态和非晶态两种结构，有些结构单一但单元复杂的高分子也属于支链高分子。如直链淀粉在水溶液中并不是线型分子，而是在分子内氢键的作用下分子链卷曲成螺旋状，每个螺旋含有 6 个葡萄糖残基，也称为支链高分子；又如高压聚乙烯，主链上带有 C_3～C_5 或更长的支链。支链的加入使得高分子性质发生改变，如热塑性和可溶性随支化度的不同而改变。支链高分子结构见图 1-1。

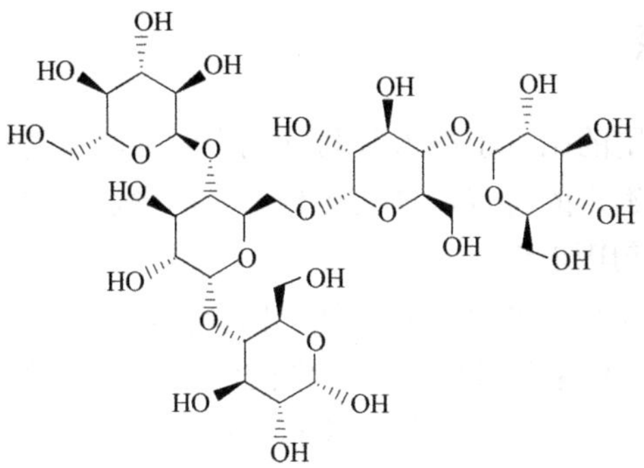

图 1-1 支链高分子（支链淀粉）结构示意图

3. 体型高分子

体型高分子化合物是线型高分子链上存在的可相互作用的官能团在一定条件下交联而成三维空间的体型（或网状）结构的高分子化合物，如多糖的多糖体含有的葡萄糖单元之间的连接不仅是 1,4-糖苷键连接，也存在 1,6-糖苷键的连接。体型高分子化合物又称网状高分子（network polymer）化合物，多羟基结构的分子间作用力使其成为网状立体状态的体型高分子，呈现立体聚合状态，具有不同的高分子性质，如一些多糖类的高分子作为药物使用时，只有遇水呈现立体结构性质才会使其具有生物活性[3]，多糖体体型高分子结构见图 1-2。

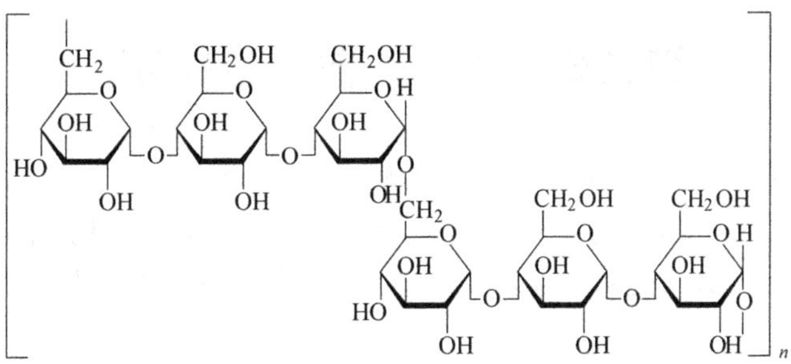

图 1-2 多糖体体型高分子结构示意图

（三）根据高分子的热敏行为分类

高分子的分子量大，当受热时分子外部与内部能够不同步接收热能，会出现不同的热敏行为。

1. 热塑性高分子

线型高分子的特点是热塑性，加热可以熔融而且在适当的溶剂中亦可以溶解，利用高分子的热塑性，线型柔性链高分子可用于片剂的包衣、凝胶敷料应用及药品的外包装等。

2. 热固性高分子

热固性高分子是指高分子在应用时呈现体型高分子性质，以结晶性质运用于药品的包装、骨骼的代替等，如有人采用自组装法制备了羟基磷灰石/明胶复合材料[4]，复合材料中存在酰胺和羟基，通过差热分析（DTA）和热重分析（TGA）确定了该复合材料的有机-无机比例与人体骨骼相似，日常在药剂中则利用热固性高分子（如环氧树脂）常用于医用器械、骨骼修复材料等需高稳定性的领域。

三、高分子的药用特点

“药用”二字使得所用的高分子纳入医药行列中时应具有符合医药应用的性质，高分子具有分子量大及分子量不确定的特点，导致高分子在药学应用时具有不同的方向。

1. 天然药用高分子的药用特点

天然药用高分子指在自然界中存在的高分子化合物，如在生物界中，构成生物体的蛋白质、纤维素，携带生物遗传信息的核酸，食物中的淀粉，衣服原料的棉、毛、丝、麻，以及木材和橡胶等都是有机天然高分子化合物，长石、石英、金刚石等都是无机高分子。

天然高分子化合物一般具有无毒且生物相容性好等特点（但需注意个别成分可能致敏或含毒性），如蛋白质、多糖等具有生物活性的天然高分子可直接作为高分子药物或辅料，也可通过化学加工成其衍生物，如预胶化淀粉、羟乙基淀粉等天然高分子材料的衍生化改变了其原有的使用性能，常常作为药物及药用辅料。

2. 合成药用高分子的特点

合成药用高分子具有的药用优势在于分子结构明确，分析方法简单，分子中的原子易通过人工手段改变结构，连接成网状时，可形成不同性质的立体结构体型高分子，如在加热时有的高分子可以熔融或在适当的溶剂中可以溶解，使得高分子可形成具有一定柔软性的膜、支架等应用于药品的制备、包装等，进而应用于医疗行业。

第二节　高分子结构及其特点

药物制剂的制备、包装离不开高分子的辅助，当药物与高分子接触时，高分子的性质会影响到药品的性质，因此对于药用高分子，需深入了解其结构、性质才能予以应用。高分子的结构[5]分为一级（近程）结构、二级（远程）结构和三级（聚集态）结构，分述如下。

一、高分子一级结构及其特点

（一）概念

高分子的一级结构是指聚合物的主链和侧链或侧基的化学结构，包括链的化学组成、单体的键连接方式、结构单元的空间构型及高分子链的几何形状，也称近程结构。与小分子的化学组成不同，高分子的化学组成主要包括碳链高分子、杂链高分子及元素有机高分子等，其单元具有高分子的化学结构特性及性能的特征，如单元上的羟基具有形成氢键的趋势特征。

（二）空间排列方式

高分子近程结构的空间排列方式分为几何异构与旋光异构。

1. 几何异构

高分子几何异构主要指高分子主链存在双键结构，双键两边结合的单元使得高分子能形成顺式和反式的结构。如顺-1,4-聚异戊二烯与反-1,4-聚异戊二烯，结构见图 1-3。

顺-1,4-聚异戊二烯　　反-1,4-聚异戊二烯

图 1-3　聚异戊二烯结构式

从结构可看出聚异戊二烯结构单元的连接主要以共价键形式，形成顺式异构体，聚异戊二烯双键的存在导致取代基的电性改变，空间位阻可在不同温度下发生改变，形成不同的结构单元空间排列方式。如天然橡胶是顺式 1,4-加成聚异戊二烯，是很好的弹性体，一般用于医药的包装如输液瓶的瓶塞等；反式异构（一般为合成）是反式 1,4-加成的聚异戊二烯（古塔波胶），其空间位阻的改变，导致古塔波胶易结晶而无弹性，可作硬性的塑料用，如塑料包装瓶等。

2. 旋光异构

高分子的分子链很长，结构单元原子在空间的不同排列易出现旋光异构和几何异构。如果存在不对称碳原子（又称手性碳），则每个链节就有两种旋光异构（D 型、L 型）。它们在聚合物中有三种键连方式：全同立构、间同立构及无规立构。若聚合物全部由一种旋光异构单元键连而成，则称为全同立构；由两种旋光异构单元交替键连，称为间同立构；两种旋光异构单元完全无规律连接时，则称为无规立构。

高分子立体构型的不同影响了高分子材料的性能。例如全同立构的聚苯乙烯结构比较规整，能结晶，熔点为 240℃；而无规立构的聚苯乙烯结构不规整，不能结晶，软化温度为 80℃。无规立构的高分子熔点略低，常作为高分子包装材料应用。

（三）特点

高分子的分子量大，结构极其复杂，从结构上来讲其特点分为以下几个方面。

1. 高分子主链的弯曲性

一般高分子的主链具有的碳链结构上带有不同的基团，导致碳原子结合的方向性不规则，形成的碳链具有弯曲趋势，如图 1-4 所示，碳原子的四价方向不同，结合基团不同，导致位阻改变，使得高分子内部都有一定的内旋转自由度，可以弯曲，从而使高分子长链具有柔性，这种性质可用于形成药品软包装的包装材料。

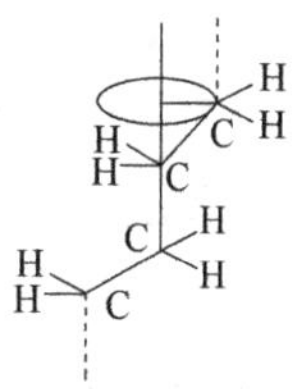

图 1-4　高分子主链的弯曲示意图

由于分子的热运动，柔性链的形态可时刻改变，呈现无数可能的构象，可形象比喻为线形、支链形、网状和梯形等（见图 1-5）。

高分子几何形状的改变在自然界部分高分子结构中表现出一定的生物活性趋势，如天然的直链多糖和纤维素等没有生物活性，而带有支链的香菇多糖和云芝多糖等则具有较强的抗肿瘤生物活性。其中，香菇多糖的活性成分是具有分支的 β-(1→3)-D-葡聚糖，主链由 β-(1→3) 连接的葡萄糖基组成，沿主链随机分布着由 β-(1→6) 连接的葡萄糖基，呈梳状结构（见图 1-6）。香菇多糖特定的结构与免疫活性密切相关，一般认为，增加多糖溶解度有利于提高其生理活性；中等分子量多糖的活性最好；只有具备三螺旋结构的香菇多糖才具有生物活性[6]。

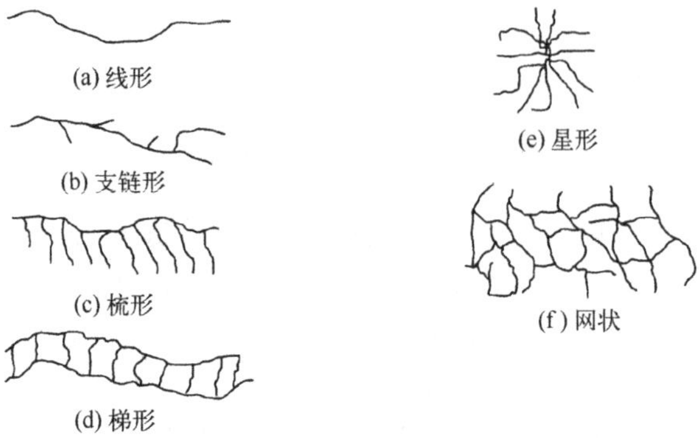

图 1-5　高分子链骨架的几何形状示意图

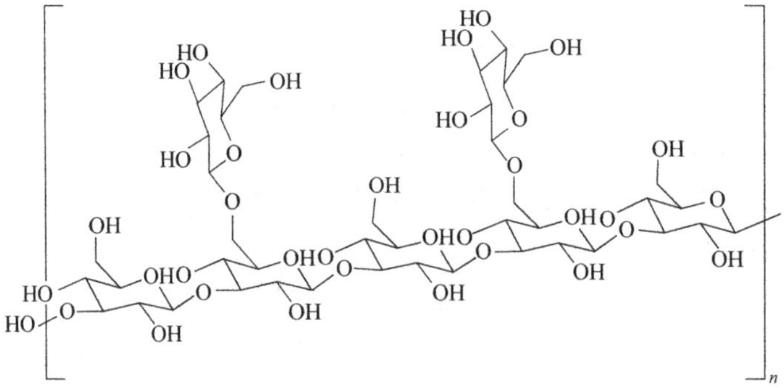

图 1-6　香菇多糖结构示意图

2. 高分子的结构强度

当组成高分子链的化学键不能内旋转或结构单元间有强烈的相互作用时，则形成高分子的刚性链，具有刚性链的高分子具有一定固定的构象及构型，以高聚物的结构强度表示其刚性，结构强度分为拉伸强度、压缩强度、弯曲强度、冲击强度和剪切强度。高聚物的结构强度不仅与其结构特征有关，还与受力作用时的外界条件（温度、湿度、拉伸速率等）有关，其大小直接影响到应用，如可用于代替人体骨骼、易碎药品的包装材料等。

3. 高分子的序列结构

高分子序列结构即指各个不同结构单元在高分子中的排列顺序。由两种或两种以上结构单元形成的共聚物高分子都具有一定的序列结构，分为以下几种基本类型：交替型、嵌段型、接枝型、无规型。对应的排列形式为：

M1—M2—M1—M2—M1—M2—M1—M2—M1—M2　　交替共聚物
M1—M1—M1—M2—M2—M2—M2—M2—M1—M1—M1—　　嵌段共聚物
M1—M1—M1—M1—M1……　　接枝共聚物
M2—M1—M2—M2—M1……　　无规共聚物

高分子为固定结构的序列结构时，则具有一定的晶型状态，表现为在高分子链之间存在交联结构，物理力学性能会出现不溶和不熔的现象，但同时也表现出分子与分子之间的作用力较弱，特别是分子量偏大时，易形成分散状态，可为药物分子提供分散条件，特别是针对大分子的蛋白质类、中药多糖类等。

高分子形状为类似“梯子”“双股螺旋”的序列结构时，分别称为梯形及双螺旋形高分子。如梯形结构的聚丙烯腈，具有优异的耐高温性能，为药品的消毒提供了很好的包装基础。

高分子具有手性序列结构时，往往作为生命活动重要基础的生物大分子，如蛋白质、多糖、核酸等，几乎全是手性序列结构；多糖的药理活性也与单糖间糖苷键的结合形式有关，云芝多糖是含有 β-糖苷键的葡聚糖，分子量在 1.3×10^6 以上，单糖间以 β-1,3、1,6 或 β-1,4、1,6-糖苷键手性连接是有效的，即具有药理活性，而纯 β-1,4-糖苷键连接的则没有药理活性[7]。

二、高分子二级结构及其特点

高分子二级结构也称为高聚物的远程结构，包括了高分子的大小及高分子形态（构象）。

（一）高分子的大小

1. 高分子的分子量及分子量分布

高分子的分子量及分子量分布是高分子材料最基本的结构参数之一，所有合成高分子化合物的分子量以及大多数天然高分子化合物的分子量都是不均一的，它们是分子量不同的同系物的混合物。高分子的大小主要由分子量及分子量分布来表达，其分子量可达数十万甚至数百万，但分子量的巨大差异导致高分子从低分子到高分子性质的改变，同时构成了高分子的分子量多分散性，故高分子具有的两个基本特点为分子量差异大和分子量的多分散性。

在药物制剂中，高分子的分子量及分子量分布直接影响到药剂中药物的释放与应用效果。如聚乙二醇200、300、400 常温下是液体，一般作为注射剂、半固体制剂辅料应用，而聚乙二醇 600~4000 则逐渐由液态变为半固体至蜡状固体，分子量继续增大，聚乙二醇 4000 则呈固体状态，主要用作药物制剂的分散剂，使得药物迅速扩散并增加药物的润湿性，故聚乙二醇广泛用于多种药物制剂，如注射剂、局部用制剂、眼用制剂、口服和直肠用制剂等。

高分子溶液的性质如溶液冰点的降低、沸点的升高、渗透压的变化现象归属于溶胀于溶剂中的高分子溶液中的高分子数目及分子量的分布，称为高分子溶液的依数性，可将这个性质特点应用于制剂中，如羟乙基淀粉可用于制备与人体体液等渗的人造血浆。

2. 高分子分子量

高分子分子量有三种常用表示方式：数均分子量、重均分子量及黏均分子量。

（1）数均分子量　根据高分子溶液的依数性测得的聚合物分子量平均值称为数均分子量，以 $\overline{M}_n$ 表示。它实际是加权算术平均值。

$$\overline{M}_n=\frac{\sum_i n_iM_i}{\sum_i n_i}=\sum_i N_iM_i \tag{1-1}$$

式中，n_i 及 N_i 分别是分子量为 M_i 的高分子的物质的量及摩尔分数。

（2）重均分子量　高分子溶液的性质与溶液中高分子的数目、尺寸有关，利用高分子对光的散射性质、扩散性质测得的平均分子量叫重均分子量$\overline{M}_w$。

$$\overline{M}_w=\frac{\sum_i m_iM_i}{\sum_i m_i}=\sum_i w_iM_i \tag{1-2}$$

式中，m_i及w_i分别是分子量为M_i的高分子的质量和质量分数。

（3）黏均分子量　根据聚合物溶液的黏度性质而测得的平均分子量称为黏均分子量$\overline{M}_\eta$。

$$\overline{M}_\eta=\left(\sum_i W_iM_i^\alpha\right)^{1/\alpha} \tag{1-3}$$

当其他条件固定时，高分子的性质与分子量大小有关，且可用函数关系来推断。

在药物制剂中，通常用聚合物的黏均分子量来推断药物的黏附与释放规律，以达到药物缓释以及控释的目的，常用重均分子量作为高分子的平均分子量。

（二）高分子的构象及形态

1. 高分子的构象

高分子单键内旋转产生的分子在空间的不同形态称为构象。高分子的主链很长，但很少呈直线形态，因大多数高分子主链中主要以C—C（或者C—N、C—O、Si—O等）单键连接而成，这些单键由σ电子组成，其电子云分布呈轴性对称，因此高分子在运动时C—C键可以绕轴旋转（称为内旋转），取代基的存在限制了这种内旋转。当单键进行内旋转时，其电子云分布发生改变，引起分子内部的热运动，从而导致高分子链的改变，通常高分子以弯曲构象存在的概率大，易形成不规则卷曲的高分子链结构，通常称为无规线团，如图1-7。

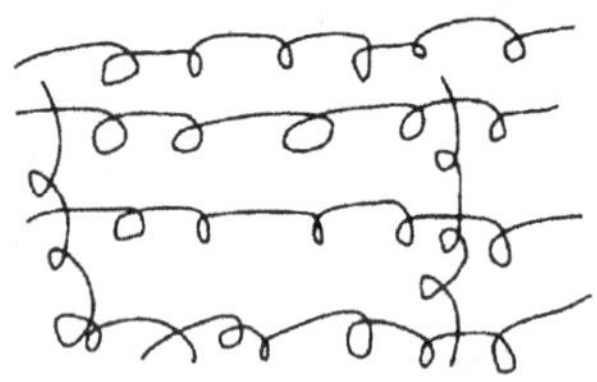

图1-7　无规线团示意图

2. 高分子的构象影响因素

高分子的构象影响因素主要指取代基与受热温度的影响。取代基的影响，主要指高分子旋转时受取代基的结构影响较大，取代基团决定了内旋转势垒的大小，取代基体积越大，极性越强，内旋转势垒就越大，高分子柔性越小；主链C与C之间键长越长，内旋转势垒就越小，柔性就越大。

而高分子受热温度的影响主要是指高分子受热后引起分子内部的热运动，高分子热运动促使高分子结构单键内旋转，内旋转使分子处于卷曲状态，呈现众多的构象。决定大分子构象的因素还包括熵值因素及能量因素，在不同条件下，这两者的相对重要性不同，导致产生各种不同的形态。

3. 高分子形态

高分子形态一般分为伸直链、折叠链、螺旋形链、无规线团四种基本类型，其中，伸直链为大分子锯齿形，如聚乙烯，折叠链如聚乙烯单晶，而螺旋形链如聚丙烯大分子链、蛋白质等。

利用高分子链的形态及构象可进行药物制剂中所用的包衣材料、包装材料以及外用和内用等敷料的选择设计。

三、高分子三级结构及其特点

高分子三级结构，指的是高分子材料本体内部高分子链之间的几何排列，亦称为聚集态结构。它是在分子间力作用下，高分子相互聚集在一起所形成的组织结构。高分子聚集态结构包括晶态结构、非晶态（无定形）结构和取向结构。

（一）高分子的晶态结构

高分子链整齐地排列成为具有周期性结构的有序状态叫高聚物的晶态。高分子的伸直链、折叠链、螺旋形链三种形态一般为晶体的代表，伸直链晶体聚合物在非常高的压力下结晶时所形成的分子链完全伸展开且平行规整排列成片状晶体，晶片厚度和分子链长相当，其大小同分子量有关。

通常，高聚物的晶态是由彼此平行排列的分子链段组成的，这些有序排列的分子链段的长度往往比整个高分子链的长度短很多。无论是从溶液中析出的各种形状的柔性链高分子晶体和结晶聚集体，还是从熔体冷凝而形成的高分子晶区，都是以分子链的小段有序排列形成晶区的。高分子链中折叠部分不规则排列的链段及连接相邻片晶之间的过渡区域中的链段则组成高分子晶态中的非晶区。

有些分子易于生成螺旋状的构象，而有些分子由于分子链的刚性不易弯曲而生成伸直链的构象。这些分子链段的聚集体可以具有分子链方向的一维有序性，形成棒状分子之间不存在规则的周期性结构的特点，这样使得有规律性的结晶造成分子之间的稳定性排列，分散性强，而非晶区则导致高分子的性质改变。一些天然的蛋白质分子可以形成完整的大单晶体，在晶体中一个个大分子（已先形成二级结构） 按晶格排列堆砌，而每个分子都有相当复杂的、独特的构型和构象，进而导致生物体的不同构造。

（二）高分子的非晶态（无定形）结构

高分子的非晶态（无定形）结构指高分子存在玻璃态、橡胶态、黏流态（或熔融态）及结晶高分子中非晶区的结构。目前主要有 Flory 的无规线团和叶叔酋（Yeh）的折叠链缨状胶束粒子两种模型，见图 1-8、图 1-9。

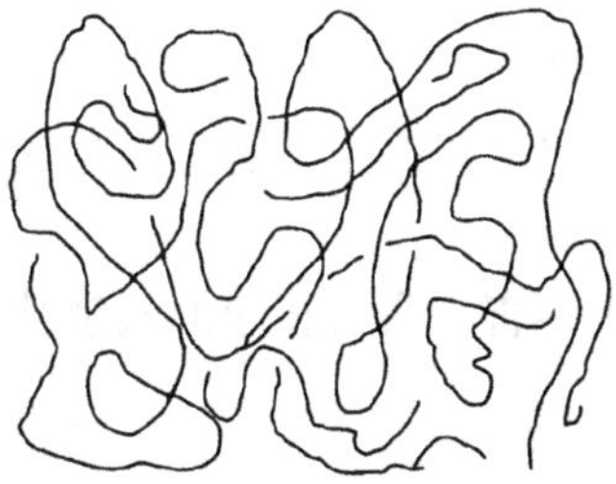

图 1-8 Flory 无规线团模型

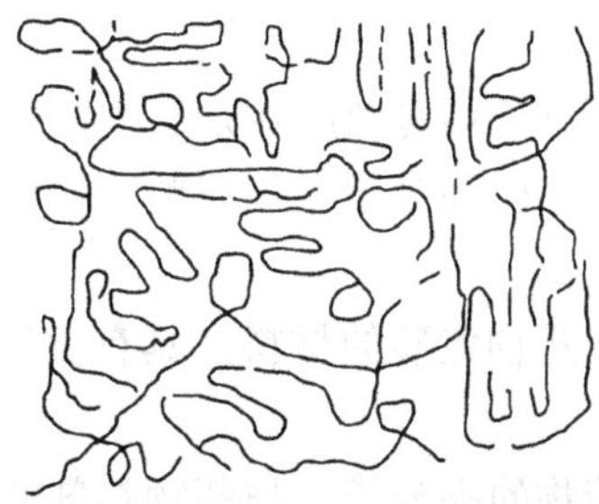

图 1-9 叶叔酋（Yeh）的折叠链缨状胶束粒子模型

由图 1-8 和图 1-9 可看出，非晶态聚合物存在局部有序的区域，主要体现为大分子链折叠而成的球粒或者链接，高分子的非晶态结构呈现固态物质原子的排列具有的近程有序、长程无序的状态，并不是统一晶态结构。

对于高分子液体，其分子在很小的范围内能像晶体一样做规则排列，但在较大范围内则是无序的，这称为近程有序，近程有序的特点表现在特定的结构基团与药物特定基团结合方式，如凝胶中分子之间氢键的结合。

对高分子晶体，原子在空间内按一定规律作周期性排列，是高度有序的结构，这种有序结构原则上不受空间区域的限制，故晶体的有序结构称为长程有序。具有长程有序特点的晶体，具有分散特性，当宏观上物理性质（力学的、热学的、电磁学的和光学的）改变时，晶体的分散性随体折射方向的改变而改变，导致熔解时有一定的熔解温度并吸收熔解潜热，高聚物的玻璃化转变温度（T_g）和熔点（T_m）之间的温度差可作为药物制剂中半固体制剂的熔距。

（三）高聚物的取向结构

当线型高分子充分伸展时，其长度为其宽度的几百、几千甚至几万倍，这种结构上悬殊的不对称性，使它们在某些情况下很容易沿某特定方向作占优势的平行排列，称为高聚物的取向。即高聚物取向是指高聚物在外界条件影响下，如温度、压力时，发生流动和变形，往往会得到一定程度的取向，分子链沿力场方向有序排列。取向状况是反映高聚物分子聚集态结构的重要方面。高聚物的取向现象包括分子链、链段，以及结晶高聚物的晶片、晶带沿特定方向的择优排列，这一特性可为药物制剂在体内的固定靶向制剂提供设计思路。

第三节　高分子的分子运动及药学性质

在以前，基本以植物药、动物药或矿物药的原生态形式来治病，直到 19 世纪，化学合成药物进入人们的视线，因其纯度高、用量小、治疗针对性强引起了广泛关注。但使用中发现，大多数合成药物并不能给人直接服用，需要按照人的代谢能力制成一定的制剂形式进行吸收，而药物制剂的制备及其稳定性需要药用辅料的辅助，因此，现在已经普遍认识到，药用辅料已经直接影响到药物在人体内的吸收、代谢及排泄。辅料中用到的安全、有效、稳定的高分子材料，统称为药用高分子，对此类高分子的应用要求主要包括以下几个方面：

① 药用高分子自身需呈稳定状态，即具备无毒、无刺激、无生理药理作用及无致畸、致癌等性质。

② 药用高分子本身及所含杂质不影响药物的性质及其质量分析。

③ 进入人体的高分子，不影响药物的生理代谢及排泄，自身以原形或者无害代谢物排出体外。

④ 应用于药物包装的材料，具有保护药物的性质，如无毒害，具有相应的气密性、透明性等。

⑤ 作为药物的高分子，与药物制剂的要求一致。

鉴于上述药用高分子的应用要求，制药行业中所用到的高分子的性质与药物制剂的形成、应用密切相关。

一、高分子的分子运动

（一）高分子的分子热运动

高分子的分子运动[6]主要指高分子的分子热运动，高分子具有多重运动单元结构如侧链、支链、链节、链段及整个大分子等，决定了与其结构相对应的分子运动具有多重性，而具有多重性的主要原因是受到温度的影响而引起的高分子热运动。相对应的运动方式有：键长、键角的振动或扭曲；侧链、支链或链节的摇摆、旋转；分子内旋转及整个大分子的位移等。这样，在形成药物制剂的过程中，随着温度等外部条件的变化，高分子链相对应的运动单元发生松弛等体积改变特征，能够在一定程度上改变药物与高分子的结合方式，从而影响药物制剂的稳定性。

1. 高分子的热运动形式

结晶态高分子聚合物规则排列区域称为晶区，无序排列区域称为非晶区，晶区所占的百分比称为结晶度。通常结晶度在80%以上的聚合物称为结晶性聚合物，即结晶聚合物。高分子的热运动形式主要指结晶聚合物与非结晶聚合物的热运动形式。

（1）结晶聚合物热运动形式　结晶聚合物热运动形式主要指其熔融特征，其分子内部随着温度变化存在晶型转变、晶区缺陷部分的运动特征。

（2）非结晶聚合物热运动形式　非结晶聚合物内部分子处于不同的运动状态，在宏观上表现为三种力学状态，即玻璃态、高弹态及黏流态，并对应于三个不同的温度区域，如图1-10。

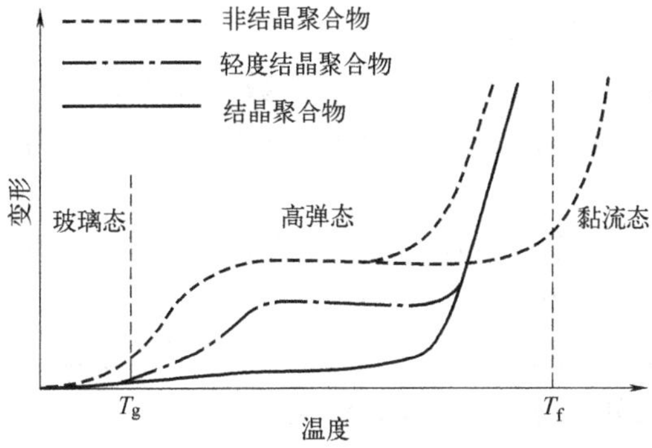

图1-10　非结晶聚合物的温度-变形曲线

无定形聚合物（包括结晶型聚合物中的非结晶部分）的玻璃态和高弹态相互转变的温度，是无定形聚合物大分子链段自由运动的最低温度，通常用玻璃化转变温度 T_g 表示；由高弹态转变到黏流态的温度称为黏流化温度 T_f。玻璃化转变温度是聚合物的链节开始旋转的最低温度，它的高低与分子链的柔顺性和分子链间的相互作用力大小有关。

非结晶聚合物在玻璃化转变温度以下时处于玻璃态，聚合物表现出一定脆性，在玻璃化转变温度以上，聚合物表现出黏弹性，故许多药用高分子用作辅料时，随着温度的变化而引起药物制剂性质的改变。例如以大分子糊精为稀释剂制成的颗粒制剂，随着时间的延长与温度的变化，出现崩解时间延长的现象。特别是制成颗粒后压片，这一特征更是明显。制剂过程中，一般生产温度为室温，但放置过程中，当室外温度发生变化时，糊精与水分子间氢键结合增多，崩解时间延长。

2. 高分子的玻璃化转变温度

玻璃化转变温度是药物制剂中制备半固体制剂的重要参照数据[8]，可用于测定基质的熔距、热容等，以确定所制备的药物制剂的综合性质。因此作为辅料的高分子材料的玻璃化转变温度成为半固体制剂必要的测定指标之一。一般 T_g 测定方法主要有膨胀计法、折射率法、热机械法、差热分析法及核磁共振法。

（1）膨胀计法　膨胀计法为在膨胀计内装入适量的受测聚合物，通过抽真空的方法在负压下将没有溶解作用的惰性液体充入膨胀计内，然后在油浴中以一定的升温速率对膨胀计加热，记录惰性液体柱高度随温度的变化。由于高分子聚合物在玻璃化转变温度前后体积发生突变，因此惰性液体柱高度-温度曲线上对应有折点，折点对应的温度即为受测聚合物的玻璃化转变温度。

（2）折射率法　折射率法为利用高分子聚合物在玻璃化转变温度前后折射率的变化，找出导致这种变化的玻璃化转变温度，此法运用较少。

（3）热机械法（温度-变形曲线法）　热机械法为在加热炉或环境箱内对高分子聚合物的试样施加恒定载荷，记录不同温度下的温度-变形曲线，找出曲线上的折点所对应的温度，即玻璃化转变温度。

（4）差热分析（DTA）及差示扫描量热（DSC）法　差热分析（DTA）差示扫描量热（DSC）法为药物制剂中测定玻璃化转变温度的常用方法，该法主要以玻璃化转变温度为界，根据高分子聚合物物理性质随高分子链段运动自由度变化而发生显著变化的特点，测其热容的变化。以样品吸热或放热的速率——热流率 dH/dt（单位 mJ/s）为纵坐标，温度 T 或时间 t 为横坐标，测定多种热力学和动力学参数。该法多运用于冻干制剂、外用制剂辅料的选择等制备工艺条件的分析，如纯度（原料及辅料）、晶型与共晶（冻干制剂）等方面的检测。

（5）核磁共振法　当温度升高后，分子运动加快，高分子质子环境被平均化，处于高能量的带磁矩质子与处于低能量的带磁矩质子在数量上开始接近，共振谱线的宽度随着温度变化，到玻璃化转变温度时谱线的宽度发生突变。利用这一现象，可以用核磁共振仪，通过分析其谱线的宽度获取高分子材料的玻璃化转变温度。

（二）高分子的黏性流动流体

高分子的黏性流动流体可分为牛顿流体和非牛顿流体两类。药物制剂中，高分子溶液性质直接影响到制剂的质量及生产工艺条件的确定，如注射剂、半固体制剂的制备与分装。

1. 牛顿流体

牛顿流体是指在受力后极易变形，且切应力与变形速率成正比的低黏性流体。凡是服从牛顿内摩擦定律的流体称为牛顿流体。所谓服从内摩擦定律是指在温度不变的条件下，随着流速梯度的变化，黏度值始终保持一致。如水、乙醇等大多数纯液体、低分子化合物溶液以及低速流动的气体等均为牛顿流体，药物制剂的制备中，常利用小分子的水、乙醇等牛顿流体作为溶剂进行药物的提纯等，以改变制剂的性质。

2. 非牛顿流体

液体的切应力与剪切速率之间不再呈线性关系[9]，聚合物的熔体和浓溶液、聚合物分散体系（如胶乳）以及填充体系等并不符合牛顿流动定律，这类液体统称为非牛顿流体。高分子聚合物的浓溶液如凝胶基质、淀粉浆、人造血浆等一般为非牛顿流体。

一般用来表示非牛顿流体的切应力与剪切速率之间的关系式如下：

$$\tau=kr^{n}\ (1<n<\infty,\ 0<n<1) \tag{1-4}$$

式中，n 为流态特性指数；k 为稠度系数；r 为剪切速率。

若为牛顿流体公式，则 n=1，此时 k 为黏度。

式（1-4）中，设 $\eta_a=kr^{n-1}$，则与牛顿流体相似的非牛顿流体的状态方程可写为：

$$\tau=\eta_a r \tag{1-5}$$

η 与 η_a 表示同样物理特性，有相同的量纲，即 η_a 为表观黏度。表观黏度 η_a 是流体内部阻力的总和。然而与 η 不同的是，η_a 是 r 的函数，与 k 和 n 有关。即 η_a 是指非牛顿流体在某一流速的黏度。非牛顿流体可分为以下几种形式：

（1）宾厄姆流体或塑性流体　宾厄姆流体是指当切应力超过某值才开始发生剪切变形，且切应力随剪切速率呈线性变化的液体。牛顿流体（如水、空气）属于低分子量流体，而宾厄姆流体则属于高分子量流体，其切应力不符合牛顿内摩擦定律，当切应力达到某个确定值以后，流体才开始流动，如图 1-11 所示。

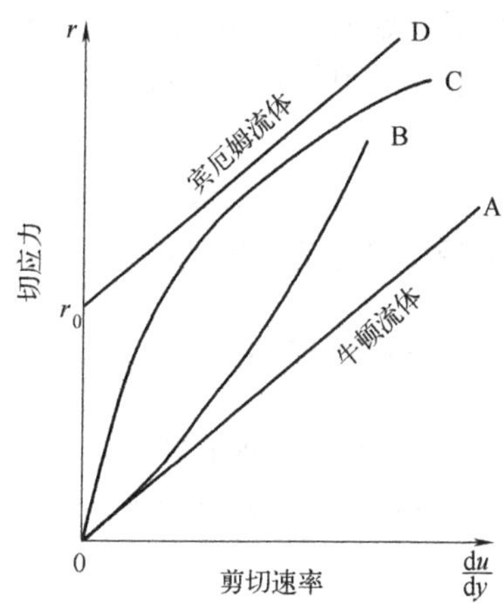

图 1-11　宾厄姆流体与牛顿流体黏度示意图

大多数聚合物在溶剂中的浓溶液属于宾厄姆流体，如糖浆类。

（2）假塑性流体　假塑性是指聚合物溶液的表观黏度随着剪切速率的升高而呈幂律模式变化的性质，即黏度与剪切速率之间是幂律关系，亦即剪切速率增大，表观黏度持续降低。大部分非牛顿流体均为假塑性流体（pseudo plastic fluid）。具有假塑性的制剂，大多数由巨大的链状分子构成的高分子胶体粒子组成。如黏多糖，在低流速或者静止时，由于互相缠结，黏度较大，故而显得黏稠。然而流速变大时，这些比较散乱的链状粒子会受到流层之间的切应力作用，减少了它们的互相钩挂，会发生滚动旋转进而收缩成团，于是表现为剪切稀化的现象，特别是分子量分布较宽的大分子。

从微观上讲，布朗运动使聚集体重新形成，即链状胶体分子又恢复到其无取向的自然位置，产生了变形的液滴恢复为球形，这种情况直接影响了高分子胶体溶液的均匀性，如糖浆、淀粉糊等高分子溶液，以及乳状液和悬浮液都属于假塑性流体。制剂加工行为受高分子流体假塑性的直接影响，分装过程中需注意聚合物溶液在流动过程中黏度随着速度的增加或减小使得分装剂量改变的现象。

（3）胀塑性流体　与假塑性流体性质相反，胀塑性流体（dilatant fluid）为黏度随着剪切速率的增大而增大的流体，也称为剪切增稠流体（shear thickening fluid）。在式（1-4）中，

如果 $1<n<\infty$，为胀塑性流体。药物制剂中所用的高分子胀塑性流体材料比较典型的是玉米淀粉糊，当向淀粉中加入水，混合成糊状后，缓慢倾斜容器，淀粉糊会像液体那样流动。但如果施加更大的切应力，如用力快速搅动淀粉，那么淀粉稀糊反而会变“硬”，失去流动的性质，且阻力很大，一般生产中会利用淀粉随温度升高而溶胀的性质进行慢速度的搅拌。

（4）触变性流体　触变性流体（thixotropic fluid）具有触变性。即在恒定的温度下，如果剪切速率保持不变，流体的切应力和表观黏度会随时间的延长而减小，或者说它们的流变性受应力作用时间的制约，这种流体称为触变性流体，也称为依时性流体，分触变体和流凝体两种。

触变性流体内的质点间形成一定结构，流动时结构破坏，停止流动时结构恢复，但结构破坏与恢复都不是立即完成的，需要一定的时间，因此系统的流动性质有明显的时间依赖性。触变性可以看成是系统在恒温下“凝胶-溶胶”之间的相互转换过程的表现。物体在切应力作用下产生变形，若黏度暂时性降低，则该物体具有触变性，该类高分子性质可用于温敏性外用凝胶的制备。

（5）胶变性流体　胶变性流体（rheopexy fluid）与触变性流体相反，随着流动时间延长，流体变得越来越黏稠，因为流动促进了液体粒子间的摩擦。止咳糖浆类的制剂，随着放置时间延长，其中的高分子材料与水形成越来越多的氢键，则流体变得黏稠，出现使用不便的情况。

综上所述，高分子溶液的流动性是根据高分子结构的不同而导致性质的不同，并不能按照统一的规律进行药物制剂的研制及生产。

二、高分子的药学性质

高分子化合物的分子量大，在物理、化学和力学性能方面与低分子化合物有较大差异。高分子涉及药学应用的性质主要涉及高分子的物理性质、化学性质及生物学性质等方面。

（一）高分子的物理性质

1. 高分子的溶解性

（1）高分子的溶解特征　高分子化合物的分子量很大，但组成并不一定复杂，它们的分子往往都是由特定的结构单元通过共价键多次重复连接而成。但由于同一种高分子化合物的分子链所含的链节数并不相同，导致本身的结构、分子量在分子内外部具有不同的性质，因此，相同的条件下溶解性质也有所不同。

一般高分子的溶解特征主要指溶解过程中的变化，表现为溶剂分子能比较快地渗透进入高聚物，先进行“溶胀”，进而呈现溶解现象。溶剂分子渗入高聚物内部，使高聚物体积膨胀，可分为两个阶段：

第一阶段即高分子以分子形式分散到溶剂中形成均匀的高分子溶液。这部分聚合物形成聚合物溶液的依数性性质（即高分子形成溶液后，呈现溶液冰点的降低、沸点的升高、渗透压大小等性质）只取决于溶液中高分子的数目，这类特征统称为聚合物溶液的依数性。

第二阶段为交联高聚物只能溶胀，不能溶解，这与高分子结构中基团形成的位阻有关，交联高分子以共价键为主，分子庞大，与溶剂分子结合的部位仅限于分子表面，因此在高分子药物溶液类制剂的制备过程中，经常遇到高分子溶液出现黏团的问题，溶解过程缓慢，形成具有一定黏度的非牛顿流体。

（2）高分子溶度参数

① 溶度参数　高分子溶度参数[5,10]为体现高聚物溶胀的特征参数。高分子的溶解过程是溶质分子与溶剂分子相互混合的过程，由于高分子的分子量大，在溶解过程中，分子与分子之间的相互作用力在分子表面与内部是不同的，表现出放热和吸热的现象，放热和吸热由分子内部内聚能变化导致，高分子内聚能为单位量的物质分散至分子间作用力消失所需的能量，用以衡量物质分子结合的紧密程度，由此引入溶度参数概念。溶度参数定义为高分子内聚能密度的平方根，内聚能密度即单位体积的内聚能。

根据经典的 Hildebrand 溶度公式，混合热ΔH_{m}为

$$\Delta H_{\mathrm{m}} \approx V_{12}(\delta_1-\delta_2)^2\varphi_1\varphi_2 \tag{1-6}$$

式中，V_{12}为溶液的总体积，cm^3；δ为溶度参数，（J/cm^3）$^{1/2}$；φ为体积分数，下标 1 和 2 分别表示溶剂和溶质。此式只适用非极性溶剂和溶质的相互混合。

由式（1-6）可看出，混合热ΔH_{m}是由溶剂和溶质的溶度参数不等引起的，如果二者数值接近，则满足自发进行的条件，对于小分子而言，内聚能就是气化能。可利用高分子的溶度参数进行药物制剂过程中高分子辅料的选择。

溶度参数可用下列公式表达：

$$\delta_1=\left(\frac{\Delta E_1}{V_1}\right)^{1/2}，\delta_2=\left(\frac{\Delta E_2}{V_1}\right)^{1/2} \tag{1-7}$$

式中，ΔE为内聚能，J；V为体积，cm^3；δ_1为溶剂溶度参数；δ_2为溶质溶度参数。

② 溶度参数测定方法　聚合物的溶度参数可用黏度法或溶胀度法测定。

A. 黏度法。黏度法是将聚合物溶解在各种溶度参数与聚合物相近的溶剂中，分别在同一浓度、同一温度下测定这些聚合物溶液的特性黏度，因聚合物在良溶剂中舒展最好时特性黏度最大，故把此时的特性黏度作为聚合物的溶度参数。溶剂的溶度参数可以根据溶剂的蒸气压与温度的关系，通过 Clapeyron 方程和热力学第一定律算出溶剂的内聚能ΔE，然后由式（1-7）求得。

B. 溶胀度法。溶胀度法是指在一定温度下，将交联度相同的高分子分别放在一系列溶度参数不同的溶剂中使其溶胀，测定平衡溶胀度，聚合物在溶剂中溶胀度不同，只有当溶剂的溶度参数与聚合物的溶度参数相等时，溶胀最好，溶胀度最大。因此，可把溶胀度最大的溶剂所对应的溶度参数作为该聚合物的溶度参数。

③ 常用高分子和溶剂的溶度参数　溶度参数用以衡量物质分子结合的紧密程度，溶剂与溶质溶度参数接近，才有可能使得形成的高分子溶液溶胀达到最好状态，根据表 1-1、表 1-2 数据可看出，一般聚合物的溶度参数并不高，但带有羟基的聚乙烯醇则高至 20 以上，与多数溶剂的溶度参数接近，形成聚合物溶液的状态最好。

□ 表1-1 几种药用聚合物的溶度参数　　单位：$(J/cm^3)^{1/2}$

聚合物	σ	聚合物	σ	聚合物	σ
聚乙烯	16～16.6	聚氧化乙烯	15.3～20.2	聚甲基丙烯酸甲酯	15.3～20.2
聚丙烯	16.8～18.8	聚苯乙烯	20.1	聚甲基丙烯酸乙酯	20.1
聚氯乙烯	19.4～19.8	聚甲醛	20.8～22.5	聚丙烯酸甲酯	20.8～22.5
聚醋酸乙烯酯	19.2	聚丁二烯	18.8	聚氨基甲酸酯	18.8
聚乙烯醇	25.8～29	聚二甲基硅氧烷	15～15.5	二醋酸纤维素	15～15.5

□ 表1-2 几种药用溶剂的溶度参数　　单位：$(J/cm^3)^{1/2}$

溶剂	σ	溶剂	σ	溶剂	σ
乙醇	26	乙酸乙酯	18.6	环己酮	20.2
正丁醇	23.3	四氯化碳	17.6	乙腈	24.3
甲酸	27.6	三氯甲烷	19	*N,N*-二甲基甲酰胺（DMF）	24.7
醋酸	25.8	吡啶	40.3	二甲基亚砜（DMSO）	27.4
水	47.4	丙酮	20.4	丙三醇	33.7

2. 高分子的气密性

高分子的气密性指的是高分子的渗透性和透气性。在制药行业，使用的药品包装材料及医用材料中，高分子占据半壁江山，其中高分子的气密性直接影响药品的储存。

高分子的渗透性和透气性为由溶质或气体引起的渗透压大小或溶质分子或离子数目的改变的性质，一般以在一定压力差下，单位时间内通过试样单位面积的溶质量或空气量表示。高分子结构的特殊性，能使小分子物质透过，是药物制剂中药物溶出或者包装应用的重要性质之一。如液体或气体分子通过聚合物时，先溶解在聚合物内向低浓度处扩散，从薄膜另一边流出或逸出，透过量 q 可用 Fick 定律表示，见式（1-8）：

$$q=\frac{P_g tA(p_1-p_2)}{I} \tag{1-8}$$

式中，A 为膜面积；t 为渗透时间；P_g 为渗透系数；p_1、p_2 为膜两侧分压；I 为膜厚度；q 为透过量。

聚合物的结构和物理状态对渗透压影响甚大，高聚物链的柔性增大时渗透性提高，而结晶度越大，渗透性越小。常用聚合物的渗透系数见表1-3。

□ 表1-3 常用聚合物的渗透系数 P_g

聚合物名称	渗透系数［kg/(m·s·Pa)］			
	水蒸气（H_2O）	氧气（O_2）	二氧化碳（CO_2）	氮气（N_2）
聚丙烯	3.1×10^{-16}	2.5×10^{-17}	1.4×10^{-16}	4.2×10^{-18}
聚氯乙烯	1.2×10^{-15}	4.5×10^{-19}	1.7×10^{-18}	1.4×10^{-20}
聚偏二氯乙烯	1.8×10^{-17}	5.1×10^{-22}	1.4×10^{-21}	5.9×10^{-23}
聚碳酸酯	8.1×10^{-15}	1.8×10^{-17}	1.5×10^{-16}	2.8×10^{-18}
聚己内酰胺	4.1×10^{-15}～41①$\times10^{-15}$	1.0×10^{-19}	1.8×10^{-18}	1.7×10^{-21}

① 取决于相对湿度。

在聚合物作为药物传递系统的辅料时，渗透性的大小直接影响药物释放速率，渗透性大，释放速率快，渗透性小，释放速率慢。如包衣所用的乙烯-醋酸乙烯共聚物材料在形成包衣液时，受玻璃化转变温度（T_g）及结晶度的影响，材料的 T_g 降低，释放速率就快，结晶度增大，渗透性就会减小。

当高聚物极性增强时，透气性减弱，而柔顺性增加时，透气性增强，分子的对称增加则有利于提高气密性，例如，丁基橡胶分子链中由于存在对称的甲基，气密性是各种聚烯烃橡胶中最好的，适用于药品包装容器密封用胶塞、汽车内胎或无内胎轮胎的密封层。为了解决聚氯乙烯（PVC）材料的透氧气性能差的问题，人们通过氯乙烯单体与烯基硅氧烷单体共聚的方法，在 PVC 链上连接上硅氧烷链段，由此 PVC 加工的膜材具有较高的透氧性，可用作贮血袋。但近几年发现含有氯元素的 PVC 包装袋在一定程度上能影响药物的稳定性（见第五章），现改用多层膜的非 PVC 软包装袋来改善其气密性取得了较好的应用效果。

3. 高分子材料的固体分散性能

高分子材料的固体分散性充分体现在药物制剂固体分散体制备技术中。由于高分子具有大分子量特点，具有晶态和非晶态两种状态[11]，难溶性药物能以分子、胶态、微晶等状态均匀分散于高分子固态载体物质中，利用高分子化合物分子结构的排列规整有序或者无序，将药物分散开来，形成理想的分散体系。

4. 高分子材料的包裹性能、加工成型性能

组成高分子链的原子之间是以共价键相结合的，碳原子四价方向不同及高分子链基础单元的连接方式不同，使得高分子链有链型和体型两种不同的类型。通常柔性链结构的高分子材料有形成膜的包裹性能，而体型高分子材料在拉伸平面内的随机排列，则使得其具有加工成型性能。

（二）高分子的化学性质

高分子的分子量大，分子内部具有的刚性与柔性结构具有不确定性，并且表面基团的存在，导致其发生化学反应也具有一定的不确定性。20 世纪末期至 21 世纪初研究发现药用高分子的表面基团反应会影响药物制剂的性质，如多肽和蛋白质类药物表面的结构修饰等导致了高分子整体性质的改变。

1. 高分子化学反应

（1）高分子化学反应特征　高分子化学反应特征表现为高分子的表面反应。因高分子的分子量大，分子量分布不均匀，内部的刚性与柔性结构不能使反应基团充分发生化学反应，只能停留在分子的表面，如蛋白质分子表面的氨基、羟基、羧基及巯基，多糖类大分子的酰氨基、羟基等，聚酰胺类高分子中的酰氨基可与很多物质发生亲和反应或吸附作用，也可以通过氢键与水中的颗粒相互作用，从而达到良好的絮凝效果。聚酰胺高分子还可以与 Cu^{2+} 等金属离子发生络合反应，从而达到去除水中有毒金属离子的作用。

（2）高分子化学反应类型

① 一般有机化学反应　高分子的一般有机化学反应指常规的化学反应，如取代、加成、消除、水解、酯化、氢化、卤化、醚化、硝化、磷化、环化、离子交换反应等，可利用高分子如蛋白质分子表面的氨基或者羧基与药物成酯后进入体内，增加药物的稳定性。

② 表面反应　高分子化学反应特征为高分子内部的反应基团不能充分发生化学反应，反应只能发生在高分子的表面，表面反应能够改进高聚物的触感、抗静电性、耐磨蚀性、渗透性、黏结性以及生物相容性；高分子表面还能在肽、寡核苷酸等的合成中用作载体，实现固相合成，以增加用药的安全性，也可利用高分子表面抗静电性的改变改善药物的包装材料。

③ 络合反应　利用聚乙烯胺、聚丙烯酸等带有氨基、羧基、羟基的高聚物作为高分子配体与金属离子络合，形成高分子络合物。如脱乙酰基甲壳素（壳聚糖）具有氨基，可作为人体内各种微量金属元素的调节剂以及重金属中毒的解毒剂。

④ 聚合反应　高分子的聚合反应主要指加聚反应，即将不饱和乙烯类单体或环状化合物通过自身的加成聚合反应生成高聚物。

针对高分子的长碳链结构，加成聚合反应主要分为以下三种方式：

A. 本体聚合。只有单体及少量引发剂，而不用溶剂和分散剂的聚合方法，称为本体聚合。在药剂制备的过程中，可利用蛋白质的自乳化结构进行聚合，将蛋白质与水混溶，控制电解质或者温度变化，蛋白质自身聚合形成聚合状颗粒。

B. 悬浮聚合。在单体和反应生成的聚合物均不溶解的溶剂（一般用水）中，将单体以小液滴的形式悬浮在溶剂（水）中的聚合方法，称为悬浮聚合。该方法主要用于药物制剂的分子微囊、脂质体制备中。

C. 乳液聚合。在乳化剂存在下，经搅拌等措施使单体分散于水中成为乳状液，然后使用水溶性引发剂引发聚合的方法，称为乳液聚合。

乳液聚合不仅用于高分子的合成，还可用于天然高聚物的改性形成接枝的半合成高分子，或用于天然高分子基微球、纳米粒以及微凝胶等制备中，也可用于制备分子微囊等。

2. 高分子的化学反应能力及影响因素

高分子的化学反应指高聚物在物理及化学因素影响下，发生引起化学结构改变和化学性质变化的反应。化学反应能力及影响因素能反映出化学反应程度[12]。

（1）高分子的化学反应能力特征　高分子的化学反应表现在高分子不完全反应性，呈现以下几个能力特征：

① 一个高分子长链含有大量具有反应能力的基团，当进行化学反应时，并非所有的基团都参与反应。

② 由于高分子链很长，在外界因素作用下，容易发生大分子裂解、内环化、链间支化（或异构化，甚至交联）等副反应。

③ 高分子与化学试剂发生反应受试剂在高分子相内的扩散速度影响，如果试剂在高分子相内扩散速度高于反应速度，则反应与低分子反应相似。但一般情况下大分子的扩散速度总是比反应速度要慢一些，若试剂不能扩散进高分子相内，则反应只局限于高分子的表面上，反应是不均匀的。

（2）高分子化学反应的影响因素

① 静电荷与位阻　当高分子的部分功能基转化为与化学试剂相同电荷的离子基后，可明显降低它邻近功能基的反应性，这就使得高分子链中并不是所有基团都能参与反应，主链上的基团受位阻保护，导致试剂不易与之接触，难以发生化学反应。如在大分子中药成分分离过程中，壳聚糖作为絮凝剂，以电中和及吸附方式沉降带负电荷的蛋白质、黏液质、鞣质等胶体粒子，达到澄清药液、去除杂质的目的，但中药大分子结构的复杂性使得壳聚糖的使

用需要选择不同范围分布的分子量；在絮凝沉淀过程中也同时可以进行电场絮凝，加入交流或直流电场，使得分子的静电荷和位阻改变，能降低絮凝剂的用量，增加絮凝体的大小和强度，缩短絮凝时间。

② 结构　对于高分子在应用过程中发生化学反应，在药学方面的应用是慎重的。高分子形态上呈现无定形和结晶型，高分子的化学反应通常在无定形区域进行，在结晶区域几乎不发生反应。因此，当高分子的无定形分子间作用力不等时，往往使得小分子物质从薄弱分子力处优先结合进入，这可以应用在药用辅料结构的改变上，如纤维素有高度的结晶性，惰性很强，它与化学试剂反应时，开始速度很慢，反应仅限于纤维素的表面，随着基团的引入，其结晶结构逐渐被破坏，成为无定形状态，使化学试剂可扩散到内部而发生反应。如纤维素单元有三个羟基，反应后产生的物质结构不同，与碘甲烷反应时，能生成单取代（34%）、双取代（22%）、三取代（6%）及不起反应的（38%）的产品，形成多羟基取代的纤维素则改变了纤维素的溶解性质，见图 1-12。

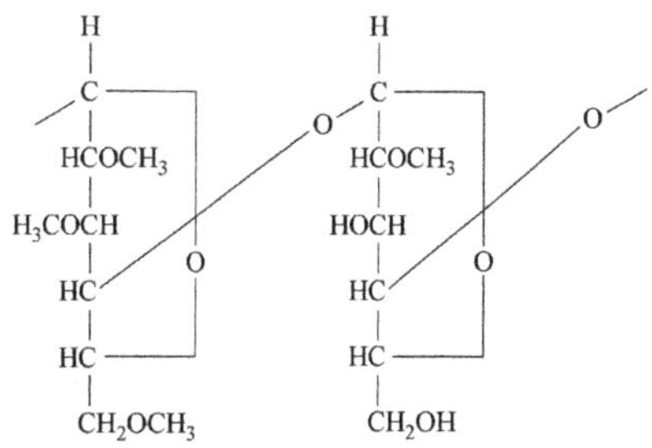

图 1-12　纤维素的碘取代结构式

③ 溶解度或溶胀度　溶解度或溶胀度直接影响高分子的反应程度，一般情况下，提高（或降低）高分子的溶解度或溶胀度可以增加（或降低）它的反应程度。也有例外，如聚乙酸乙烯酯的醇解，在反应后期，聚合度高的聚乙酸乙烯酯较聚合度低的醇解更完全，因为高分子量、高醇解度的聚乙酸乙烯酯首先沉淀分离出，随机吸附溶液里的碱，增加了反应基团周围的碱浓度，使酯更快地转为醇，从而反应更完全。

（三）高分子的生物相容性

高分子的生物相容性一般以药物与高分子材料直接接触相容性研究为主，检测高分子的结构是否具有非生物降解性、组织相容性，有无“三致”（致畸、致癌、致突变）作用，以及是否符合适宜药剂制备工艺等，即所用高分子既要满足药品预期的安全有效性，又要与药品具有良好的相容性（不能引入可引发安全性风险的浸出物，或引入浸出物的水平符合安全性要求）。

1. 可直接接触高分子包装材料的药物剂型

药物与高分子材料直接接触相容性研究一般指药品与包装材料的相容性研究。药物的生物相容性研究主要是指考察包装系统与药物之间是否发生迁移或吸附等，进而影响药品质量和安全性而进行的试验过程，内容包括制剂与包装材料发生相互作用的可能性以及评估由此可能产生安全性风险的结果。

吸入气雾剂或喷雾剂、注射液或注射用混悬液、眼用溶液或混悬液等制剂，给药后药物直接接触人体组织或进入血液系统，故此类剂型中的高分子材料被认为是风险程度较高的品种。

2. 直接接触药品的高分子包装材料生物相容性

直接接触高分子包装材料的药物制剂相容性研究主要指结构明确的化学药品的相容性

研究，如化学药品注射剂与高分子包装材料的相容性研究，主要包括三个方面：提取试验、相互作用研究（包括迁移试验和吸附试验）和安全性评价。直接接触药物的材料生物相容性研究步骤见图 1-13。

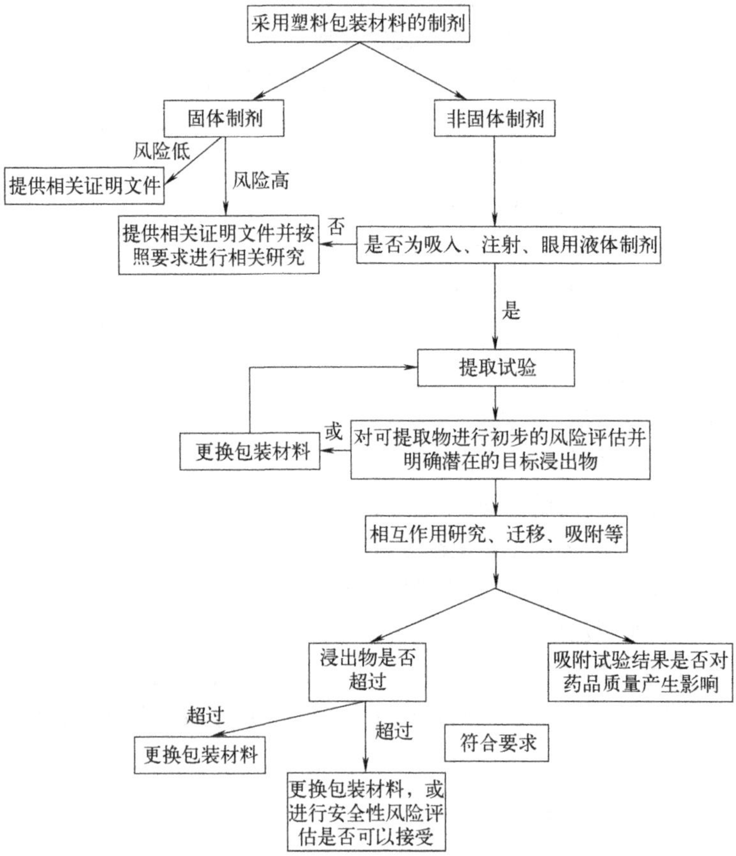

图 1-13　直接接触药物的材料生物相容性研究步骤

在此研究中，高分子合成中的增塑剂、自身游离小分子等物质以人体每日允许最大暴露量（即某一物质被允许摄入而不产生毒性的日平均最大剂量）作为标准评判某一具体物质的偏微分方程（PDE）值，以浸出物的水平低于安全性阈值（safety concern threshold，SCT）推断其致癌和非致癌的毒性作用及安全性。然后进行分析评价阈值（analytical evaluation threshold，AET）的计算，即根据人每日允许最大暴露量或安全性阈值/限定阈值、用药剂量以及制剂包装特点等计算每单个包装容器中特定的可提取物和/或浸出物含量，当一个特定的可提取物和/或浸出物水平达到或超过这个量值时，需要对这个可提取物/浸出物做进一步的安全性评估[12-15]。

高分子中的天然高分子一般生物相容性较高，合成的高分子则由于合成过程中需加入助剂等辅助材料，生物相容性的检测尤为重要。

3. 化学药品与包装组件的相容性

（1）包装组件　包装组件是指药品的热塑性弹性体密封件的包装系统，可由几种高分子包装材料组装而成，如注射剂的瓶体、瓶塞。作为药品包装组件的材料，既需要满足包装系统对密封性的要求，为药品提供保护并符合包装预期的使用功能，又需要与药品具有良好的相容性。此类高分子材料要根据药品的剂型、给药途径的风险程度及其与密封件发生相互作用的可能性，评估可能的安全性风险，并根据风险程度进行相容性研究，药品用高分子包装材料分类见表 1-4。

表 1-4　药品用高分子包装材料的分类

橡胶材料	橡胶组件的结构	不同加工工艺	化学结构分类	各类制剂分类用包装材料			
				注射剂	吸入制剂	液体（口服/外用）制剂	其他制剂
聚异戊二烯橡胶、丁基橡胶、卤化（氯化/溴化）丁基橡胶、硅橡胶、三元乙丙橡胶等	有隔层密封件、无隔层密封件	覆膜工艺，覆膜胶塞；涂膜工艺，涂膜胶塞；镀膜工艺，镀膜胶塞	苯乙烯系嵌段共聚类；聚氨酯类；聚酯类；聚烯烃类（TPU、TPEE、TPO 等）	注射液用卤化（氯化/溴化）丁基橡胶塞；注射用无菌粉末用卤化（氯化/溴化）丁基橡胶塞；注射用冷冻干燥用卤化（氯化/溴化）丁基橡胶塞；药用合成聚异戊二烯垫片；预灌封注射器用氯（溴）化丁基橡胶活塞；预灌封注射器用聚异戊二烯橡胶针头护帽	气雾剂阀的内、外密封圈（三元乙丙橡胶）；热塑性弹性体密封	硅橡胶垫片；三元乙丙橡胶；卤化（氯化/溴化）丁基橡胶	硅橡胶垫片

注：1. 卤化（氯化/溴化）丁基橡胶塞：氯化丁基橡胶和溴化丁基橡胶。

2. 聚异戊二烯垫片：以异戊二烯单体聚合而成的高顺式-1,4-聚异戊二烯橡胶。

3. 硅橡胶：由含甲基和少量乙烯基的硅氧链节组成，其耐低温性能良好，具生理惰性。

4. 三元乙丙橡胶：乙烯、丙烯和非共轭二烯烃的三元共聚物，可抵抗热、光、氧气，尤其是臭氧。

5. 覆膜胶塞：聚四氟乙烯覆膜胶塞、四氟乙烯-六氟丙烯共聚物覆膜胶塞、乙烯-四氟乙烯共聚物覆膜胶塞、聚对苯二甲酸乙二醇酯覆膜胶塞。

6. 镀膜胶塞：聚对二甲苯，是一种完全线性的高度结晶结构的高分子聚合物。

7. 涂膜胶塞：硅氧烷类、氟树脂类、聚酯类、偏二氯乙烯类等。

从表 1-4 可看出，用于药品密封件的热塑性弹性体主要是以苯乙烯嵌段聚合物为主的共混体系及高分子弹性体和塑料通过动态硫化共混体系，在医疗器械领域广泛应用。

（2）生物相容性研究前预判

① 药物制剂与材料发生相互作用的可能性预判　药物制剂与包装材料发生相互作用的可能性主要指在药品生产、贮存及使用过程中材料与药品之间是否会发生严重的相互作用。进行制剂与包装材料发生相互作用的可能性预判，可避免药品有效性和稳定性产生安全性风险，以达到药物制剂的包装材料具备保护性、安全性、相容性与功能性特点的目的（见表 1-5）。

⊡ 表1-5 制剂与包装材料发生相互作用预判表

不同给药途径的风险分级	制剂与包装材料发生相互作用的可能性		
	高	中	低
最高	吸入气雾剂及喷雾剂	注射液和注射用混悬液；吸入溶液剂	无菌粉末和注射用粉末；吸入粉雾剂
高	透皮软膏及贴剂	眼用溶液及混悬液；鼻用气雾剂及喷雾剂	
低	局部用溶液及混悬液；局部及舌下用气雾剂；口服溶液及混悬液		口服片剂和口服胶囊（硬和软明胶）；局部用粉剂；口服散剂

② 药品与包装材料的相互作用发生迁移所致的可能反应现象预判　药品与包装材料长期接触后，可能会发生包装材料组分向药品中迁移以及对药品处方中组分的吸附，并发生进一步的物理和/或化学反应。包括：

A. 包装材料中某些具有化学活性的低分子有机物，如高分子合成硫化体系的添加物等迁移进入药品中，可催化或与药品成分发生化学反应，导致药品颜色加深、产生沉淀、出现可见异物，以及活性成分降解速度加快等。

B. 包装材料中某些非化学活性的低分子有机物，如表面硅油等迁移进入药品中，造成不溶性微粒增多，并可能絮凝成线状物，造成可见异物超标；包装材料中的无机填料引入的元素或离子（例如：Mg、Zn、Al、Si；有害的Pb、As、Cd、Co、Sb等）会迁移到药品中，导致某些药物产生沉淀，或产生潜在的安全性风险。

C. 包装材料中某些具有生物毒性的有机物，会导致潜在生物学反应，影响包装材料的溶血性能，或导致细胞毒性超标等。

D. 包装材料可能存在容易发生吸附的化学结构，有些药物活性成分和/或辅料会被直接接触药品的密封件吸附，造成药品有效成分和/或功能性辅料含量降低，以及理化性质等改变。如无涂层的溴化丁基橡胶塞对丁苯酞注射液中的丁苯酞具有极强的吸附作用，短时间就会造成药品中有效成分大幅度降低。

E. 某些溶液制剂包装密封件，经长期接触后可能会发生高分子溶胀并导致密封件功能改变，从而影响制剂的临床使用。某些特殊配方制剂包装密封件，经长期接触后可能会变脆并导致密封性变差，从而影响制剂的包装完整性。对橡胶密封件用作脂溶性活性成分的包装，要特别关注密封件对药物活性成分的吸附。

（3）药品与包装材料的相容性研究步骤

① 采集信息　了解包装材料与药品的接触方式及接触条件、包装材料的配方、生产工艺、清洗方式、涂层材料等信息，以及与药品有关的处方组成、关键工艺参数、规格、装量、储存条件、给药途径、给药方式和每日最大临床使用剂量等信息。

② 拟定相容性研究的试验方案　包括试验样品的批次及数量、包装材料及药品的特点、加工工艺、分析评价阈值（AET）、安全性阈值（SCT）及界定阈值（QT）。

安全性阈值（SCT）是指只要低于这个阈值，浸出物无论是否具有致癌性，均可忽略其安全性风险。SCT 是绝对的安全暴露量。

分析评价阈值（AET）是指将 SCT（μg/d）转换为产品单位剂量中的量，例如，μg/罐、μg/剂、μg/粒；再根据产品中各组件的质量和数量将这个值转换为每克组件中的量，例如，μg/g，即产品中的量与组件质量的比值。

界定阈值（qualification threshold，QT）是指在这个阈值下如果浸出物是非致癌性物质，则无需进行安全性界定（毒理学评估），除非浸出物存在结构活性风险。

③ 对包装材料进行提取试验和/或模拟提取试验

A. 提取试验。根据包装材料的配方和加工工艺，初步确定其可提取物的种类：一般有硬脂酸和软脂酸、正己烷、酚类抗氧剂、卤代低聚物、金属元素（Mg、Ca、Zn、Ti、Al）离子、硫、氯化物和溴化物、亚硝胺及亚硝胺类化合物、2-巯基苯并噻唑、多环芳烃等。

B. 对可提取物的检测方法进行方法学研究

a. 无机物（元素）检测方法：电感耦合等离子体原子发射光谱法（ICP-AES）、电感耦合等离子体质谱法（ICP-MS）、原子吸收分光光度法（AAS）等。

b. 有机物主要检测方法：高效液相色谱法、离子色谱法、气相色谱法及红外光谱法等。

对于需要特别加以关注的物质，如多环芳烃类（PAHs）、*N*-亚硝胺类、邻苯二甲酸酯类和 2-巯基苯并噻唑（MBT）等，用高灵敏度的检测方法对包装材料中的可能残留进行检测。

C. 对可提取物进行风险评估并预测潜在的浸出物。如果可提取物中出现基因毒性、致癌性物质或其他的毒害物质，需慎重评价其可能的风险，并根据风险程度决定是继续使用或是更换包装材料。

D. 浸出物研究（迁移试验）。根据待测物的性质及检测方法的灵敏度，制备检测样本，对浸出物的检测方法进行充分的方法学研究，确认检测方法能专属、准确、灵敏、稳定地检出待测的浸出物。迁移试验可与药品的加速和/或长期稳定性试验一同设计，检测稳定性试验中相应时间点药品中的浸出物，观察浸出物的变化趋势，对试验数据进行必要的统计分析和总结。

E. 进行可提取物和/或浸出物安全性评估。进行可提取物和/或浸出物安全性评估可采用列表的方式（见表 1-6）。

表 1-6　可提取物和/或浸出物安全性评估表

检测项目	可提取物	浸出物
	可提取物名称	浸出物名称
	提取溶剂及提取条件	检测到的最高含量水平
	分析方法	人每日最大摄入量
	可提取物的来源分析	人每日允许暴露量（permitted daily exposure，PDE） 安全指数（浸出物检测最高浓度计算的每日最大摄入量与 PDE 的比值）

④ 对药品与包装所用材料的相容性进行评估　对药品与包装所用材料的相容性进行全面评估，得出材料是否适用于药品包装的结论。

（四）高分子的生物可降解性

1. 生物可降解性

高分子的降解一般指高分子材料在各种外部因素作用下逐渐丧失其固有性能的过程。这一过程既包括断链和交联反应所引起的分子结构参数的变化，如平均分子量及其分布、凝胶和缠结结构形成、支化和环化等，也包括其他变化，如半结晶性聚合物的氧化结晶，以及侧链断裂等，这类变化主要属于化学降解。医药产品中使用的高分子的生物可降解性主要指高分子在酶等作用下发生降解，进而排出体外，如天然药用高分子蛋白质类、多糖类在酶的作用下，降解成小分子的物质，此类化合物大多不会对人体产生危害，具有一定的人体安全性。

2. 可生物降解的高分子材料

按其生物降解过程，高分子材料大致可分为两类，一类为完全生物降解材料，如天然高分子纤维素、人工合成的聚己内酯等，其分解作用主要来自：

① 由微生物的迅速增长导致塑料结构的物理性分解；

② 微生物的生化作用、酶催化或酸碱催化下的各种水解；

③ 其他各种因素造成的自由基连锁式降解。

另一类为生物崩解性材料，如淀粉和聚乙烯的掺混物，其分解作用主要由于添加剂被破坏并削弱了聚合物链，使聚合物分子量降解到微生物能够消化的程度，最后分解为二氧化碳和水。

可生物降解高分子材料包括天然高分子材料，如明胶、多糖等，也有部分合成的高分子材料，如以下三种材料：①聚己内酯，是目前价格较低的全微生物分解性合成高分子，结构为环状单体-己内酯，生物降解性和人造纤维相似，大约在一周内即降解成难以测试的薄片；②聚乙烯醇，为可生物降解树脂，透明性、水溶性、耐药品性均比较优异，可用于涂布复合成型容器和包装材料；③聚乳酸，是以乳酸为主要原料聚合得到的高分子聚合物，其纤维具有优良卷曲和卷曲保持性，不受紫外光影响，具有可加工性，极易自然分解。高分子行业发展迅速，但对于高分子的药学应用，则须从其结构及分子量方面出发，研究其应用范围。

思考题

1. 什么是高分子材料与药用高分子材料，二者关系及异同点是什么？
2. 试分析高分子的性质与药学应用的关系。
3. 高分子具有的柔性链在药品包装中的作用是什么？

参考文献

［1］ 朱正利. 高分子材料在医用领域中的应用研究及展望[J]. 上海轻工业，2023(01)：135-137.

［2］ 华学. 国际纯粹与应用化学联合会 2002 年世界高分子大会在京召开[J]. 科学新闻，2002(14)：13.

［3］ 杨小弟，吴金月. 药物分子的立体结构与药效[J]. 安庆师范学院学报：自然科学版，1998(04)：52-56.

［4］ 赵长伟. 鹿茸多肽单体/纳米羟基磷灰石/明胶缓释复合材料重建膝关节软骨载体的研究(白求恩专项). 吉林：长春中医药大学，2019-07-17.

［5］ 姚日生. 药用高分子材料. [M]. 3 版.北京：化学工业出版社，2018.
［6］ 马传贵，张志秀，王寿江，等. 香菇多糖提取和生物活性研究进展[J]. 微量元素与健康研究，2023，40(06)：69-72.
［7］ 常景玲. 天然生物活性物质及其制备技术[M]．郑州：河南科学技术出版社，2007.
［8］ 国家市场监督管理总局. GB/T 33061.11—2022.塑料　动态力学性能的测定　第 11 部分：玻璃化转变温度[S].北京：中国标准出版社，2023.
［9］ 张鸣远. 高等工程流体力学[M]. 西安：西安交通大学出版社，2008.
［10］ 吉青，乔宝福，赵得禄. 高分子的溶度参数理论[J]. 物理学报，2007(03)：1815-1818.
［11］ 孟庆华. 不同高分子聚合物对无定形态固体分散体稳定性的影响[D]. 杭州：浙江大学，2015.
［12］ 马玉楠. 药品与包装相容性理论与实践[M]. 北京：化学工业出版社，2019.
［13］ Moyer K L，Scull J R，Ruberto M. Extractables and leachables[J]. Specification of Drug Substances and Products. Elsevier，2020：535-557.
［14］ Dennis J. Compatibility of pharmaceutical products and contact materials：safety considerations associated with extractables and leachables[M]. Hoboken，NJ：John Wiley Sons Inc，2009.
［15］ Norwood D L，Nagao L M，Stults C L M.Perspectives on the PQRI extractables and leachables “safety thresholds and best practices” recommendations for inhalation drug products [J]. PDA Journal of Pharmaceutical Science and Technology，2013，67(5)：413-29.

第二章
天然药用高分子

天然药用高分子是指自然界存在的可做药物制剂的辅助材料或者自身有一定有益于人类健康的高分子化合物[1]，具有无毒、应用安全、性能稳定、成膜性好、生物相容性好等特点，是药物制剂应用与加工选用的一类重要辅料。

第一节　多糖类药用高分子

多糖类天然药用高分子是指分子中葡萄糖的羟基通过糖苷键连接而成的一类高分子聚合体。依据原料的来源，多糖类药用高分子主要分为淀粉、纤维素及其他多糖类药用高分子。

一、淀粉

（一）淀粉的来源

淀粉是最常用天然药用高分子材料，按其来源可分为：谷类淀粉，包括玉米淀粉、小麦淀粉、稻米淀粉等；薯类淀粉，包括木薯淀粉、马铃薯淀粉、甘薯淀粉等；豆类淀粉，包括绿豆淀粉、豌豆淀粉、红豆淀粉、眉豆淀粉等；果蔬类淀粉，如藕淀粉等。

目前，药用淀粉以玉米淀粉为主，我国玉米淀粉生产工艺主要是利用淀粉的性质，将玉米浸湿、研磨、分离、净化。有干法和湿法两种制备工艺，一般纯净的玉米淀粉多采用湿法工艺生产，其特点是干物质损耗低，污染少，操作上采取封闭式流程，湿法工艺见图 2-1。

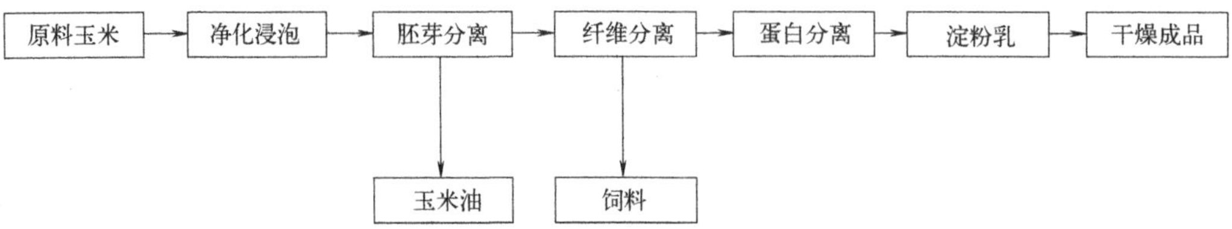

图 2-1　玉米淀粉湿法生产工艺示意图

（二）淀粉的分类

淀粉主要由葡萄糖基元组成，各个基元之间以 1,4-糖苷键或者 1,6-糖苷键连接，一般分为直链淀粉及支链淀粉（图 2-2）。

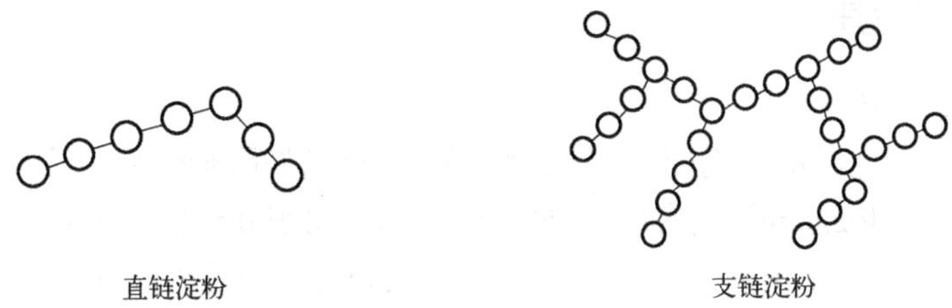

图 2-2　直链淀粉与支链淀粉结构示意图（○为葡萄糖单元）

1. 直链淀粉

直链淀粉（amylose）又称胶淀粉，在淀粉中占 10%～20%，结构单元为 D-吡喃型葡萄糖基，是葡萄糖基之间以 α-1,4-糖苷键连接而成的线性多聚物，平均聚合度为 800～3000，分子量为 12.8 万～48 万。在直链淀粉分子的多聚糖链中，每个葡萄糖单元中含有 2 个仲醇羟基和 4 个伯醇羟基，处于链首端的单元有 3 个仲醇羟基和 1 个伯醇羟基，而末端单元含有 2 个仲醇羟基、1 个伯醇羟基和 1 个半缩醛羟基（即内羧醛羟基），这些羟基的组成结构变化会引起直链淀粉的性质发生变化。直链淀粉结构见图 2-3。

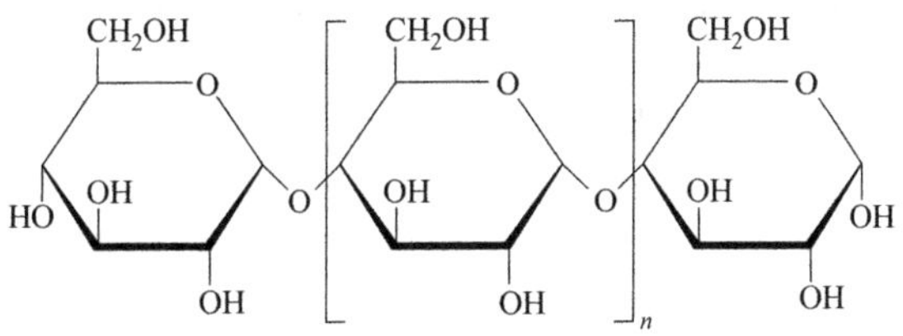

图 2-3　直链淀粉结构

2. 支链淀粉

支链淀粉（amylopectin）也称糖淀粉，在淀粉中占 80%～90%，结构单元为 D-吡喃型葡萄糖基。支链淀粉是一种高度分支的大分子，各糖基单位之间以 α-1,4-糖苷键连接构成主链，在主链分支处又通过 α-1,6-糖苷键连接构成支链。支链淀粉分子量分布范围较大，在 5 万～250 万。支链淀粉的结构见图 2-4。

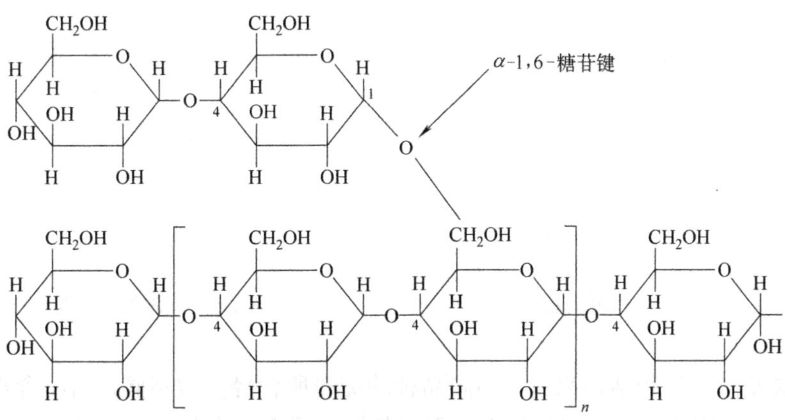

图 2-4　支链淀粉结构

（三）淀粉的性质

1. 形态与物理常数

玉米淀粉[1]为白色结晶性粉末，显微镜下观察其颗粒呈球形或多面体形，平均粒径为10～15μm，堆密度0.462g/cm^3，实密度0.658g/cm^3，比表面积0.5~0.72m^2/g，密度约1.6g/cm^3，流动性不良，流动速度为10.8~11.7g/s。淀粉在干燥处且不受热时，性质稳定。

2. 淀粉的含水性质

淀粉的含水量表现出来的性质与淀粉分子中的羟基缔合有关。淀粉含有10%～20%的水分，却以干燥的粉末状存在，这主要是因为淀粉分子中葡萄糖单元存在的众多醇羟基与水分子相互作用形成氢键，因此淀粉中的水分指的是自然水，而非游离水。

淀粉的表面由于其葡萄糖单元的羟基排列于内侧，故其呈微弱的亲水性并能分散于水，如2%的水混合液pH为5.5～6.5，与水的接触角为80.5°～85.0°。从溶解性看，淀粉不溶于水、乙醇和乙醚等，但有一定的吸湿性，在常温常压下，淀粉含有一定的平衡水分，由于结合水和游离水的存在，不同种类的淀粉含水量也不同，见表2-1。

表2-1 商品淀粉中的水分含量

淀粉品种	水分含量/%	
	国内①	国际
玉米淀粉	13～17	15
马铃薯淀粉	18～20	18～20
木薯淀粉	15	18

① GB 5009.3—2016《食品安全国家标准　食品中水分的测定》。

不同淀粉的含水量存在差别，这是由于淀粉分子中羟基自行缔合及与水分子缔合程度不同，如图2-5马铃薯淀粉[2]结构和图2-6玉米淀粉结构。

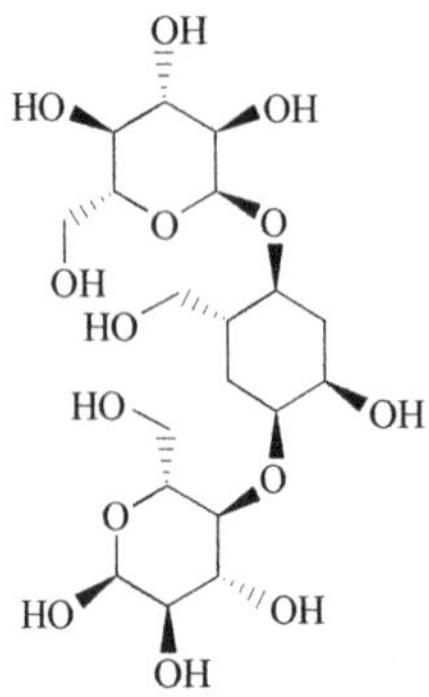

图2-5　马铃薯淀粉结构

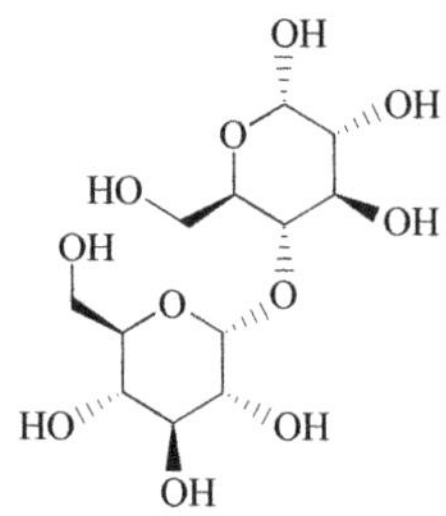

图2-6　玉米淀粉结构

从马铃薯及玉米淀粉结构来看，不同品种的淀粉所含羟基数不同，因而含水量不同。玉米淀粉分子小，位阻小，易于自行缔合，形成的颗粒紧密，水分子不易进入内部，导致玉米淀粉的含水量低。通常情况下，马铃薯淀粉的粒径为35～105μm，玉米淀粉为10～15μm，马铃薯淀粉分子羟基数高于玉米淀粉分子，其结构式中有部分缩合的磷酸基，与水分子结合能力强，分子中醇羟基间自行缔合能力减弱，故其含水量较玉米淀粉高。

淀粉的含水量一定程度上影响药物制剂的制备。在一定相对湿度和温度条件下，淀粉吸收水分与释放水分可达到平衡。在常温常压下，淀粉中存在的自由水保留在物体团粒间或孔隙内，仍具有普通水的性质，可随环境湿度的变化而变化。玉米淀粉吸附水分能力弱，含水量低，杂质少，分散度高，常用于固体制剂的制备中，如可作为片剂的稀释剂、黏合剂、崩解剂和润滑剂；而马铃薯淀粉含水量高，黏度大，含有磷酸基，能影响药物的性质及分析手段，运用范围相对较小。

3. 淀粉的糊化与回生

（1）淀粉的糊化　淀粉的糊化即淀粉形成凝胶状态。淀粉分子中存在有序态（晶态）和无序态（非晶态）两种形态，它们构成了淀粉颗粒的结晶相和无定形相，无定形相是亲水的，在 0～40℃下进入水中能迅速吸水溶胀，随后，受热后的淀粉微晶逐渐失去晶体结构，在 60～80℃时处于无序状态的螺旋结构的直链淀粉分子伸展成有序的树枝状立体网络，所形成的交链淀粉可逆地吸水膨胀至某一温度时，突然大量膨化、破裂，晶体结构完全消失，逐渐形成稳定的黏稠胶体溶液，冷却后不变化，此时状态称为淀粉的糊化。糊化的本质是水分子进入淀粉粒中，结晶相和无定形相的淀粉分子之间的氢键断裂，破坏了缔合状态，分散在水中成为亲水性的胶体溶液。

淀粉的糊化温度因品种而异，玉米淀粉、马铃薯淀粉和小麦淀粉的糊化温度范围较窄：玉米淀粉 62～72℃，马铃薯淀粉 56～66℃。直链淀粉占比大时，糊化困难；支链淀粉占比大时，易糊化。

（2）淀粉的回生　淀粉糊在低温静置一定时间后，会变成不透明的凝胶或析出沉淀，这种现象称为回生或老化。淀粉回生的本质是糊化的淀粉在温度降低时分子运动速度减慢，直链淀粉分子和支链淀粉分子的分支趋于平行排列，互相靠拢，彼此以氢键结合，重新组成混合的微晶束，它们与水的亲和力降低，故易从水溶液中分离，浓度低时析出沉淀，浓度高时，由于氢键作用，糊化淀粉分子又自动排列成序，构成致密的三维网状结构，形成凝胶体。回生可视为糊化的逆转，但回生后不能使淀粉彻底复原成生淀粉的结构状态。

如片剂制备时所用的淀粉糊，直链淀粉比例不宜太大，形成淀粉糊后应在一定时间内（一般不超过 4h）尽快用于生产，回生的淀粉糊糊状破裂，黏度下降，会影响片剂质量。

4. 淀粉的化学性质

淀粉的化学性质主要决定于淀粉分子结构表面的羟基活性，一般在酸和酶的作用下引起淀粉分子的水解反应，包括酸水解、酶催化水解反应。

（1）酸水解反应　酸水解反应过程为淀粉→糊精→低聚糖→麦芽糖→葡萄糖，最终水解物为葡萄糖、糊精或者小分子淀粉，所用酸一般为稀硝酸，盐酸因氯离子影响药物制剂氯化物杂质测定而不用。

（2）酶催化水解反应　酶催化水解过程为淀粉在淀粉水解酶的催化下，可以进行的选择性水解反应。淀粉水解酶主要包括 α-淀粉酶、β-淀粉酶、葡萄糖淀粉酶和脱支酶。淀粉水解酶水解产物见表 2-2。

⊡ 表 2-2　淀粉水解酶水解产物

种类	类型	作用部位	水解产物
α-淀粉酶	内切型酶	链内部 α-1,4-糖苷键	麦芽糖、葡萄糖、带有 α-1,6-糖苷键的称极限淀粉
β-淀粉酶	外切型酶	链非还原端 α-1,4-糖苷键	麦芽糖
葡萄糖淀粉酶	外切型酶	链非还原端 α-1,4-糖苷键 α-1,6-糖苷键（少）	β-葡萄糖
脱支酶	内切型酶	支链淀粉 α-1,6-糖苷键	

5. 淀粉的显色性质

淀粉及其水解产物（如糊精分子）都具有螺旋结构，每 6 个葡萄糖基组成的螺旋内径与碘离子半径接近。一个螺旋圈所含葡萄糖基数称为聚合度或重合度，当淀粉形成螺旋时 $I_2 \cdot I^-$ 直径与螺旋直径大小匹配，糖的羟基成为给电子体，碘分子成为受电子体，$I_2 \cdot I^-$ 进入螺旋通道，形成有色包合物。

淀粉跟碘生成的包合物的颜色与淀粉的聚合度或分子量有关。淀粉的螺旋结构越长，包结的 $I_2 \cdot I^-$ 越多，颜色越深，故直链淀粉与 $KI \cdot I_2$ 作用呈蓝色，支链淀粉呈紫红色，糊精则呈紫色或红色。加热时溶液中的淀粉分子螺旋圈伸展成线性，颜色褪去，冷后螺旋结构恢复，颜色重现。在一定的聚合度或分子量范围内，随聚合度或分子量的增加，包合物颜色的变化由无色、橙色、淡红、紫色到蓝色，这与淀粉的聚合度有关，链聚合度越大，颜色越深（表 2-3）。

⊡ 表 2-3　淀粉及其水解产物遇碘显色情况

项目	直链聚合度	显色
直链淀粉	200~980	蓝色
支链淀粉	20~28	紫色
糊精	<20	棕红色，淡红色

淀粉与碘反应显色会影响药物制剂的性质，因此，一般带有碘元素的药物如碘消毒制剂制备通常选用合成药用高分子材料（如 HPMC 等）做凝胶基质。

（四）淀粉的药学应用

制剂过程中，一般根据淀粉含水量、分散性、颗粒的可压性等将其应用于不同的剂型，如玉米淀粉可用作片剂及颗粒剂的稀释剂、黏合剂、崩解剂及润滑剂，含水量大的淀粉则用于凝胶等半固体制剂等，详细内容见第五章药用高分子制剂原理。

二、纤维素

纤维素（cellulose）[3]是由葡萄糖组成的大分子多糖，不溶于水及一般有机溶剂，是自然界中分布最广、含量最多的一种多糖，占植物界碳含量的 50%以上。纤维素分为 α-纤维素、

β-纤维素、γ-纤维素。α-纤维素通常大部分是结晶性纤维素，如微晶纤维素；β-纤维素、γ-纤维素在化学上除含有纤维素以外，还含有各种多糖类。

纤维素是植物细胞壁的主要结构性成分，在电子显微镜下观察，发现链状分子平行排列的结晶性部分组成宽为3～4nm的基本微纤维。纤维素通常与半纤维素、果胶和木质素结合在一起，人体消化道内不存在纤维素酶，因此人体并不吸收纤维素类的化合物，但由于其为以葡萄糖为单元组成的结构，安全性高，一般作为一种重要的膳食纤维，同时在药学领域作为药用辅料的应用日益广泛。

（一）纤维素的结构

纤维素的结构见图2-7。

纤维素结构单元是D-吡喃葡萄糖基，相互间以β-1,4-糖苷键连接，聚合度几百至上万。

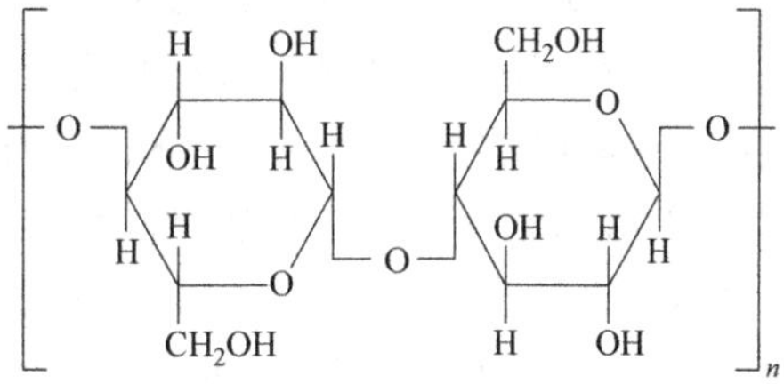

图2-7　纤维素结构

（二）纤维素的性质

1. 物理性质

常温下，纤维素不溶于水、一般的有机溶剂（乙醇、乙醚、丙酮、苯等）及稀碱溶液。能溶于铜氨［$Cu(NH_3)_4(OH)_2$］溶液和铜乙二胺（$[NH_2CH_2CH_2NH_2]_2Cu(OH)_2$）等溶液。

水可使纤维素发生有限溶胀，某些酸、碱和盐的水溶液可渗入纤维结晶区，产生无限溶胀，使纤维素溶解。

2. 化学性质

纤维素大分子的基环是D-葡萄糖以β-1,4-糖苷键组成的大分子多糖，分子中每个葡萄糖单元具有三个醇羟基，在C6上有一个伯醇羟基，在一定条件下，纤维素可发生水解、氧化、醚化及酯化反应。能与碱水发生反应，反应时氧桥断裂变成葡萄糖。

3. 其他性质

纤维素的其他性质是指其柔顺性，纤维素具有较规则的结构，见图2-8。

从纤维素规则的结构可看出：

① 纤维素分子有极性，分子链之间具有很强的相互作用力；

② 纤维素中的六元吡喃环结构使其位阻增大，内旋转困难；

③ 纤维素分子内和分子间都能形成氢键，特别是分子内氢键致使糖苷键不能旋转从而使其刚性大大增强。

纤维素的结构决定了其柔顺性差、刚性强的性质，具有较好的稳定性。

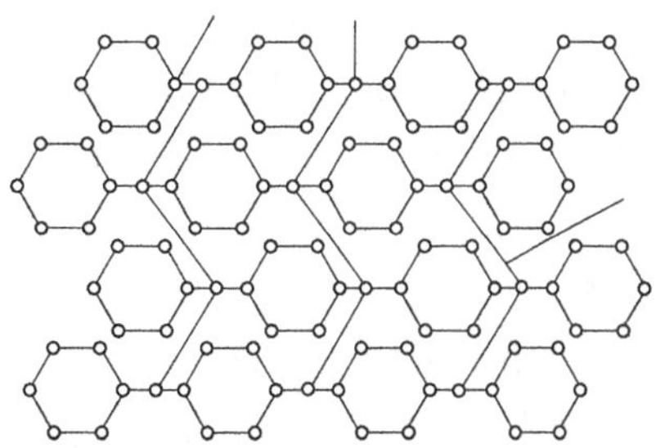

图2-8　纤维素结构

（三）天然药用纤维素

纤维素的刚性结构特点使得用作药用辅料的纤维素并不多，《中国药典》收载的微晶纤维素为药用天然纤维素，而甲基纤维素、乙基纤维素一般归为纤维素衍生物或者半合成纤维素。

1. 微晶纤维素的来源与制备

（1）来源　微晶纤维素[4, 5]是America Viscose公司在20世纪50年代后期研制的药用辅料，为纯化的或部分解聚的白色、无臭、无味、由多孔微粒组成的结晶粉末，主要由β-1,4-葡萄糖苷键结合的直链式多糖类物质构成，聚合度为3000～10000。在一般植物纤维中，微晶纤维素约占73%，另30%为无定形纤维素。市售微晶纤维素牌号与型号大体分为以下几类：我国牌号为9004-34-6，美国牌号为Avicel，分为PH型（PH-101、102、103）、TQ型、RC型，日本牌号为KCW、RCN，意大利牌号为Solka、Flok。

（2）制备　微晶纤维素可采用多种方法制备，常见以下几种方法：

① 解聚法　该法是将含纤维素植物在无机酸的作用下部分解聚，然后经适当方法纯化。如杉木微晶纤维素的制备，杉木微晶纤维素具有白度高、光泽强、质轻、膨松等特性。

② 酸水解法　如大豆皮微晶纤维素[6]的制备，以大豆皮为原料，采用酸水解法制备微晶纤维素。在浓度为5%HCl，100℃条件下水解，工艺为大豆皮→粉碎→过筛→碱煮→水洗→中和→漂白→漂洗→酸解→脱水→干燥→粉碎→微晶纤维素。

③ 酸碱法　如甘蔗渣微晶纤维素的制备，甘蔗渣经过稀碱液预处理、氧化脱色、盐酸水解和喷雾干燥的方法制成微晶纤维素，外观为浅黄色粉末，具有良好的溶胀性和流动性，可用于粉末直接压片法制备布洛芬口腔崩解片[7]。

④ 其他方法　目前药学应用的微晶纤维素的制备工艺研究较多[8, 9]，如以穿龙薯蓣、苹果渣、海带渣等为原料制得的微晶纤维素，这些原料是以物质循环废料利用为基础，但生产成本较高，只处于研究阶段。

2. 微晶纤维素的结构与性质

（1）微晶纤维素结构　微晶纤维素结构如图2-9所示。

由图2-9看出，微晶纤维素是以β-1,4-葡萄糖苷键结合的直链式多糖类物质，为典型的大分子多糖结构。

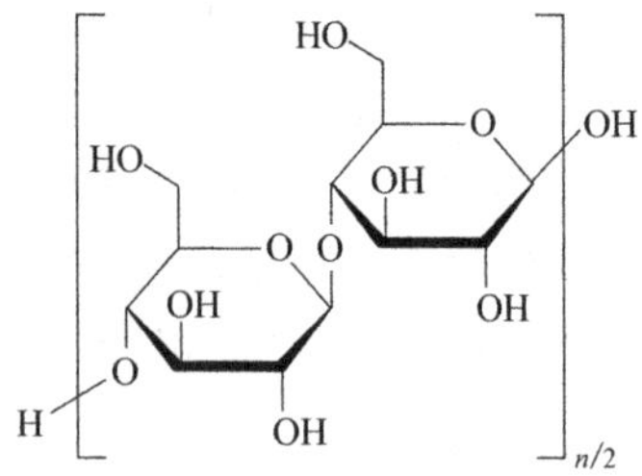

图2-9　微晶纤维素结构

（2）微晶纤维素性质

① 物理性质　微晶纤维素聚合度为3000～10000，不溶于稀酸、有机溶剂和油类，但在稀碱液中少部分溶解膨化。原因为微晶纤维素结构中存在大量的羟基，大部分羟基能形成分子内或分子间氢键，水分不易渗透，仅在无定形区有少量未形成氢键的游离羟基，水分子可进入无定形区，与分子链上的游离羟基形成氢键，发生溶胀膨化。

② 化学反应性　微晶纤维素分子中的大量羟基，对纤维素的化学性质有决定性作用。纤维素分子中每个葡萄糖单元均有3个醇羟基，其中在C2、C3上有两个仲醇羟基，而在C6上有一个伯醇羟基，它们可以发生氧化、醚化、酯化反应，以及形成氢键，发生吸水润胀及接枝共聚等现象。羟基的反应活性与其类型有关。虽然微晶纤维素也有较高的结晶度，但与一般纤维素相比，其直链式葡萄糖苷结构在羧甲基化、乙酰化、酯化过程中表现出比其他纤维素更高的反应性能。

③ 水解性　微晶纤维素的水解分为酸水解和碱水解。

酸水解：纤维素分子结构中的β-1,4-糖苷键是一种缩醛键，对酸的敏感性很强，在一定氢离子浓度、温度和时间条件下，相邻两个葡萄糖单体间碳原子和氧原子所形成的糖苷键发生断裂，导致聚合度下降，同时还原性能提升，此类反应被称为纤维素的酸性水解。

纤维素的高结晶性和难溶性的特点决定了其多数的化学反应为多相反应。采用弱酸进行水解时，非均质的纤维素不同的超分子结构表现出不同的形态，对同一种酸性试剂表现出不同的可及度，只有当纤维素表面被充分生成可溶性产物后，次外层才能被反应介质所可及，因此，纤维素的多相水解必须经历由表及里的逐层反应顺序，尤其对结晶区更是如此。

碱水解：纤维素在一般情况下对碱是比较稳定的，但在高温下，也会产生碱性水解。

④ 吸附性　微晶纤维素结构稳定，但通常具有一定的潮解性，其吸湿量一般很低，在相对湿度 60%时，平衡吸湿量约为 6%（质量分数）。微晶纤维素为多孔性微细粉末，具有较大的比表面积，且其比表面积随无定形区含量的增加而增大。微晶纤维素可以吸附水、油和药物等，通常可吸收 2～3 倍量的水、1.2～1.4 倍量的油，对药物也有较大的容纳性。微晶纤维素用作片剂辅料具有吸水可膨胀特性，可使成型的片剂崩解（散）。

⑤ 分散性　微晶纤维素的结构决定了其分子间作用力较弱，分子呈松散堆积状态，因此将微晶纤维素加水，经强力搅拌或匀质器高速均质后，易于分散生成奶油状的凝胶体。胶态微晶纤维素因含有亲水性分散剂，在水中能形成稳定的悬浮液，呈白色、不透明的“奶油”或凝胶状。当固含量为 7%时，呈可浇注的“奶油”状；固含量达 15%时成为具有触变性的、稳定的胶体，能常年放置并能耐受高温杀菌或深度冷冻处理。胶态微晶纤维素能在玻璃与金属铝等固体表面形成薄膜或涂层，这种性质适用于能高温消毒药物的包装材料。

3. 微晶纤维素的性质分析

对于药用高分子材料的质量检测来说，其分子量大，分子量分布的不均匀性，使得高分子的性质检测不能按照小分子的质量分析要求进行，微晶纤维素结构（见图 2-9）中葡萄糖之间以稳定的 1,4-糖苷键结合，性质稳定，在药物制剂中可充当不同作用的药用辅料，如固体制剂、半固体制剂的填充剂、分散剂等，因此，在药用高分子质量检测中，除了形状、鉴别、酸碱度、杂质及干燥失重外，还需进行运动黏度、聚合度、吸附性及分散性等性能方面的分析。

① 微晶纤维素运动黏度、聚合度的测定分析[4]　通常采用黏度计测定微晶纤维素运动黏度及聚合度。具体方法为：精密称定微晶纤维素，定量加入水及双氢氧化乙二胺铜溶液溶解微晶纤维素，利用乌氏黏度计测定黏度。记录供试品溶液流经黏度计上下两刻度时的时间 t_1，按下式计算供试品溶液的运动黏度 ν_1：

$$\nu_1 = t_1 K_1 \tag{2-1}$$

精密量取水和双氢氧化乙二胺铜溶液作为空白溶液，同法测定黏度，空白溶液流经黏度计上下两刻度的时间为 t_2，计算空白溶液的运动黏度 ν_2 公式为：

$$\nu_2 = t_2 K_2 \tag{2-2}$$

照下式计算微晶纤维素的相对黏度：

$$\eta_{rel} = \nu_1 / \nu_2 \tag{2-3}$$

根据计算所得的相对黏度值（η_{rel}），查附表[1]，得$[\eta]C$ 值（特性黏数$[\eta]$和浓度 C 的乘积），按下式计算聚合度（P）。

$$P = \frac{95[\eta]C}{m} \tag{2-4}$$

式中，m 为供试品取样量，g，以干燥品计算。

② 聚合度分析　微晶纤维素的聚合度（level-off degree of polymerization，LODP）是指纤维素中重复的葡萄糖结构单元的数目。不同原料得到的微晶纤维素的聚合度差别较大。聚合度的测定方法很多，经常用到的有超速离心法、渗透压法、光散射法和黏度法等，由于聚合度和黏度呈正相关，而黏度又与溶解液流过黏度计的时间成正比，所以可以通过测定纤维素溶解液流过黏度计时间的变化来表征聚合度的变化。

4. 微晶纤维素的药学应用

微晶纤维素是目前最具有代表性的天然药用纤维素，作为药用辅料应用广泛。

① 片剂辅料　微晶纤维素具有高度变形性（赋形）、黏合性和吸水润胀等特性，可用作直压片的黏合剂、崩解剂和填充剂，丸剂的赋形剂，硬胶囊或散剂的填充剂等。

微晶纤维素分子之间存在氢键，氢键缔合形成一定的颗粒空隙，故具有可压性，常被用作填充剂。该填充剂能牢固地吸附药物及其他物料，并起球化作用，故不需经过传统的造粒过程，即可作为直接压片辅料，简化工艺流程，提高生产效率。

用微晶纤维素所压制的片剂遇到体液后，水分迅速进入片剂内部，使氢键断裂，片剂迅速崩解。例如制备铁皮石斛复方片时，分别用微晶纤维素和淀粉作直接压片辅料，加入微晶纤维素的铁皮石斛复方片崩解时间明显缩短，体现了微晶纤维素的高分散性[10]。

② 药物膏剂或混悬剂的赋形剂和稳定剂　利用微晶纤维素粉末在水中能形成稳定分散体的特点，可将其用作药物膏剂或混悬剂等剂型的赋形剂和稳定剂。在软胶囊剂中可用作降低油性悬浮性内容物的稳定剂，以降低其沉降作用。

③ 缓释制剂的辅料　在缓释制剂的制备过程中，药物进入微晶纤维素的多孔结构，与微晶纤维素分子内羟基形成分子间氢键，干燥成型后药物分子被固定，当制剂与溶出介质（水或胃液或肠液）接触时，水在微晶纤维素分子结构内的毛细管系统内扩散引起润胀，微晶纤维素与药物分子间形成的氢键被破坏，使药物缓慢释放出来。

微晶纤维素作为一种新型多功能天然高分子材料，其研究日趋活跃，如美国学者以微晶纤维素及预胶化淀粉为填充剂和崩解剂，利用流化床直接挤压成具有优良生理活性的对乙酰氨基酚片[11]。微晶纤维素与水不溶性药物混合，可直接挤压出缓慢释放药物的球形药丸，国外市场上近年来推出的微晶纤维素球形颗粒为具有高圆度和机械强度的球形细粒剂，可作为包衣型缓释制剂以及苦味掩盖制剂的核心，并广泛用于缓释微丸包衣。

（四）膳食纤维

膳食纤维主要指天然食品中具有融合性、结构稳定的不能被人体消化道酵素分解的多糖类及木质素，主要来自动植物的细胞壁，包括纤维素、木质素、蜡、甲壳质、果胶、β-葡聚糖、菊糖和低聚糖等，结构同纤维素。

膳食纤维通常分为不可溶性膳食纤维及可溶性膳食纤维两大类（水溶）。可溶性膳食纤维来源于果胶、藻胶、魔芋等，主要成分为葡甘聚糖，能量较低，吸水性强；不可溶性膳食纤维来源是全谷类粮食，其中包括麦麸、麦片、全麦粉、糙米、燕麦、豆类、蔬菜和水果等。

多项研究表明，膳食纤维是一种非淀粉多糖，它既不能被胃肠道消化吸收，也不能产生能量，但膳食纤维可吸附大量水分，吸水率高达 10 倍。吸水后的膳食纤维能阻止食物的过度吸收，减少对肠道的不良刺激，同时，其作为肠内异物能刺激肠道的收缩和蠕动，加快大便排泄，起到治疗便秘的功效。如燕麦中含有的纤维为“可溶性纤维”，它们与糖类分子结合在一起可以减缓碳水化合物的吸收速度，帮助保持稳定的血糖浓度，用于辅助治疗糖尿病。

从天然食物（魔芋、燕麦、荞麦、苹果、仙人掌、胡萝卜等）中可提取多种类型高纯度膳食纤维。膳食纤维的提取方法主要包括水提取、酸碱提取、酶提取、微波辅助提取和高压辅助提取等，但由于膳食纤维分子量分布的不均匀性，不同的提取方法对膳食纤维的得率、理化性质、结构特征和生物活性的影响并不相同。如有人用水法、酶法及微波法提取红芸豆皮[12]中的膳食纤维并进行了理化性质、结构特征和生物活性的比较，发现不同提取方法制备的红芸豆皮膳食纤维分子量不一致，黏度和降糖活性也有差异。因此，对于膳食纤维的研究有待进一步探讨。值得注意的是，膳食纤维作为润肠药物的使用并未收入药典，只是作为一类保健品使用。

三、其他多糖类药用高分子

其他天然多糖类药用高分子主要指结构不同于淀粉类基团的多糖化合物，包括硫酸软骨素、海藻酸盐、透明质酸及甲壳素等。

（一）硫酸软骨素

硫酸软骨素（chondroitin sulfate，CS）[13]是一种糖胺聚糖，属于蛋白多糖，通常在细胞外基质与细胞表面存在。它是构成软骨、胶原的主要成分，常用来治疗关节软骨病变以及关节软骨部位发生的感染，别名为硫酸软骨素钠盐、硫酸软骨素钙盐、鲨鱼硫酸软骨素，主要来源于鲨鱼、牛、猪、鸡的软骨提取物，是天然来源药用高分子材料代表之一。

1. 来源与结构

硫酸软骨素一般含有 50~70 个双糖单位，分子量在 1×10^4～3×10^4，1956 年，Meyer 等首先开始对不同组织中的酸性糖胺聚糖的种类和含量进行研究，发现硫酸软骨素广泛存在于人或动物的关节软骨里，是多糖共价连接在蛋白质上形成的一类糖胺聚糖，鉴定出结缔组织中存在硫酸软骨素和透明质酸、硫酸角质素等大分子糖胺聚糖。其中的糖链由交替的葡糖醛酸和 *N*-乙酰半乳糖胺聚合而成，通过一个糖链接区连接到核心蛋白的丝氨酸残基上。是一种天然的糖胺聚糖高分子药物，已被《中国药典》收载。

硫酸软骨素结构见图 2-10。

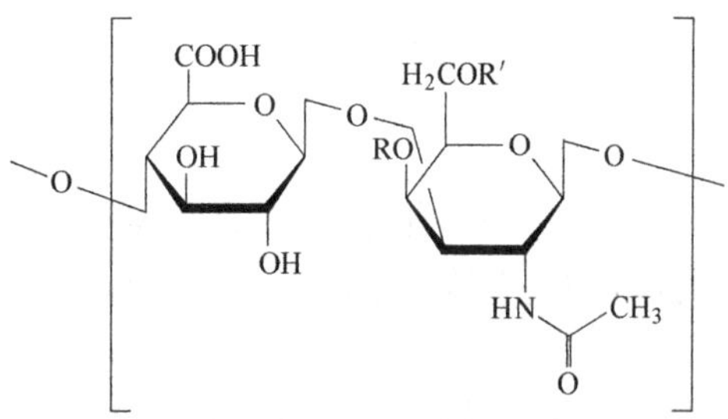

硫酸软骨素A　$R=SO_3H$　$R'=H$

硫酸软骨素C　$R=H$　$R'=SO_3H$

图 2-10　硫酸软骨素结构

虽然硫酸软骨素的主链结构并不复杂，但硫酸基和两种差向异构糖醛酸在链内的分布呈现高度的不均一性，其精细结构决定着功能的特异性和与多种蛋白质分子的相互作用。

2. 硫酸软骨素理化性质

硫酸软骨素为白色或类白色粉末，无臭，有引湿性。在水中易溶，其水溶液具黏稠性，加热不凝结，不溶于乙醇、丙酮和乙醚等有机溶剂中，其盐类对热较稳定，受热达 80℃ 亦不被破坏。硫酸软骨素水溶液，在较高温度或遇酸不稳定，主要是脱乙酰基或降解成单糖或分子量较小的多糖。

硫酸软骨素在酸性、碱性及酶解条件下生成的不饱和糖，包括低分子量硫酸软骨素和硫酸软骨素的寡糖或双糖，均与 β-消除反应有关。

硫酸软骨素在酸性、碱性和中性条件下的降解程度以 232nm 处的紫外吸光度值表示，紫外吸光度值越大表示降解程度越大，该值可以反映出硫酸软骨素在不同条件下的稳定程度。

3. 硫酸软骨素的药学应用

硫酸软骨素分子量较大，生物相容性好，一般作为高分子药物应用，在体内的作用有以下几点[14]。

（1）关节用制剂　硫酸软骨素与氨基葡萄糖配合使用可作为治疗关节疾病的药物，具有止痛、促进软骨再生的功效。多项研究显示，葡萄糖胺和软骨素配合使用能更有效地保护、逆转损坏及促进修复关节软骨和膜化骨。由于关节软骨并无血液供应，因此所有的充氧、滋养及润滑作用皆来自滑液。而硫酸软骨素水溶液具黏稠性和流动性，糖胺聚糖结构可把重要的氧气和营养素输送至关节，将水分结合到蛋白多糖分子内，提供垫衬作用，缓和行动时的冲击和摩擦，使软骨变厚，并增加关节内的滑液量作为输送管道，帮助清除关节内的废物。

（2）眼用制剂　硫酸软骨素聚阴离子上的酰胺基团使其具有很强的保水性，并对角膜有较强的亲和力，能在角膜表面形成一层透气保水膜，可改善眼角膜组织的水分代谢，并保护角膜胶原纤维，促进基质中纤维的生长。硫酸软骨素整体结构的亲水性质为细胞的迁移提供构架，有利于角膜上皮细胞的迁移，从而促进角膜创伤的愈合、渗出液的吸收及炎症的消除，适用于视疲劳、干眼症。

（3）辅助药物制剂　硫酸软骨素的多糖主链结构及其生物相容性使其易成为其他药物的辅助成分，如在链霉素制剂中辅助预防和治疗链霉素引起的听觉障碍以及各种噪声引起的听觉困难、耳鸣症等，另外，其对慢性肾炎、慢性肝炎、角膜炎以及角膜溃疡等也有辅助治疗作用。

（二）海藻酸盐

1. 来源

1881 年，英国化学家 E.C.Stanford 对褐色海藻中的海藻酸盐提取物进行研究，发现褐藻酸的提取物具有浓缩溶液形成凝胶和成膜的能力，能安全用于食品工业，并随之用于制药业和牙科。

海藻酸钠是从褐藻或细菌中提取出的天然多糖，又名褐藻酸钠、海带胶、褐藻胶、藻酸盐。

2. 海藻酸盐的结构与性质

（1）结构　海藻酸盐的结构以海藻酸钠为例，见图 2-11。

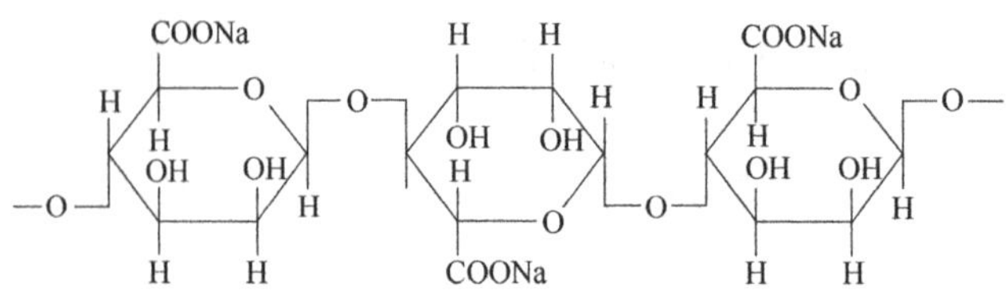

图 2-11　海藻酸钠分子结构

由图 2-11 可以看出，海藻酸钠的结构由古洛糖醛酸（记为 G 段）与其立体异构体甘露糖醛酸（记为 M 段）两种结构单元构成，这两种结构单元以三种方式（MM 段、GG 段和 MG 段）通过 α-1,4-糖苷键连接，形成一种无支链的线性嵌段共聚物。

（2）性质　海藻酸钠为白色或淡黄色粉末，几乎无臭无味，具有吸湿性，分子式为（$C_6H_7NaO_6$）$_x$，分子量约为 2.4×10^5，不溶于乙醇、乙醚、氯仿等有机溶剂。溶于水及碱性溶液，形成的溶液具有一定黏性。海藻酸钠在 1%的蒸馏水溶液中的 pH 值约为 7.2，溶液在 pH5～9 范围内稳定，安全系数高（LD_{50}>5000mg/kg）。

海藻酸钠类似于细胞外基质中的糖胺聚糖，无亚急性/慢性毒性或致癌性反应，具有生物相容性。

海藻酸钠与增稠剂（黄原胶、瓜尔豆胶、西黄蓍胶等）、部分高分子材料（如卡波姆），以及糖、油脂、蜡类均有一定的相容性，与钙盐、重金属及含量高于 5%的乙醇不相容，但与大多数多价阳离子反应能形成交联的网状结构，具有的羧酸钠结构遇水形成氢键，即可形成凝胶[1]。

3. 海藻酸盐的药学应用

海藻酸钠作为药用高分子材料，一般作为缓控释制剂的载体使用，现已被多个国家收载，《美国药典》在 1938 年收录，我国于 1985 版《中国药典》收载。

（1）固体制剂辅料　海藻酸盐可与药物形成片剂、胶囊、微球、微囊等固体制剂形式，如卵黄免疫球蛋白制剂，采用海藻酸钙为主要壁材，使用锐孔-凝固浴法包埋卵黄免疫球蛋白制备凝胶珠，得到钙凝胶珠在胃液中缓慢释放且在肠液中完全释放 [14]。

（2）半固体制剂基质　海藻酸钠的结构中含有大量羟基，遇水易形成氢键，同时具有的羧酸基容易与一些二价阳离子结合，形成凝胶。所形成的凝胶具有良好的流动性，赋予口服液体制剂口感柔滑的质感，并防止制剂产品消毒过程中出现黏度下降现象。海藻酸钠也用于悬浮液、凝胶和浓缩乳剂的生产中。海藻酸钠用于一些液体制剂中，可增强黏性，改善固体药物的悬浮性。海藻酸丙二醇酯可改善乳剂的稳定性，例如海藻酸硫酸酯分散剂制成的 PS 型胃肠双重造影硫酸钡制剂，具有黏度低、粒度细、附壁性好、性能稳定等特点。

海藻酸盐微粒的溶胀具有 pH 敏感性，能形成凝胶，也有一定的增稠性和成膜性。微粒在蒸馏水或酸性介质中（pH1.5 的 KCl-HCl 缓冲液）无变化，在 pH7.0 的磷酸盐缓冲液中迅速溶胀，体积变大。海藻酸钠对酸敏感的这个特性对药物有用，可使药物免受胃酸的攻击，且在小肠中控制干凝胶溶胀可使药物以期望的速率释放。

海藻酸钠内的羧酸钠结构遇水形成氢键，具有温和的溶胶凝胶过程，同时葡萄糖单元的链状结构也使得其具有良好的柔性及生物相容性，使海藻酸适于作为释放或包埋药物、蛋白质与细胞的微胶囊辅料的首选材料之一，也可作为支架材料用于医学领域，具备良好的生物相容性。

（3）高分子药物　海藻酸钠可作为预防高血压、糖尿病、肥胖症的天然多糖类药物，减缓脂肪、糖和胆盐的吸收，具有降低血清胆固醇、血中甘油三酯和血糖的作用，在肠道中能抑制有害金属如锶、镉、铅等的吸收，降低其在体内的积累。正是因为海藻酸钠这些重要作用，在国内外已日益被人们所重视，日本人把富含有海藻酸钠的食品称为“长寿食品”，美国人则称其为“奇妙的食品添加剂”。

（三）透明质酸

透明质酸（hyaluronic acid，HA）又名玻尿酸，也是一种酸性糖胺聚糖，1934 年，美国哥伦比亚大学 Meyer 教授等首先从牛眼玻璃体中分离出该物质，其基本结构是由两个双糖单位 D-葡糖醛酸及 *N*-乙酰葡糖胺组成的大型多糖，分子量在 40 万～220 万，分为大、中、小三类分子量，主要作为治疗关节炎的大分子糖胺聚糖使用[15,16]。

1. 来源及制备方法

透明质酸广泛分布于动物和人体结缔组织细胞外基质中，在眼玻璃体、脐带、皮肤、软骨和滑液中含量较高，血清中含量最低[17]。一般透明质酸来源于自然界动物毛皮等部位的提取，近年来利用生物法进行基因重组也有突破，具体包括以下几种方法：

（1）组织提取法　在日本、美国等国家，从动物组织中提取透明质酸已被广泛使用。提取过程包括提取、除杂、沉淀和分级分离。提取过程中的重难点是去除提取液中的蛋白质类杂质。如将鸡冠等组织绞碎后，经丙酮脱脂，直接用蒸馏水反复提取 3 次或 40～50℃热提，HA 产量高达 0.47%。脐带脂肪含量较鸡冠高，可用稀碱溶液（pH8）60℃热提数次，或用水-氯仿溶液（20∶1）提取并用等体积氯仿洗涤提取液进一步脱脂，脐带 HA 产量约为 0.2%。制备过程中直接滴加 5%的三氯乙酸可使蛋白质变性，以沉淀析出，但三氯乙酸会使 HA 分子量下降，并且会带来废水处理问题。

（2）微生物发酵法　1937 年，Forrest 等首次发现链球菌可以产生 HA，在一定条件下，以葡萄糖为碳源发酵液，链球菌同化吸收葡萄糖或其他碳源，在培养基中发酵，以代谢物形式产生 HA，用醇沉淀法等简单操作即得到高纯度的产物。采用发酵法制造的透明质酸，优点在于能按照设计设定分子量大小。发酵法提取 HA 成功与否取决于三个方面：菌种的筛选、培养基的选配、发酵工艺的优化。

（3）人工合成法　日本京都大学科学家通过天然酶聚合反应，人工合成出了用途广泛的 HA，使用生物高分子多糖类聚合物合成“透明质酸氧氮杂环戊烯衍生物”，然后添加水解酶（羊或牛的精囊来源的透明质酸酶），制造出衍生物和酶的复合体，最后在反应液（90℃）中清除其中的酶，合成了 HA 后进行沉淀、分离和精制。该方法所得的透明质酸及交联的透明质酸具有很好的生物相容性，当 HA 被细胞摄入或发生降解时，其结合的药物得到释放。HA 在体内以自然的生物降解方式代谢，使其作为药物载体成为可能。

2. 透明质酸结构、特点及性质

（1）结构与特点

透明质酸是由 *N*-乙酰葡糖胺与 D-葡糖醛酸的重复结构组成的线形多糖结构，其钠盐分子式为（$C_{14}H_{20}NNaO_{11}$）$_n$，分子量在 10^5～10^7，商品透明质酸一般为其钠盐，即透明质酸钠（sodium hyaluronate），结构式如图 2-12。

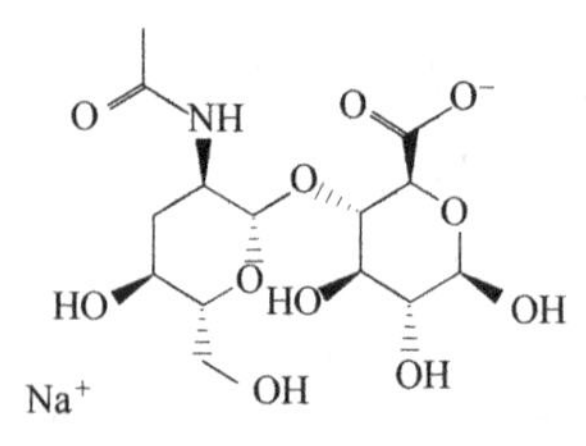

图 2-12　透明质酸钠结构

与其他糖胺聚糖相比，透明质酸是一种线性大分子，具有其独特的兼具高分子量和大分子体积的特性，故其结构特征为：

① HA 分子在空间上呈刚性的双螺旋柱状结构，在水溶液中 HA 分子链上相邻—NH 和 COO—残基之间的“水桥”能进一步加强其刚性。

② HA 分子中—CH 基团的连续定向排列，在分子链上形成高度憎水区，为分子链之间

相互缠绕和链链之间相互作用提供接点，进一步加强了其在空间上呈现刚性的螺旋柱状结构。柱的内侧由于存在大量的羟基而具有强亲水性，且将结合的水分子锁定在其双螺旋柱状结构中，使水分不易流失。HA 分子链的亲水和憎水特性，使浓度很低（1μg/ml）的 HA 也能形成连续的三维蜂窝状网络结构，水分子则在网络内通过极性键和氢键与 HA 分子相互结合，使得 HA 像“分子海绵”一样，可以吸收和保持其自身重量上千倍的水分。一般 2%的纯 HA 能将溶液中剩余 98%的水紧紧吸住，使其能像胶状物一样被提起，但实际上它是溶液，且能被稀释，因此透明质酸具有特殊的保水作用，保水能力理论上可高达 500ml/g。

③ 透明质酸分子内不含硫酸基团，也不与蛋白质共价结合，在组织中以游离形式或非共价复合体形式存在。它的结构虽较简单但分子量很大，是唯一不限于动物组织，细菌也能产生的糖胺聚糖。其形成的凝胶状态具有高度的黏弹性、可塑性、渗透性，以及良好的生物相容性，是一种重要的药物辅料。

（2）性质

透明质酸（钠）为白色无定形固体，无臭无味，有吸湿性，一般溶胀于水，不溶于有机溶剂，其水溶液具有较高的黏度特性，但当 pH 变化或透明质酸酶、半胱氨酸、焦性没食子酸、抗坏血酸、重金属离子、紫外线、电子束照射存在时黏度会发生不可逆下降。

3. 透明质酸的药学应用

透明质酸是构成人体细胞间质、眼玻璃体、关节滑液等结缔组织的主要成分，具有独特的理化性质和生理功能，在体内发挥保水、维持细胞外空间、调节渗透压、润滑、促进细胞修复的重要生理功能。透明质酸作为细胞间质的主要成分，直接参与细胞内外电解质交流的调控，发挥物理和分子信息的过滤器作用，在医学方面得到广泛应用。

（1）口服给药辅料　蛋白质和多肽类药物在使用中面临许多难题，口服给药常因为酶的水解破坏作用导致其疗效减弱或无效，即使一些药物具有抵抗酶水解的能力，也常因为其较大的分子体积而难以吸收。HA 在蛋白质和多肽类药物给药体系中可有效地作为非肠道给药的给药途径，但 HA 的生物利用度较低，原因在于其在血浆内清除太快，需频繁给药，且在血浆中的浓度不易控制，因此利用透明质酸的口服给药目前应用较少。

（2）外用给药基质　透明质酸分子在空间上呈刚性的螺旋柱状结构，具有较强的亲水和锁水功能，因此成为外用给药基质的首选。透明质酸大量存在于人体的结缔组织及真皮层中，能为弹性纤维以及胶原蛋白提供充满湿润的环境，让皮肤更有弹性，还能增强皮肤的保水能力，另外，HA 还可以阻止细胞中一些酶的产生，减少自由基形成。有研究表明，当皮肤组织暴露在 UVB 射线下时，皮肤会晒伤、发炎，真皮组织会停止产生透明质酸，因此，在外用制剂中以透明质酸为基质，利用其强大的保水、锁水功能，不仅给受损细胞补充透明质酸，更能使损坏的细胞接纳更多的水分，为细胞增殖与分化提供合适的场所，直接促进细胞生长、分化、重建与修复。

另外，透明质酸的水溶液为黏弹性流体，且其黏弹性随分子量和浓度的增加而增强，因此，可有效填充在细胞与胶原纤维空隙之中或覆盖在某些表皮组织上，或在肌腱、肌腱鞘及黏滑膜表面作为润滑剂使用。临床上可与非甾体消炎药、关节炎治疗药物组成外用制剂，或用于改善糖尿病患者伤口难愈合问题，如将川芎嗪通过透明质酸水凝胶载体局部递送，可通过调控巨噬细胞达到促进糖尿病患者伤口愈合的目的[18]。

（3）注射用高分子药物　透明质酸具有强大的保水作用，可结合自身重量 400 倍以上的水，并且最早是在关节的润滑液中发现的，因而将其制备成一定浓度的透明质酸注射液注入关节腔是安全的。关节腔内注射透明质酸治疗骨关节炎（OA）开始于二十世纪七十年代，后来研究发现，静脉注射、肌内注射以及皮下注射等给药途径治疗 OA 也能获得明显效果。即使经皮肤外用给药（用二甲基亚砜做透皮吸收促进剂）也有作用，如治疗马骨关节炎、人骨关节炎采用非关节腔内用药，治疗肌肉疼痛采用透皮吸收给药均获得了良好的效果[19]。

（4）眼用制剂基质　眼用制剂特别是滴眼液需要一定的渗透压，透明质酸所具有的结构性质使其自身水溶液具有一定的渗透压，且不受灭菌等工艺条件的影响。因此透明质酸溶液与许多药物联合使用具有一定的协同作用。如注射给药是胰岛素的通常给药途径，该途径不方便糖尿病患者长期用药，有人将胰岛素制成 HA 滴眼液，结果发现，若溶液中 HA 的浓度达到 0.36%时，胰岛素的血药浓度可增加 25 倍，血糖浓度明显下降[20]。

透明质酸还可用作眼科人工晶体植入术的黏弹剂、骨性关节炎和类风湿性关节炎等关节手术的填充剂，作为溶剂在滴眼液中应用，预防术后粘连和促进皮肤伤口的愈合。

（5）定向给药辅料　对 HA 的生物学功能进行研究时发现，当机体发生炎症时，炎症部位的 HA 含量明显升高，体内的 HA 向炎症部位聚集；另外，炎症及血管成形术后给予 HA 可明显减轻炎症反应，证明体内存在的 HA 受体能够在 HA 与细胞外基质中的蛋白质结合，与软骨基质中的黏附质特异性结合时，网状内皮组织上的 HA 受体可使细胞对 HA 发生胞饮，从体液摄取 HA。利用这一特性，目前开发了多种抗炎药物的靶向制剂，如制备多柔比星-透明质酸纳米颗粒，探索其于体外靶向杀伤口腔鳞癌细胞的作用，经裸鼠瘤体内给药后，分析口腔鳞状细胞癌病灶及易损器官的药物分布，确定了多柔比星-透明质酸纳米颗粒治疗口腔鳞状细胞癌的靶向性[21]。

HA 向炎症部位聚集的特性，可使透明质酸在定向给药中发挥辅料所没有的作用，特别是用量小、难以在体内存留的药物，为定向给药提供了一种新思路。但透明质酸有时出现疼痛、肿胀的副作用也与其结构在体内形成氢键有关，需进一步探讨其制剂形式的改进。随着医药科技的发展，透明质酸在医药方面的应用将越来越广泛。

（四）甲壳素

1. 甲壳素的来源及制备

（1）来源　甲壳素（chitin）[22]，也称为甲壳质、壳聚糖或几丁质，化学名称为聚 *N*-乙酰葡糖胺，也称为 β-（1，4）-2-乙酰氨基-2-脱氧-D-葡萄糖，分子式为（$C_8H_{13}NO_5$）$_n$，为类白色无定形物质，无臭、无味，分子量因原料不同而有数十万至数百万，1811 年由法国学者 Braconno 首次发现，1823 年，Odier 从甲壳动物外壳中提取出成品。

（2）制备　甲壳素的制备一般指低聚壳聚糖的制备，通常有三种方法：酸水解法、氧化法和酶解法。

① 酸水解法　壳聚糖在酸性溶液中是不稳定的，会发生长链的部分水解，即糖苷键的断裂会形成许多分子量大小不等的片段。酸水解法的工艺条件不好控制，该法在制备寡糖时，主要得到的是单糖，其次是双糖，很难得到所需的活性寡糖。因此此法较少使用。

② 氧化法　氧化法是近年来提取甲壳素最常用的方法，包括过氧化氢氧化法、过硼酸钠氧化法、次氯酸钠氧化法，其中以过氧化氢氧化法为主，已经用于生产。

③ 酶解法　酶解法是利用专一性或非专一性酶对甲壳素或壳聚糖进行降解的方法。在整个降解过程中，无须加入其他反应试剂，不发生其他副反应，是近年来国内外研究工作最活跃的方法。

2. 甲壳素的结构与性质

（1）结构　甲壳素为长链状聚合物，是由葡萄糖的衍生物*N*-乙酰葡糖胺作为单体聚合而成，是自然界唯一大量存在的碱性阳离子聚多糖。

甲壳素基本结构见图 2-13。

（2）性质　甲壳素[23]溶于含 8%氯化锂的二甲基乙酰胺或浓盐酸、磷酸、硫酸和乙酸，不溶于水、稀酸、碱、乙醇或其他有机溶剂。因其结构单元不是单糖，而是二胺，分子中含有—OH、—NH_2、吡喃环等功能基，因此在一定条件下可发生生物降解、水解、烷基化等化学反应。

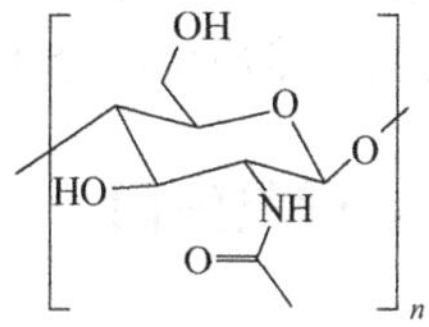

图 2-13　甲壳素结构

3. 甲壳素的药学应用

（1）固体制剂的分散剂　天然的甲壳素以 α 和 β 晶型存在，甲壳素分子沿分子长轴平行排列成纤维束状，微纤维束的横切面呈椭圆形，核心中的甲壳素分子常排列成三维的晶格结构，而在多晶区是逆平行链状排列成片层状结构，当晶体遭遇外力时容易分散开。甲壳素晶型不同，具有的功能也不同，α-甲壳素通常与矿物质沉淀在一起，形成坚硬的外壳；β-甲壳素与胶原蛋白相连结，表现出一定的硬度、柔韧性和流动性，在药剂中可用作固体制剂的分散剂、润滑剂，以及医疗器械中的手术缝合线[24]。

（2）外用制剂辅料　甲壳素分子具有生物相容性好、在生物体内酶解后能被组织吸收、无生物排斥性，不引起过敏的性质特点，在医疗用品中可作为人工皮肤、人工透析膜和人工血管等使用；它的*β*-葡聚糖能有效提高肌肤保湿能力，可用于外用制剂的保湿剂等；同时甲壳素是阳离子型天然聚合物，有良好的抑制细菌、霉菌等微生物的作用，并具有修复细胞、减缓肌肤过敏症状的功能，可辅助药物治疗大面积烧伤，还可以附着于纺织品纤维上做纺织品防霉杀菌除臭剂，以及药物内包装品用辅料。

将脱乙酰甲壳素[25]制成薄膜用作烧（烫）伤、皮肤溃疡、剥皮术后创伤、点状植皮创伤等的保护材料，在镇痛性、耐溶化性、干燥表皮形成性等方面都具有良好的效果；此外，脱乙酰甲壳素薄膜贴附在创口上，有良好的生物亲和性，能使创面新生的纤维芽细胞正常增生，并能使表皮组织愈后的创面光洁完好。目前已在临床应用的相关产品有几丁质膜[26]、泼尼松壳聚糖膜[27]及壳聚糖诺氟沙星烧伤生物敷料[28]等。

（3）高分子药物　作为高分子药物，甲壳素具有降低胆固醇及止血作用。

① 降低胆固醇作用　甲壳素是带正电荷的阳离子化合物，在体内聚集在带负电的脂肪分子周围，形成屏障而妨碍脂肪的吸收。甲壳素容易和胆汁酸结合，结合后影响脂类乳化使其吸收减少，同时胆汁酸结合后不能通过肝肠循环回收，促使血液中的胆固醇加速转化为胆汁酸，使血脂含量下降，进而改善人体代谢动能。

② 止血作用　甲壳素的结晶性、结构的吸水性以及安全性，为其在止血辅料的使用上开辟了一条新的道路。通常制备成止血粉、可溶性纱布等使用，如有人在甲壳素中加入一定量钙、锌离子改变其晶型结构，研制成一种新型甲壳素止血粉。研究表明，甲壳素制成的止血粉具有止血、消炎、促进创面愈合、防粘连等作用，以及成本低、使用方便等优势[29]。

第二节　蛋白质类天然药用高分子

近年来，作为药用高分子应用的蛋白质主要有醇溶蛋白、白蛋白、胶原蛋白等，大部分物质是作为高分子药物应用，作为药用辅料开发品种比较少。以下具体介绍几种代表性蛋白质类天然药用高分子。

一、醇溶蛋白

醇溶蛋白[30, 31]是植物种子储存蛋白的组分之一，常见有小麦醇溶蛋白、玉米醇溶蛋白及糯米醇溶蛋白等。

（一）来源

醇溶蛋白是由氨基酸以“脱水缩合”的方式组成多肽链，经过盘曲折叠形成具有一定空间结构的蛋白质。根据其结构性质，制备方法主要为醇溶法和酶法两种，目前已经实现工业化生产。

玉米醇溶蛋白多采用醇溶法提取，步骤为将玉米粉过筛定量称取，加入一定浓度乙醇液，超声波处理后，离心、恒温烘干、粉碎，即得。

酶法是利用种子蛋白的氢键和疏水键键能较低的相互作用，用酶将其降解成醇溶蛋白。高粱醇溶蛋白占比 70%～90%，具有强疏水性和较好的成膜性，但消化性较差，限制了其开发和应用。

（二）结构

醇溶蛋白多为疏水的氨基酸，有蛋白质所具有的氨基末端（$—NH_2$）和羧基（—COOH），结构中同时存在 α 螺旋体和 β 折叠片两种三维结构，分子结构整体为棒状。

（三）性质

玉米醇溶蛋白中氨基酸脱水缩合形成的多肽链上，以疏水的氨基酸居多，同时结构中高比例的碱性、酸性氨基酸的数量决定了其溶解行为较为特殊，玉米醇溶蛋白在 80%～92%乙醇或 70%～80%丙酮中易溶，在水或无水乙醇以及其他比例的醇水溶液中不溶。受肽主链上的羟基与亚氨基生成的氢键影响，主要形成 α 螺旋体，有较低的表面能，并具有独特的成膜特性。受其结构及溶解性的影响，具有很强的耐水性、耐热性和耐脂性，对其检测主要集中在蛋白特征、己烷可溶物、干燥失重、炽灼残渣、重金属、微生物限度、含量方面。

（四）药学应用

玉米醇溶蛋白在醇水溶液中呈无规则线团结构，但溶剂蒸发后能形成一种透明、有光泽的薄膜，具有防潮、隔氧、抗紫外线、保香、阻油、防静电等特性，可在药物制剂中承担保护药物、提高药品稳定性的作用。其生物相容性好，可用于制备口服及黏膜制剂。

1. 片剂的黏合材料及包膜材料

玉米醇溶蛋白同时存在氨基末端和羧基，具有一定空间结构，同时存在 α 螺旋体和 β 折叠片，使其具有黏性和延伸性，在片剂的制备中可充当黏合材料和包膜材料。

2. 胃肠道黏附材料

利用玉米醇溶蛋白柔性链上的氨基和羧基在水中形成氢键作用作为黏附材料，如以氟尿嘧啶为模型药，玉米醇溶蛋白为骨架材料和黏附材料，制备氟尿嘧啶胃肠道黏附控释片，所得到5-氟尿嘧啶玉米醇溶蛋白生物黏附片体外释放10小时内符合零级释放特征，体现醇溶蛋白具有较好的体外黏附力和控释能力，能延长药物制剂在胃肠道的停留时间，提高了药物的生物利用度[32]。

3. 缓控释制剂的骨架材料

醇溶蛋白的α螺旋体和β折叠片在遇水时能形成氢键骨架，可将药物包载在其中制备成骨架片。如以阿司匹林（aspirin）为模型药物，玉米醇溶蛋白作为骨架材料，采用混合压片法制备的片剂，达到了理想的缓释效果，可改善长期服用阿司匹林对胃黏膜的损害。有研究表明，控制药物和醇溶蛋白的比例制备成的骨架片，可实现不同的缓控释效果[33]。

4. 纳米制剂辅料

醇溶蛋白的水不溶性及其蛋白结构的生物相容性，使其容易与多数难溶性药物以及大分子药物制成纳米制剂。如将醇溶蛋白与异莛草素、大麻二酚、异甘草素、鱼腥草黄酮等不同结构性质的药物制备成纳米复合颗粒或形成微囊，并可进一步加工制备成理想的剂型。工艺的改进使得醇溶蛋白作为辅料进行工业化生产成为可能，如可用超临界辅助雾化法制备玉米醇溶蛋白微粒，制得的微粒具有球形度高、分散性好、粒径可控制等优点[34-37]。

5. 成膜材料

目前可以利用醇溶蛋白的成膜性形成包衣或载药微囊。用醇溶蛋白包衣空白片剂，发现玉米醇溶蛋白具有良好的成膜特性；利用静电纺丝技术制备负载药物百里香酚、丹参酮ⅡA的玉米醇溶蛋白基纳米纤维膜，显示出良好的透气性，并具有缓释抗菌剂的能力[38]。另外还可将玉米醇溶蛋白制成保鲜复合涂层用于食品工业。玉米醇溶蛋白有望成为新一代生物可降解的药物包装材料。

6. 乳剂辅料

玉米醇溶蛋白分子中存在的疏水氨基酸，以及形成的分子内氢键，使得单一的玉米醇溶蛋白制备的 Pickering 乳液分层明显[39]，故需与其他材料复合才能制备稳定的乳剂。如用玉米醇溶蛋白、赖氨酸和魔芋葡甘聚糖配合制备 Pickering 乳液，赖氨酸和魔芋葡甘聚糖在水中的溶解性好，能稳定玉米醇溶蛋白纳米颗粒，复合的胶体颗粒间具有静电相互作用及氢键作用，改变了玉米醇溶蛋白纳米颗粒的二级结构，从而制备具有高稳定性的乳液，不再出现分层明显的现象，常温下可稳定30天[40]。也可通过反溶剂纳米沉淀法制备玉米醇溶蛋白/果胶复合颗粒，如构建荷载姜黄素的高内相 Pickering 乳液[41]及采用逐层（LBL）静电沉积技术制备玉米醇溶蛋白颗粒和海藻酸丙二醇酯（PGA）共稳定的双层网络结构乳液[42]。

7. 凝胶骨架材料

玉米醇溶蛋白结构上的羟基易与极性溶液相混溶，疏水氨基酸存在的α螺旋体和β折叠片又使得其遇水后形成一定三维空间，在水中形成溶胀形态，进而形成凝胶。

但醇溶蛋白形成的凝胶存在疏水分离问题，如果加入易形成大量氢键的药用高分子材料则能形成稳定的凝胶状态，如以马铃薯淀粉和玉米醇溶蛋白为原料制备复合凝胶时，马铃薯淀粉在复合凝胶中的化学作用力以氢键和疏水相互作用为主，二硫键和离子键作用相对较弱，并且随着马铃薯淀粉添加量的增加，复合凝胶的硬度、咀嚼性和弹性均显著增加（$P<0.05$），溶胀特性呈下降趋势。材料的添加也可改善玉米醇溶蛋白的凝胶特性，为玉米醇溶蛋白凝胶

的临床应用提供了研究方向[43]。

8. 醇溶蛋白的其他制剂形式

（1）高分子药物　近年来，醇溶蛋白作为高分子药物用于口服及外用制剂取得了较好的治疗效果，如治疗胃病时，可定向刺激人体胃肠道的肌肉蛋白和糖原的合成，提高人体胃黏膜的生成速度，对顽固性胃炎、胃溃疡等胃肠疾病临床疗效显著。另外，也可利用其生物亲和力治疗皮肤损伤，醇溶谷蛋白中含有人体所必需的赖氨酸、精氨酸、组氨酸等，能够及时补充营养，维持细胞的正常新陈代谢功能，可使烧伤、烫伤皮肤的受损细胞维持正常运转[44]。

（2）改性玉米醇溶蛋白　玉米醇溶蛋白的改性为其作为药物制剂辅料提供了新的应用空间，如用糖基化改性玉米醇溶蛋白制备硬胶囊壳，发现由改性醇溶蛋白-明胶制备的胶囊具有肠溶性[45]，且透光率、阻水性、阻油性及阻氧性均优于未改性玉米醇溶蛋白。有人以玉米醇溶蛋白和聚乙烯醇（PVA）为原料，采用溶胶-凝胶法制备的玉米醇溶蛋白基表面改性凝胶呈现多层网状结构，这种结构具有显著的油水分离能力，可提供一种安全有效的药物吸附材料[46]。

二、胶原蛋白

（一）来源

胶原蛋白（collagen）[47]是重要的蛋白质类药用高分子材料之一，是组成胶原纤维动物结缔组织的主要成分，主要来源于动物的皮、骨、毛发。胶原蛋白分子的长度约 280nm，直径约 1.5nm，分子量分布范围较广，约 10 万～30 万，其中分子量在 10 万～20 万范围的占 50%～60%。

动物的皮、骨及鱼鳞中含有的胶原蛋白种类繁多，其差异主要源于组成胶原蛋白的氨基酸种类和交联度。胶原蛋白可根据分子两端基团的氨基、羧基性质采用热水法、盐法及酶法等方法提取[48]。

1. 热水法提取

利用胶原蛋白溶于水的性质进行提取，又分为酸法和碱法，如鱼鳞胶原蛋白的提取[49]即采用此法。

（1）酸法提取　将适当浓度的酸液按一定料液比加入经过预处理的骨粉中，在低温下用酸液（如盐酸、磷酸、甲酸、乙酸、苹果酸、柠檬酸等）浸提，离心即可得酸溶性胶原蛋白。用低温酸法提取的胶原蛋白最大程度地保持了原有的三螺旋结构，适用于制备医用生物材料。

（2）碱法提取　利用一定浓度的碱在一定的外界条件下提取胶原蛋白，常用的碱处理剂通常为石灰、氢氧化钠、碳酸钠等，用氢氧化钠浸提时效果较好，把样品匀浆后，用碱溶液多次溶胀后离心提取即可，但该方法易引起蛋白质变性，如胶原中肽键的水解，含羟基、巯基的氨基酸被破坏等，所得产物等电点的 pH 值较低。

近年来，人们发现碱法和酸法提取联合使用[50]，所提取的胶原蛋白质量较好，在 4℃条件下，将鱼骨用 0.1mol/L 的 NaOH 浸泡 6h，再用 2.5%NaCl 浸泡 6h 去除杂蛋白，用 10%的异丙醇溶液去除脂肪，0.1mol/L 的柠檬酸浸泡 3 天，最后得到无色无味的胶原蛋白，提取率为 11.87%。

2. 盐法提取

指利用盐为溶剂提取盐溶性胶原蛋白的方法。常用来提取胶原的盐有三羟甲基氨基甲烷-盐酸（Tris-HCl）、氯化钠、柠檬酸盐等。采用不同浓度的氯化钠对提取的胶原蛋白进行盐析处理，可以沉淀出不同类型的胶原蛋白。

3. 酶法提取

指可溶性胶原蛋白和酸溶性胶原蛋白提取后，再加入蛋白酶，如胶原酶、胃蛋白酶、木瓜蛋白酶和胰凝乳蛋白酶等，进行水解得到不同的酶促溶性胶原蛋白的方法。所使用的蛋白酶主要分 3 种：动物蛋白酶（如胰蛋白酶、胃蛋白酶）、植物蛋白酶（如木瓜蛋白酶、菠萝蛋白酶）、微生物蛋白酶（如碱性蛋白酶、中性蛋白酶）。在对酶法水解胶原蛋白的研究中，以碱性蛋白酶应用最多[51]。

（二）结构

胶原蛋白常见类型为Ⅰ型、Ⅱ型、Ⅲ型、Ⅴ型和Ⅺ型。其中Ⅰ型胶原蛋白主要分布于皮肤、肌腱等组织，占全部胶原蛋白含量的 80%～90%；Ⅱ型主要由软骨细胞产生，是一种高分子蛋白质，丝状的胶原蛋白纤维与弹性蛋白及多糖蛋白相互交织形成网状结构，具有一定的机械强度，多存在于骨骼、关节、肌腱等组织。

胶原蛋白的分子结构有 α 螺旋体和 β 折叠片两种形式。以 α 螺旋体为例，以肽键连接的氨基酸为其一级结构，二级结构为左手螺旋的多肽链，三级结构为由 3 条左手螺旋（二级结构）的多肽链相互缠绕形成的在中心分子轴周围的右手螺旋。每一种蛋白质分子都有其特定的氨基酸组成和排列方式。

（三）理化性质

胶原蛋白为白色、透明的粉状物，分子呈细长的棒状；每个肽链具有许多酸性或碱性的侧基，并且每个肽链的两端有 *α*-羧基和 *α*-氨基，等电点 7.5～7.8，偏碱性（也可根据不同的提取方法得到不同的等电点，如碱法提取等电点趋于碱性，酸法提取等电点趋于酸性）；肽链两端具有接受或给予质子的能力，可在特定的 pH 范围内，解离产生正电荷或负电荷，因此胶原蛋白是一种两性电解质。胶原蛋白分子具有很强的延伸力，不溶于冷水、稀酸、稀碱溶液，具有良好的保水性和乳化性。

黏度：胶原蛋白的分子量分布较宽，不同分子量的胶原蛋白溶液的黏度与溶质浓度、溶剂、pH、温度和外加电解质有关，但均随温度升高而下降，在等电点时胶原蛋白溶液的黏度最低。

热稳定性：胶原蛋白的热稳定性是指测定其在水系中纤维的热收缩温度（T_s），或溶液中分子的热变性温度（T_d），其中热变性温度可通过测定胶原蛋白溶液增比黏度的变化来确定。

（四）药学应用

胶原蛋白多肽链上疏水氨基酸残基的疏水作用占明显优势，同时每个肽链上肽键都参与氢键的形成，构成特殊的螺旋结构，同时有良好的生物相容性和生物活性，因而成为制备多种药物制剂辅料的首选。

1. 药用辅料

可利用胶原蛋白的空间结构特点及易成膜性制备适宜的制剂形式，如纳米囊、包衣、微囊等，再加上本身结构为氨基酸分子，在体内具有良好的生物相容性、生物可降解性，因此在药学制剂中广泛应用。

2. 骨合成辅料

胶原蛋白作为一种重要的可在体内降解的生物材料，可代替不能生物降解的高分子作为医疗用原料或辅料。胶原蛋白来自皮肤骨骼等组织，是软骨组织中的重要组成成分，骨细胞中的骨胶原是羟基磷灰石的黏合剂，它与羟基磷灰石共同构成了骨骼的主体，随着年龄的增长，合成骨胶原的速度跟不上人体需要，导致骨质疏松，而胶原蛋白中的羟基脯氨酸是血浆中运输钙到骨细胞的工具，由三条肽链组成，可用其模拟结缔组织的外基质结构，形成骨骼中充满小洞的网，牢牢地留住即将流失的钙质，因此，利用吸收足够与钙结合的胶原蛋白，使钙在体内较快到达骨骼部位沉积，起到骨合成辅料的作用。但胶原蛋白的氨基酸结构，会使有些人呈现过敏状态，因此，口服补充骨骼材料摄入量的确定也成为胶原蛋白在药物制剂中的研究方向[52]。

3. 手术缝合线及人造皮肤材料

胶原蛋白柔性链具有高强度纤维结构，制成的手术缝合线既有与天然丝一样的高强度，又有较好的平滑性和弹性，操作过程中不易损伤机体组织，同时有一定的止血效果，使得其成为制备手术缝合线的首选。

胶原蛋白自身是构成细胞外基质的骨架，其三股螺旋结构及交联所形成的纤维或网络对细胞起到锚定和支持作用，具有类似真皮的形态结构的优点，可期望构成人造皮肤[53, 54]。目前对于严重烧伤的病人，最重要的问题是有可移植的皮肤，早在20世纪70年代初，美国推出了注射用牛胶原，用于祛斑、除皱纹及修复瘢痕，胶原蛋白有望代替人自体皮肤用于烧伤、烫伤的皮肤愈合。

4. 其他应用

胶原蛋白是参与创伤愈合的主要结构蛋白，常利用其特有的天然螺旋结构，与淀粉形成能促进血小板凝聚和血浆结块的止血海绵制剂。原理为当血管壁的内皮细胞被剥离时，血管中的胶原纤维暴露于血液中，血液中的血小板立刻与胶原纤维吸附在一起，发生凝聚反应，生成纤维蛋白并形成血栓，进而血浆结块阻止血流，故可制成贴剂、凝胶剂、喷雾剂、散剂等形式。

（1）皮肤代用品　可用胶原蛋白产品代替人体内黏膜系统[55]。由于胶原蛋白广布于人体各组织中构成组织细胞外基质，是一种天然的组织支架材料，用嵌入软骨细胞的胶原蛋白凝胶来修复软骨缺陷，并尝试用上皮、内皮和角膜细胞附在胶原蛋白海绵上以适应角膜组织，用于肌腱修复。

（2）包衣材料　胶原蛋白分子肽链上的弯曲，使得胶原蛋白的三级结构具有一定的柔性，在一定条件下能形成膜；再者，分子上具有羟基、羧基和氨基等多种反应基团，易于吸收和结合多种酶和细胞，使其生物亲和性增加，故纯化的胶原蛋白可作为安全性强的囊材应用于药物制剂的包衣[56]或胶囊壳，也可应用于微囊、固体分散体等。其形成的胶囊壳与明胶形成胶囊壳相比，克服了明胶分子内存在的醛基、亚胺或酮类基团在储存过程中自身易发生交联的缺点，同时可避免素食主义者或宗教习俗带来的用药不方便的问题。

（3）其他制剂形式的应用　目前利用胶原蛋白及其改性衍生物遇水溶胀的特性可将其作为栓剂基质、血浆扩容剂、血浆代用品等使用，国内应用较多的血浆扩容剂产品有聚明胶肽注射液[57]和琥珀酰明胶注射液[58]。聚明胶肽平均分子量（M_w）为27500～39500，形成注射液后其渗透压与血浆相等，可保持血管内液与组织间液的平衡，能纠正或预防血浆或全血容量缺乏引起的循环功能不全，适用于低血容量性休克、全血或血浆丢失、补充心肺循环量。该注射液已被世界卫生组织（WHO）列为基本药物。琥珀酰明胶（succinylated gelatin）是以琥珀酸酐为交联剂，交联改性的琥珀酰明胶注射液，别名为佳乐施、血安定、血定安、Gelofusine、Plasma Substiute 等，临床上用于各种原因引起的低血容量性休克（如失血、急性创伤或手术、烧伤、败血症）的早期治疗、手术前后及手术期间稳定血液循环及稀释体外循环液；还可作为输注胰岛素的载体（防止胰岛素被容器及管壁吸附）及大分子药物的传递体[59]。

三、白蛋白

（一）来源

从血液中分离制得的白蛋白（albumin）有两种：一种是从健康人血浆中分离制得的，称为人血白蛋白；另一种是从健康产妇胎盘血中分离制得的，称胎盘血白蛋白。人血白蛋白是医学上使用量最多的白蛋白，但以人血液为原料制造人血白蛋白受到严格的限制，由于需要量大，1981 年美国基因公司用重组 DNA 技术，在细菌及酵母中生产人血白蛋白成功，但成本高，需要提高纯度达 99.9999%。日本、瑞士、瑞典等国家正在开发大规模生物合成技术获得人血白蛋白。目前制备工艺仍为以人血浆为原料，对血浆或胎盘血原料进行肝炎相关抗原 HAA 和转氨酶检查及 HIV 抗体的检查合格后，将白蛋白置于特殊的控制条件（如 pH 值、离子强度）下，采用低温乙醇分离工艺，用压滤分离法进行血浆组分沉淀上清液的分离，溶解过滤/精制、超滤/配制、除菌后分装于灭菌安瓿瓶内或制成冻干制品，最终产品中白蛋白纯度达 95%以上。

（二）结构

白蛋白又称清蛋白，是血浆中含量最多、分子量最小的蛋白质。人血白蛋白在固态时为棕黄色无定形小块、鳞片或粉末，水溶液是近无色或棕色微黏稠的液体，颜色的深度与浓度有关。人血白蛋白由 584 个氨基酸残基组成，分子量为 66500，分子中带有较多的极性基团，还含两个二巯桥基，N 末端是天冬氨酸，因此对许多药物离子具有高度的亲和力，其二级结构由约 48%的螺旋结构、15%的折叠片结构组成，其余为无规线团结构，因此具有很多的网状空隙，为负载药物创造了有利的空间条件。

（三）性质

白蛋白易溶于稀盐溶液（如半饱和的硫酸铵）及水中，对酸较稳定，较其他血浆蛋白质耐热。

（四）药学应用

1. 载体应用

自 20 世纪 70 年代初第一个有关白蛋白毫微球问世以来，因其在人体内具有无抗原性、无过敏反应并能被降解吸收，具有良好的生物相容性和可生物降解性的特性，广泛用作药物的载体。其载药方式主要有两种：

（1）化学偶联型白蛋白载药　化学偶联型白蛋白载药[60, 61]，即药物和白蛋白载体间发生化学反应，产生分子链接形成白蛋白化药物。可分为外源性白蛋白与药物偶合、前体药物进入体内与内源性白蛋白结合以及多肽类药物的白蛋白化多种形式。例如，在白蛋白修饰脂质体递药系统的研究中，利用白蛋白具有良好的生物相容性、药物结合能力和肿瘤靶向性，以及长时间的血液保留性等特点，将白蛋白包覆于脂质体表面，可显著提高脂质体的体内外结构稳定性、生物相容性、药物包载及控制释放性能，改善了脂质体因结构稳定性差、药物体内循环时间短等因素使其应用受到限制的现状[62]；还可用白蛋白毫微球在肿瘤部位形成栓塞，切断肿瘤细胞的给养，如采用直接加热固化法制备了卡铂白蛋白微球，并将此微球塞于肝动脉，实现在较长时间内起到栓塞、维持肝脏局部药物高浓度的效果[63]；又如以白蛋白、酰肼化透明质酸和醛基化透明质酸为原料，制备出了白蛋白/透明质酸纳米载体，并通过配位作用装载顺铂得到纳米粒药物，体外细胞实验体现还原性/酸性双重响应性药物释放方式，杀伤效果与游离态顺铂结果相当，达到制备靶向递送载体目的[64]。

（2）物理结合的白蛋白载药　依靠白蛋白与药物的物理相互作用将药物包埋于白蛋白纳米颗粒中，即物理结合的白蛋白载药[65-69]。白蛋白在注射剂产品中主要作为蛋白质类的稳定剂，也可作为注射剂的共溶剂或冻干制剂的载体，含量在0.003%～5%。如5-氟尿嘧啶白蛋白（5-FUAM）注射剂，即以5-FUAM、吐温80及生理盐水形成混悬液离心沉降，流通蒸气灭菌后得注射用蛋白纳米粒，该方法工业化操作简单，工艺方法运用至今。但形成的蛋白颗粒大小易受蒸气流通量等因素影响，颗粒不均匀，现在有人利用喷雾冷冻干燥工艺、超高压微射流技术、超声法等形成的蛋白颗粒稳定性能更佳且可规模化生产。

2. 高分子药物

白蛋白作为高分子药物一般为血浆代用品注射剂，白蛋白分子的氨基、羧基间自行产生氢键，能维持血浆正常的胶体渗透压，25%的白蛋白 20mL 能维持的胶渗压约相当于血浆100mL 或全血 200mL 的功能，生物半衰期为 17～23 天，临床上可用于治疗严重急性的白蛋白损失（如失血、脑水肿、低蛋白血症、肝硬化及肾脏病引起的水肿和腹水等）。

四、丝素蛋白

丝素蛋白（silk fibroin，SF）[70-73]是从蚕丝或蜘蛛丝中提取的具有良好机械强度的天然高分子纤维蛋白。

（一）结构

丝素蛋白分子中含有多个酰胺基团，以反平行折叠链构象为基础，形成直径约为 10nm 的微纤维，无数微纤维密切结合组成直径更大的细纤维，大约 100 根细纤维沿长轴排列构成直径为 10～18μm 的蚕丝蛋白纤维，结构如图 2-14。

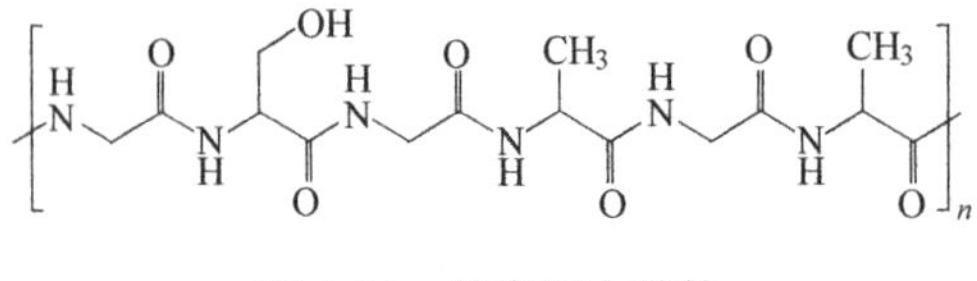

图 2-14　丝素蛋白结构

（二）性质

丝素蛋白分子量在 2000～100000，一般分子量在 2000～90000 之间的丝素蛋白具有一定的水溶性，而在 90000～100000 之间的不溶于水。蚕丝素蛋白为淡黄色透明液体，无特异气味，易溶于水。

（三）药学应用

1. 载体材料

丝素蛋白分子中含有多个酰氨基结构，当与其他分子形成氢键时，降低了丝素蛋白分子之间形成氢键的作用，且氨基酸结构的存在使得丝素蛋白具有良好的生物相容性、晶体多态性和生物降解性，丝素蛋白能作为药物递送的极佳载体材料，可用于制备药物的凝胶、微球、微针、脂质体等多种剂型。如有人利用泊洛沙姆 P188 与丝素蛋白形成复合水凝胶载药系统，通过调整泊洛沙姆 P188 与丝素蛋白的比例、制备温度和时间，得到的泊洛沙姆-丝素蛋白载叶酸凝胶具有缓释特性[74]。临床上，目前还有人利用丝素蛋白良好的力学性能，采用纬编工艺开发了丝素蛋白复合肠道支架，具有良好的生物相容性、可降解性及可局部给药的特点，可用于风险大的急诊手术或者多发性转移性结直肠癌患者梗阻辅助治疗[75]。

针对丝素蛋白的二级结构可变形的特点，如可利用无水乙醇将丝素蛋白二级结构从无规卷曲改造成 β 折叠，利用自组装技术在微球或纳米球表面交替沉积聚丙烯胺盐酸盐（PAH）和丝素蛋白聚电解质，形成物理交联的多层丝素蛋白沉积，改善大分子模型药物的通透性，实现大分子药物的有效负载并实现了磁富集及体外磁靶向，以解决感觉神经性耳聋临床上全身给药治疗效果不理想的状况，为后续激素和神经营养药物协同治疗感觉神经性耳聋提供新思路[76]。

2. 成膜材料

丝素蛋白特殊的纤维状结构及其含有多个酰胺基团使之呈现晶体多态性，可形成拉伸强度适中的共混膜，因此丝素蛋白可作为一种优异的成膜材料用于制剂生产中，如制备环孢素 A 丝素蛋白-聚乙烯醇共混膜剂，显著提高了环孢素 A 经皮给药的生物利用度，皮肤刺激性和过敏性减弱，安全有效，应用前景广泛[77]。

五、酶类

对于药用高分子来说，酶类高分子一般指具有生物活性的蛋白质分子，多数作为高分子药物，分子量并不大，一般在几百到几千，《中国药典》（2025 年版）三部生物制剂收载了多种酶制剂药物，其中含有多种高分子酶注射制剂，如门冬酰胺酶（埃希）、门冬酰胺酶（欧文）、矛头蝮蛇巴曲酶、抑肽酶、肝素钙、肝素钠、尿激酶、玻璃酸酶、胃蛋白酶、胰岛素、胰酶、胰激肽原酶、鲑降钙素、缩宫素等，以下为几种典型酶类高分子药物范例。

（一）激肽释放酶

激肽释放酶[78-80]是一组存在于多数组织和体液中的丝氨酸肽链内切蛋白酶。早在 20 世纪就在人的尿液及胰腺中发现了此类酶，因其具有降压作用，也称为血管舒缓素。它是一种作用于肽链上 N 端的内源活性酶，分子量约为 1082，结构如图 2-15。

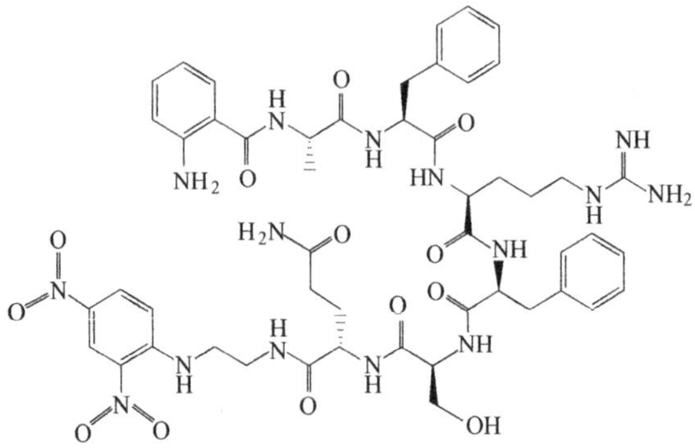

图 2-15　激肽释放酶结构

在生物化学中，激肽释放酶可催化许多天然肽类的生物合成，包括多肽、肽前体、蛋白质等。如可以将多肽的 N 端切断，抑制多肽链内切酶的切割，使多肽释放出来；也可催化蛋白质氨基酸残基与 β-转角的结合，从而使蛋白质发生折叠，将游离氨基酸释放出来。1930 年，Kraut 等在胰腺发现高浓度此物质，命名为“Kallikrein”，又称 KLK。

从来源上，激肽释放酶分为两大类：血浆 KLK 和组织 KLK。血浆 KLK 是一种高分子量糖蛋白，参与凝血和纤溶过程。组织 KLK 是一个大的基因家族，主要分布在肺、肾、血管、脑、肾上腺组织，为一种中等分子量的糖蛋白，目前激肽释放酶作为体内主要的注射用降压药物之一应用于临床，但仅限于作为高分子药物。

（二）促红细胞生成素

促红细胞生成素（erythropoietin，EPO）[81-83]又称红细胞刺激因子、促红素，是一种分子量为 34000～39000 的人体内源性糖蛋白激素，结构图见 2-16。

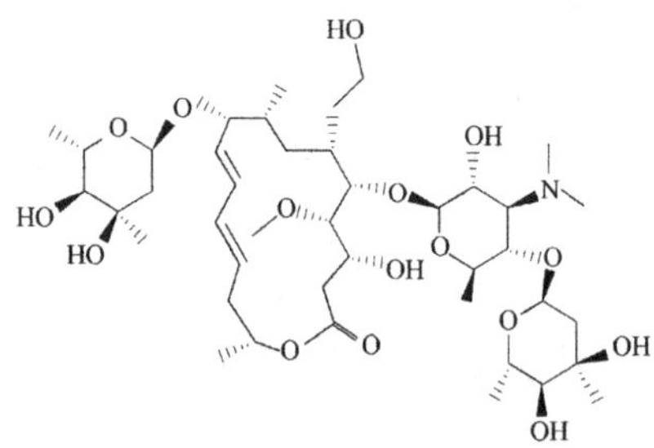

图 2-16　天然促红细胞生成素结构

天然促红细胞生成素分子包括多肽部分和糖链部分。血浆中存在的促红细胞生成素由 165 个氨基酸组成，以二硫键连接形成 4 个稳定的 α 螺旋结构，可维持促红细胞生成素生物活性所必需的空间构象，正常人体内有一定含量的促红细胞生成素，主要由肾脏产生，少量自肝脏产生。其生理功能主要是与红系祖细胞的表面受体结合，促进骨髓内红系定向干细胞分化为红系母细胞、核红细胞的血红蛋白合成以及骨髓内网织红细胞和红细胞的释放，是一种用于治疗多种贫血的注射用高分子蛋白药物。

天然促红细胞生成素多肽链结构对热不稳定（体温 37℃），分子之间聚集快，影响了促红细胞生成素注射使用，可用聚乙二醇修饰促红细胞生成素，在其修饰的蛋白质周围产生空间屏障，减少酶解，阻止蛋白质分子疏水区域相互作用，从而增加促红细胞生成素注射剂的稳定性和溶解性。但促红细胞生成素分子量较大，制成注射剂形式时需要注意其分子量分布范围。

目前促红细胞生成素的制备一般采用反相高效液相色谱法分离重组人红细胞生成素的方法，可以简单、快速、高效地从粗品中分离出重组人红细胞生成素，获得的产品纯度高（接近 100%），比活性达 $1.8×10^8$IU/g，主要检测指标达《中国药典》标准。该法代替基因工程重组人红细胞生成素纯化工艺，达到了简单、快速、高效工业化生产促红细胞生成素的目的[84,85]。

与其他酶制剂不同，促红细胞生成素还可用于制备缓释制剂形式应用于临床，有研究表明用乳酸-羟基乙酸共聚物（PLGA）装载的促红细胞生成素缓释微球（EPO-PLGA 微球）经玻璃体腔注射对受损视网膜神经节细胞（RGC）进行保护作用；制备的聚乳酸-聚乙醇酸-重组人促红细胞生成素微球，能够促进实验性坐骨神经缺损的再生和功能的恢复[86]。

思考题

1. 天然药用高分子作为药用辅料的基本要素是什么？
2. 分析高分子作为药物及辅料应用的差异。

参考文献

［1］ 国家药典委员会. 中华人民共和国药典［M］. 2025 年版. 四部. 北京：中国医药科技出版社，2025.

［2］ 张星灿，康建平，邹光友，等. 马铃薯薯粉类制品主食化应用研究进展［J］. 食品与发酵科技，2017，53（02）：100-103.

［3］ Tavakolian M，Jafari S M，van de Ven T G M. A review on surface functionalized cellulosic nanostructures as biocompatible antibacterial materials［J］. Nano-Micro Letters，2020，12：1-23.

［4］ 国家药典委员会. 中华人民共和国药典［M］. 2025 年版. 二部. 北京：中国医药科技出版社，2025.

［5］ 张丽君，李爱军，蒋文明，等. 酸解法制备大豆皮微晶纤维素的研究［J］. 食品工业科技，2011，32（08）：298-300.

［6］ 覃荣灵. 蔗渣微晶纤维素的制备及其药用辅料应用性能［D］. 南宁：广西大学，2014.

［7］ 袁毅，张黎明，高文远. 穿龙薯蓣微晶纤维素的制备及其理化性质研究［J］. 生物质化学工程，2007，41（04）：22-26.

［8］ 陈珊珊，李欣欣，马中苏. 利用苹果渣制备纳米纤维素的工艺优化研究及其表征[J]. 现代食品，2019，25（23）：56-64.

［9］ 温瑾，郑洲，缪锦来，等. 利用海带渣制备药用辅料微晶纤维素的研究［J］. 中国海洋药物，2012，31（01）：15-19.

［10］ 姜慧洁，慎凯峰，刘奇，等. 微晶纤维素颗粒外加技术对铁皮石斛复方片崩解时间的影响［J］. 中成药，2023，45（12）：4091-4095.

［11］ 朱斌，曾淼，刘林，等. 微晶纤维素的制备及在医药工业上的应用［J］. 广东化工，2017，44（8）：108-109.

［12］ 蔡文强，崔嘉航，朱慧慧，等. 不同提取方法红芸豆皮膳食纤维结构、理化性质和降血糖活性分析［J］. 食品与发酵工业，2005（1）：1-9.

［13］ 周跃钢. 硫酸软骨素的研究进展及其应用前景［J］. 中国药学杂志，2016，51（21）：1821-1825.

［14］ 卢文静，谌迪，叶沁，等. 海藻酸钙微胶囊包埋 IgY 及其释放特性研究［J］. 浙江农业学报，2022，34（12）：2740-2749.

［15］ 卞兆荃，魏健，王成山，等. 硫酸化透明质酸的制备、活性及应用研究进展［J］. 食品与药品，2023，25（03）：278-283.

[16] Ishijima M, Nakamura T, Shimizu K, et al. Different changes in the biomarker C-terminal telopeptides of type Ⅱ collagen (CTX-Ⅱ) following intra-articular injection of high molecular weight hyaluronic acid and oral non-steroidal anti-inflammatory drugs in patients with knee osteoarthritis: a multi-center randomized controlled study [J]. Osteoarthritis and Cartilage, 2022, 30 (6): 852-861.

[17] 瞿晓梅，国大亮，刘洋，等. 透明质酸制备方法的研究进展 [J]. 药学研究，2020，39（04）：233-235.

[18] 初迪. 载川芎嗪透明质酸水凝胶调控巨噬细胞促进糖尿病伤口愈合的研究 [D]. 长春：吉林大学，2023.

[19] 赵思明，赵艺平，何雅鸿. 关节腔冲洗联合注射透明质酸钠治疗膝骨性关节炎的临床疗效观察 [J]. 贵州医药，2023，47（09）：1408-1410.

[20] 李素霞，邹立家，张天民. 胰岛素经眼给药制剂的研究 [J]. 中国生化药物杂志，1998，18（03）：109-113.

[21] 张晓燕. 阿霉素-透明质酸纳米颗粒对口腔鳞癌作用的初步研究 [D]. 青岛：青岛大学，2009.

[22] 马洁茹，糟娅梅，刘硕，等. 甲壳素纳米纤维的制备及在生物质材料中的应用研究进展 [J]. 高分子材料科学与工程，2023，39（12）：147-156.

[23] Liu Y L, Liu Z F, Pan W L, et al. Absorption behaviors and structure changes of chitin in alkali solution [J]. Carbohydrate Polymers, 2008, 72 (2): 235-239.

[24] 申小磊，彭鸿波，任静. 重组胶原蛋白的性能及在创面敷料中的应用 [J]. 化工管理，2024（28）：158-162.

[25] 海洋产物甲壳素、壳聚糖的开发应用——壳聚糖药用敷料及药膜研制. 浙江省，国家海洋局杭州水处理技术研究开发中心，2006-01-01.

[26] 侯春林，卢建熙，包聚良，等. 几丁质膜的研制与临床应用 [J]. 解放军医学杂志，1993，18（06）：403-404.

[27] 李强，林燕玉，齐鹏，等. 强的松龙纳米微球缓释膜制备及缓释特性 [J]. 中国组织工程研究，2014，18（39）：6342-6347.

[28] 高怀生，黄是是，张世达，等. 壳聚糖-诺氟沙星烧伤生物敷料的研究 [J]. 军事医学科学院院刊，1993，17（01）：16-19.

[29] 尹刚，侯春林，刘万顺，等. 新型壳聚糖止血粉止血作用的实验研究 [J]. 中国修复重建外科杂志，2009，23（11）：1347-1349.

[30] 陈改亭. 玉米醇溶蛋白组分分级、表征及应用研究 [D]. 武汉：湖北工业大学，2020.

[31] 佟臻，高彦祥. 麦醇溶蛋白的研究进展 [J]. 中国食品添加剂，2023，34（02）：295-306.

[32] 谢俊俊，吴鸿飞，鲁传华，等. 应用生物可降解材料玉米醇溶蛋白制备胃肠道生物黏附控释片 [J]. 中国组织工程研究与临床康复，2011，15（12）：2146-2148.

[33] 黄国平，杨晓泉. 玉米醇溶蛋白作为阿司匹林缓控释骨架材料的研究 [J]. 化学与生物工程，2005，22（09）：70-72.

[34] 孟丹，张萌，贾颖宇，等. 异荭草素-玉米醇溶蛋白/阿拉伯胶纳米颗粒制备及其促进小鼠创面愈合的研究 [J]. 浙江大学学报（农业与生命科学版），2024，50（4）：646-654.

[35] 孔艳，焦玥，彭娟，等. 柔性玉米醇溶蛋白纳米颗粒负载大麻二酚药代动力学研究 [J]. 药物分析杂志，2023，43（10）：1718-1726.

[36] 张琳婧，钱楠，俞步涛，等. 用于干预溃疡性结肠炎的异甘草素纳米颗粒研究 [J]. 食品与发酵工

业，2023，49（24）：70-79.
［37］ 蒋雨心，范方宇，陈成，等. 玉米醇溶蛋白/鱼腥草黄酮复合纳米颗粒的制备及胃肠道释放特性［J］. 精细化工，2024，41（6）：1345-1353，1361.
［38］ 李娟，许雪儿，胡卫成，等. 静电纺丝法制备玉米醇溶蛋白基纳米纤维抗菌膜［J］. 食品与发酵工业，2019，45（10）：104-109.
［39］ 吴彤，冯进，黄午阳，等. 牛蒡果胶多糖/玉米醇溶蛋白复合颗粒稳定的 Pickering 乳液构建及对姜黄素的递送功效［J］. 食品科学，2023，44（14）：37-46.
［40］ 刘辉，高瑞昌. 玉米醇溶蛋白、赖氨酸和魔芋葡甘聚糖 Pickering 乳液：制备和结构表征.中国食品科学技术学会第十七届年会摘要集［C］. 江苏大学食品与生物工程学院，2020：2.
［41］ 吴滋灵，尹寿伟，党华. 高内相 Pickering 乳液荷载生物活性物质的构建［J］. 食品安全质量检测学报，2021，12（08）：3367-3373.
［42］ 佟臻，韦阳，高彦祥. 玉米醇溶蛋白颗粒和海藻酸丙二醇酯制备的新型双层乳液的理化特性［J］. 食品工业科技，2019，40（03）：71-78.
［43］ 李薇雨，王启明，于嘉淇，等. 马铃薯淀粉对玉米醇溶蛋白凝胶特性的影响［J］. 食品与发酵工业，2022，48（10）：126-132.
［44］ 刘华丽，刘杰，丁平田. 玉米醇溶蛋白在药剂学中的研究进展［J］. 沈阳药科大学学报，2013，30（05）：403-408.
［45］ 李萍，张慧君，郭浩，等. 糖基化改性玉米醇溶蛋白膜的性能及硬胶囊体外释放分析［J］. 农业工程学报，2021，37（14）：302-309.
［46］ 王发伟，王建凤，魏玉娟，等. 玉米醇溶蛋白磁性聚合物凝胶的制备及性能研究［J］. 高分子通报，2020（08）：41-48.
［47］ 李国辉，危冬发，苏彩秀. 胶原蛋白理化性质的研究［J］. 江西化工，2011，27（03）：117-121.
［48］ 王娟娟，刘勋，周学，等. 胶原蛋白的研究进展及其应用［J］. 中国皮革，2022，51（07）：1-7.
［49］ 何璐瑶，蔡金秀，马佳雯，等. 鱿鱼皮胶原蛋白的制备及其特性研究［J］. 食品科技，2023，48（09）：104-112.
［50］ 温慧芳，陈丽丽，白春清，等. 基于不同提取方法的鮰鱼皮胶原蛋白理化性质的比较研究［J］. 食品科学，2016，37（01）：74-81.
［51］ 王晴，钱玉梅，李红侠，等. 罗非鱼鱼皮胶原蛋白酶法提取工艺及特性研究［J］. 攀枝花学院学报，2020，37（05）：6-10.
［52］ 陈哲彬. 海参酶解物对增加骨密度功效的研究［D］. 无锡：江南大学，2022.
［53］ 杨鑫，张昕，潘志娟. 天然高聚物基手术缝合线的研究现状［J］. 丝绸，2023，60（03）：1-7.
［54］ 李元君，李丽. 生物降解材料在医疗手术室的发展和应用［J］. 合成材料老化与应用，2022，51（05）：158-160.
［55］ 张琳.功能性复合支架构建及其促进创伤修复的研究［D］.天津：南开大学，2021.
［56］ 王南平. 鱼胶原蛋白的工业化应用技术［J］. 水产科技情报，2007，34（03）：111-112，115.
［57］ 黄岭. 聚明胶肽注射液的制备关键技术及质量升级. 湖北省，武汉大安制药有限公司，2016-10-12.
［58］ 安殿红，王宇，马广斌. 琥珀酰明胶注射液治疗低血容量休克所致急性心力衰竭疗效探讨［J］. 系统医学，2019，4（09）：62-64.
［59］ 金青，刘兴华，李微微，等.一种纳豆激酶外用透皮吸收剂及其制备方法：CN113274373B［P］.2022-05-31.

［60］ 主皓，蒋雪涛，徐风华. 卡铂白蛋白微球的制备和体外性质［J］. 中国药学杂志，1998，33（02）：91-94.
［61］ 李彬，马勇，郭杨，等. 载中药天然高分子材料研究进展［J］. 中华中医药杂志，2023，38（07）：3251-3257.
［62］ 王太兵，李颖，贾卓翰，等. 白蛋白/透明质酸纳米颗粒制备及递送顺铂效果［J］. 功能高分子学报，2022，35（01）：61-67.
［63］ 张中和，马星，李军，等. 抗癌药物新剂型——白蛋白微球 5-氟脲嘧啶白蛋白微球的稳定性考查［J］.中国医院药学杂志，1990，10（06）：262-264.
［64］ 刘丽莉，王浩阳，郝威铭，等. 喷雾冷冻干燥对卵白蛋白和卵黏蛋白互作的影响［J］. 河南科技大学学报（自然科学版），2022，43（02）：70-76.
［65］ 李昀，郝堂娜，于忠辉. 共载多西紫杉醇/依克立达白蛋白纳米粒的制备与评价［J］. 华西药学杂志，2021，36（01）：9-14.
［66］ 肖林玉，薛圆，罗诗，等. 雷公藤红素与紫杉醇白蛋白纳米粒的制剂研究［J］. 华西药学杂志，2020，35（02）：135-139.
［67］ 殷静霖. 热聚合卵白蛋白自组装纤维的形成及其稳定乳液的特性研究［D］. 武汉：华中农业大学，2021.
［68］ 何梓瑶，陈汝玲，吴静澜，等. 三七总皂苷白蛋白微球注射剂的质量标准研究［J］. 广东化工，2022，49（04）：54-57.
［69］ 王凯艳，饶小勇，杨婧，等. 白头翁皂苷 D 白蛋白纳米粒制备及初步质量评价［J］. 江西中医药，2021，52（07）：60-65.
［70］ 陈智洋，叶军，王洪亮，等. 基于丝素蛋白的纳米粒药物递送系统研究进展［J］. 药学学报，2022，57（06）：1792-1800.
［71］ 郭文君，吴建兵. 丝素蛋白材料在药物控释中的应用［J］. 轻工科技，2017，33（05）：23-24.
［72］ 吴建兵，张理想，唐麒麟. 药物控释用丝素蛋白纳微米球的研究进展［J］. 丝绸，2020，57（05）：6-10.
［73］ 高舒颖，徐莹颖，李曦. 基于丝素蛋白的新型药物递送系统研究进展［J］. 药学与临床研究，2021，29（05）：371-376.
［74］ 蓝金霞，高彭飞，李家敏，等. 丝素蛋白/泊洛沙姆载叶酸水凝胶的制备工艺研究［J］. 宜春学院学报，2020，42（09）：20-22，109.
［75］ 谢旭升，李刚，王晓沁，等. 丝素蛋白基药物缓释功能肠道支架的研制［J］. 东华大学学报（自然科学版），2018，44（05）：749-754.
［76］ 周志敏. 丝素蛋白/Fe_3O_4杂化微囊合成及其内耳给药研究. 天津市，中国医学科学院生物医学工程研究所，2018-06-08.
［77］ 望开鹏. 环孢素 A 纳米粒丝素蛋白-聚乙烯醇共混膜剂的研究［D］. 苏州：苏州大学，2011.
［78］ 阚婷会，杨富金，邱治锦，等. 组织激肽释放酶在皮肤病发病机制中的作用研究进展［J］. 中国中西医结合皮肤性病学杂志，2023，22（05）：482-485.
［79］ 程大伟，郑军. 人组织激肽释放酶在肝癌中的研究进展［J］. 海南医学，2023，34（11）：1661-1666.
［80］ 高如秀，邵正，彭礼飞. 血浆激肽释放酶与炎症研究进展［J］. 热带医学杂志，2022，22（03）：435-439.
［81］ 葛永红，刘兰军，沈富兵，等. 聚乙二醇对 PEG 化重组人促红细胞生成素热稳定性和生物学活性的

影响［J］. 微生物学免疫学进展，2005，33（02）：24-28.
［82］ 荣先芳. 促红细胞生成素缓释微球对视神经挫伤大鼠视网膜神经节细胞长效保护作用的实验研究［D］. 上海：复旦大学，2010.
［83］ 王诗鸿，王秀中，董立厚，等. 聚乙二醇修饰对重组人促红细胞生成素在大鼠体内药代动力学的影响［J］. 中国新药杂志，2013，22（02）：218-220.
［84］ 贺进田. 促红细胞生成素缓释微球注射剂的中试及临床前研究. 河北省，河北师范大学，2012-05-28.
［85］ 郭梅燕. 重组促红细胞生成素缓释微球的剂型优化研究［D］. 上海：上海交通大学，2009.
［86］ 黄亚洲，陈清汉，任明明. 甲壳素神经再生室注入聚乳酸-聚乙醇酸-重组人促红细胞生成素微球促进缺损周围神经的修复［J］. 中国组织工程研究，2012，16（12）：2115-2119.

第三章
半合成类药用高分子

半合成类药用高分子是指以药用天然高分子为基础对其结构进行修饰的改性高分子，即药用天然高分子衍生物。19 世纪 30 年代末期，随着化学工业的迅速发展，天然高分子进入化学改性阶段，出现大量半合成高分子材料。《中国药典》（2025 年版）收载了多种药用半合成高分子材料，如卡波姆、交联聚维酮、纤维醋法酯、泊洛沙姆 188、泊洛沙姆 407 等。半合成类药用高分子的特点是既具有天然高分子本身的性质特征，又根据药学要求改变一些基团以改善其原有的性质，如羟基数目的改动等。

半合成类药用高分子主要分为淀粉衍生物、纤维素衍生物、聚氨基酸类半合成衍生物等。

第一节　淀粉类衍生物

半合成淀粉类药用高分子主要代表有预胶化淀粉、糊精类、羧甲淀粉钠及羟乙基淀粉等。

一、预胶化淀粉

（一）来源

预胶化淀粉（pregelatinized starch）又称 α-淀粉，是用化学法或机械法将淀粉颗粒部分或全部破裂，使淀粉部分脱水形成的改性淀粉。预胶化淀粉一般制备方法为加热水性淀粉浆至一定温度，然后加入胶化助剂及表面活性剂，控制再水化或减少干燥时的黏度，加热后形成水性糊，经干燥（喷雾干燥、辊筒干燥、挤压脱水干燥或转鼓干燥）处理，粉碎至所需粒度。

药用预胶化淀粉制备方法有两种：方法一是将药用淀粉加水加热，控制温度 35℃以下，破坏淀粉颗粒结构，部分脱水至含水量 10%～14%时即得；方法二是将淀粉的水混悬液（42%）加热至 62～72℃，使淀粉粒破坏，加入凝胶化促进剂以及表面活性剂，未胶化的淀粉水混悬液铺展于热鼓上，同时实现胶化和干燥工序，调节水分，所得成品粉碎即得。

（二）结构

预胶化淀粉保持原有淀粉的化学单元结构，也含有直链淀粉和支链淀粉（见图 2-3、图 2-4）。

（三）性质

预胶化淀粉为白色或类白色粉末，无臭、微有特殊口感，一般含有5%的游离直链淀粉，15%的游离支链淀粉，80%未改性淀粉。分子式（$C_6H_{10}O_5$）$_n$，n=300～1000，通常称为改性淀粉。预胶化淀粉改性性质是指制备过程中将天然淀粉中的游离水脱出，只改变其物理性质，化学性质没有改变，因此预胶化淀粉既具有天然淀粉的性质，又具有流动性好、可直接压片的药用特点，也称为药用级预胶化淀粉。

（四）药学应用

预胶化淀粉质量标准在各个国家有明确规定，中国、美国及英国药典中预胶化淀粉要求见表3-1。

表3-1　预胶化淀粉的药典要求

检查项目	《美国国家处方集》（NF）	《英国药典》（BP）	《中国药典》
鉴别	+	+	+
pH	1.5～7.0（10%浆状物）	5.5～8.0（20%分散液）	4.5～7.0（20%分散液）
干燥失重	≤14%	≤0.15	≤0.14
炽灼残渣含量	≤0.5%	—	≤0.5%
镁盐含量	≤0.002%	—	—
氧化物	+		+
二氧化硫含量	≤0.008%	—	≤0.004%
沙门菌	阴性	—	—
大肠埃希菌	阴性	阴性	阴性
蛋白质含量	—	0.3%～0.5%	0.3%～0.5%
硫酸灰分		≤0.5%	≤0.5%

作为一种药用辅料，预胶化淀粉在药学领域有以下方面应用：

1. 片剂辅料

预胶化淀粉在其中游离态支链淀粉润湿后的巨大溶胀和非游离态部分的变形复原的双重作用下，显示出与天然淀粉不同的特性，其休止角为36.56°，松密度为0.5～0.6g/ml，电镜扫描显示预胶化淀粉的表面形态不规则，并呈现裂隙、凹陷等现象，有利于粉末压片时润滑剂与其相互啮合，因此具有良好的黏合性、流动性及可压性。如有人研究了预胶化淀粉的压缩和力学性能，并与羟丙基变性淀粉和微晶纤维素的压缩和力学性能进行了比较[1]。采用Heckel和Kawakita方程分析了粉末的压缩性，发现微晶纤维素是粉末中最易压缩的，其次是预胶化淀粉、羟丙基变性淀粉；在力学性能方面，微晶纤维素具有最高的径向抗拉强度和最硬的密实性，而变性淀粉预胶化时间越长，淀粉结构改变得越多，具有越高的紧实性，可压性越好。

预胶化淀粉具有良好的可压性及流动性，可作为直压片剂的首选辅料。预胶化淀粉作为药用辅料的应用范围是片剂的填充剂、崩解剂及黏合剂等。

2. 外用制剂辅料

预胶化淀粉不溶于有机溶剂，但微溶于冷水，25℃、相对湿度65%时，平衡稀释量为13%，与易吸水变质药物配伍稳定。

生产上常用的预胶化淀粉为 α-淀粉，但目前国外已出现了 δ-淀粉，是将淀粉加水加高压，使之物理改性制备的一种变性淀粉，它可使淀粉溶解度、片剂的溶解度、崩解度和硬度等都大大改善，为淀粉改性产品提供新的发展方向[2]。

二、糊精类

（一）来源

糊精（dextrin）为淀粉在加热、酸或淀粉酶作用下发生分解和水解时，大分子的淀粉首先转化成为小分子时的中间产物，是淀粉的不完全水解物。根据水解程度及结构特点分为糊精、麦芽糊精、环糊精（包括 α-环糊精、β-环糊精及羟丙基 β-环糊精）。

（二）结构

糊精的基本单元结构式见图3-1。

糊精的基本结构单元为葡萄糖。

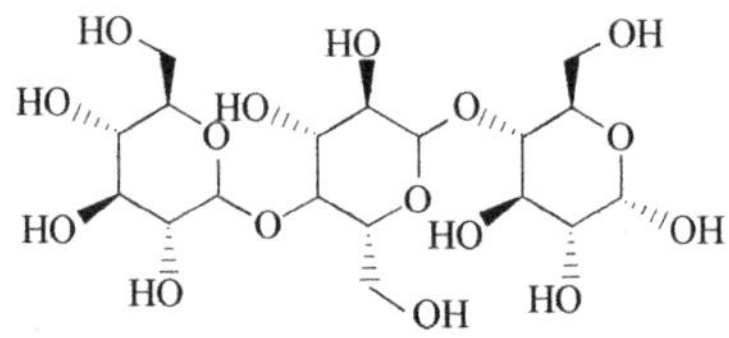

图3-1　糊精的基本单元结构式

（三）性质

糊精的多羟基暴露的结构使其性质与淀粉不同，如结合水的量增加。糊精干燥时为白色或类白色的无定形粉末，分子式为（$C_6H_{10}O_5$）$_n$，微溶于冷水，较易溶于热水，溶于沸水形成黏性溶液，且黏性较大，不溶于乙醇和乙醚，遇碘显红棕色到深蓝色。不同来源淀粉形成的糊精颗粒形状不同，见表3-2。

表3-2　不同来源糊精颗粒形状汇总表[3]

糊精来源	粒子形态	粒子形状	直径/μm	脐点中心性	偏光观察情况	备注
玉米淀粉	单粒	多角形颗粒，圆形或椭圆形颗粒	2～35	呈圆点状或星状，层纹不明显	呈现偏光十字，十字交叉位于颗粒脐点处	
木薯淀粉	多为单粒	圆形或椭圆形颗粒	5～35	呈圆点状或星状，层纹不明显	呈现偏光十字，十字交叉位于颗粒脐点处	
马铃薯淀粉	单粒	卵圆形或梨形圆形	30～100 10～35	脐点偏心;呈圆形的颗粒脐点无中心或略带不规则脐点	十字交叉位于颗粒脐点处	偶见有 2～4 个淀粉粒组成的复合颗粒

（四）药学应用

1. 黏合剂

糊精的结构特点在于分子量比淀粉小，结构中羟基遇水形成氢键较淀粉快，黏性较大，可作为颗粒剂、片剂或胶囊剂的黏合剂，如有人利用可溶性淀粉与糊精按质量比 1∶2 比例混合作为黏合剂制备了紫花地丁清热颗粒剂，所制备的颗粒色泽均匀，颗粒蓬松，颗粒含水量少且易于溶解[4]。糊精也可作为口服液体制剂或混悬剂的增黏剂。但用于制备片剂时，随着放置时间增长，崩解度变大，释放性能差，且对主药含量测定有干扰，因此应用范围逐渐减小。

糊精的黏度大，形成的颗粒硬度也较大，常用于制备缓释制剂的丸芯等。如以淀粉、糊精为丸芯辅料制备的肝尔舒缓释微丸[5]，稳定性等各项指标均符合《中国药典》要求，且工艺简便可行。

2. 环糊精的应用

环糊精（cyclodextrin，CD）是直链淀粉在芽孢杆菌产生的环糊精葡萄糖基转移酶作用下生成的一系列环状低聚糖的总称，通常含有 6～12 个 D-吡喃葡萄糖单元。其中含有 6、7、8 个葡萄糖单元的分子，分别称为 α-、β-、γ -环糊精。X 线晶体衍射、红外光谱和核磁共振波谱分析的结果表明，构成环糊精分子的每个 D（+）-吡喃葡萄糖都是椅式构象，各葡萄糖单元均以 1,4-糖苷键结合成环。由于连接葡萄糖单元的糖苷键不能自由旋转，环糊精分子不是直圆筒状，而是略呈锥形、分子结构上窄下宽、两端开口、中空的筒状物。因所有羟基都在分子外部，腔内部呈现相对疏水的特性。三种环糊精分子量分别为 972.84、1134.99、1297.12[3]，结构见图 3-2。

环糊精分子中空圆筒外部存在着羟基基团，具有较强的亲水性，而空腔内由于受到 C—H 键的屏蔽作用形成了疏水区，这给脂溶性药物分子提供了结合的可行性。以 β-环糊精为例，β-环糊精平面结构见图 3-3。

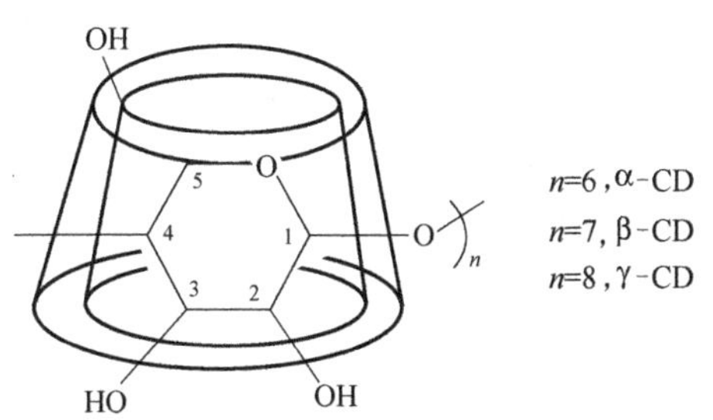

图 3-2 α-、β-、γ-环糊精结构

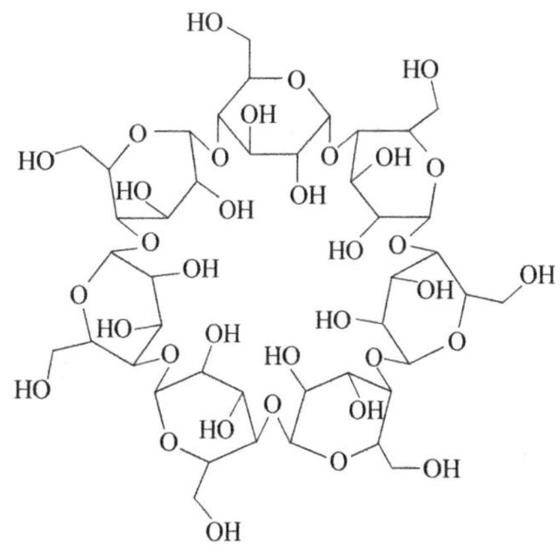

图 3-3 β-环糊精平面结构

结合图 3-2 及图 3-3 可看出，β-环糊精可以利用分子内部的中空结构包合多种药物以解决药物性质的不稳定问题。如有人研究制备了连翘、荆防颗粒、肉桂、干姜、天麻胶囊等药物的 β-环糊精包合物以掩盖其中的挥发油的气味，并提高挥发油的抗氧化稳定性，取得了良好效果[6-10]。还有研究利用 β-环糊精分子内部的疏水性包合脂溶性药物，以达到提高脂溶性药物在水中分散性，进而提高溶出度的目的，如改善新穿心莲内酯及槲皮素等药物的分散性[11-13]。

三、羧甲淀粉钠

（一）来源

羧甲淀粉钠是淀粉在碱性条件下与氯乙酸作用生成的淀粉羧甲基醚的钠盐，现已被《中国药典》（2025 年版）收载作为制剂辅料。

（二）结构

羧甲淀粉钠又称乙醇酸钠淀粉，为聚 α-葡萄糖的羧甲基醚，其结构见图 3-4。

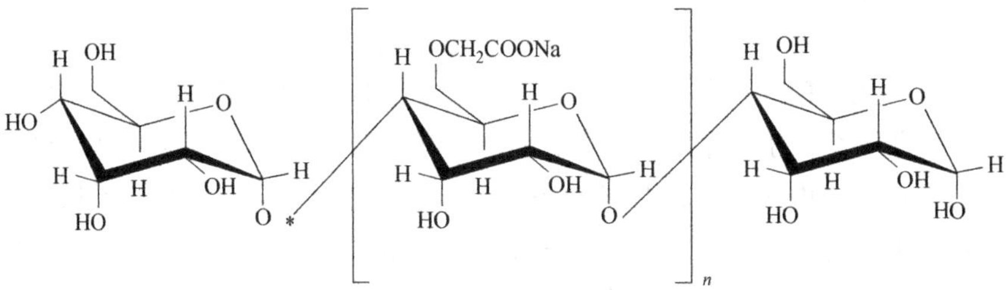

图 3-4　羧甲淀粉钠结构

（三）性质

羧甲淀粉钠为白色或类白色自由流动的粉末，镜检呈椭圆或球形颗粒，直径 30～100μm，无臭无味，常温下易溶于水，也能形成凝胶，不溶于其他溶剂，对碱及弱酸稳定，对较强的酸不稳定，1%的水溶液 pH 为 0.7～7.1，不易腐败变质。羧甲基淀粉钠含钠量一般为 2.8%～4.5%，取代度为 0.5。

（四）药学应用

羧甲淀粉钠因存在羧酸钠结构，具有较强的吸水性及吸水膨胀性，一般含水量在 10%以下，相对湿度为 70%时的平均稀释量为 25%，在水中能膨胀至原有体积的 300 倍，因此，常用作片剂[14, 15]的崩解剂、黏合剂、填充剂、润滑剂，半固体制剂软膏剂，霜剂中的基质，以及液体制剂中的防腐剂、抗氧剂、矫味剂、芳香剂、助溶剂。

四、羟乙基淀粉

（一）来源

羟乙基淀粉（hydroxyethyl starch，HES）[16]，也称羟乙基淀粉醚，是以玉米或马铃薯中的支链淀粉为原料，经部分水解后，在其葡萄糖分子环的 C2、C3、C6 位进行羟乙基化后的产物，是一类人工合成胶体代血浆，为《欧洲药典》收载，CAS 号为 9005-27-0。由于其对肾脏、凝血系统、过敏反应等方面有潜在危害，近年来临床使用的安全性在国内外一直饱受争议，《中国药典》（2025 年版）并未收录，目前市场应用有第二代产品（HES200/0.5）、第三代产品（HES130/0.4）。

（二）结构

羟乙基淀粉结构如图 3-5，以葡萄糖为结构单元组成。

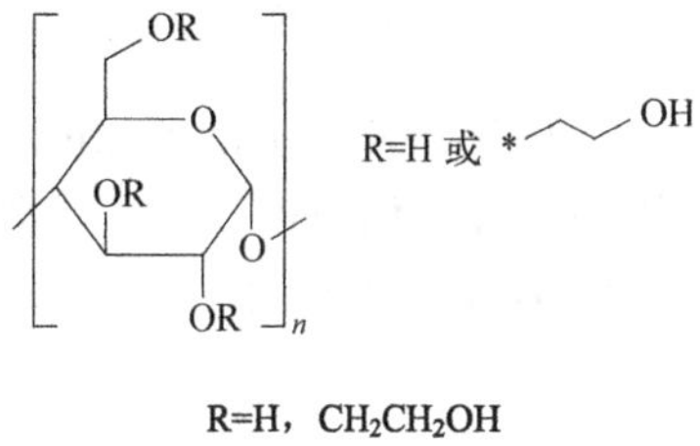

图 3-5　羟乙基淀粉结构

（三）性质

羟乙基淀粉为白色至类白色结晶，无毒、无味，易溶于水和二甲基亚砜，不溶于有机溶剂，具有乳化、分散、悬浮、黏合等性能，分子量较大，2.5 万～4.5 万。其安全性强，在动物实验（狗和大鼠）的亚慢性毒性试验研究中，羟乙基淀粉所用剂量相当于人体最大给药剂量的 3 倍以上，连续给药 3 个月，结果未发现毒性反应，也没有发现致畸毒性[16, 17]。羟乙基淀粉遇水能与水形成氢键，溶液透明，有黏性，其黏胶力强能形成凝胶，有一定的渗透压[18]，为目前应用较多的理想血容量扩充剂。羟乙基淀粉分子中有醚键，对热、酸、碱和氧化剂作用的稳定性好，在低温冰冻环境下性质也不受影响，这有利于工业化生产。

（四）药学应用

1. 血容量扩充剂

羟乙基淀粉因结构稳定而在临床上具有很高的安全性，其水溶液具有一定的透明性和渗透压，可作为治疗性血液稀释剂使用；同时本身为多糖类成分，在体内可被血浆 α-淀粉酶降解为小分子，最终通过肾脏排出体外。羟乙基淀粉作为理想的血容量扩充剂，常用于治疗和预防血容量不足及急性等容血液稀释。静脉给药后，还可防止回流血容量突然增大引起的循环障碍造成的各器官血流量、氧供量减少而出现的器官功能衰竭[19]。

2. 人造血浆

制备羟乙基淀粉的工艺条件不同，可以得到不同取代度的羟乙基淀粉，这些品种的羟乙基淀粉，可用来制备不同要求的血浆代用品，如老年人血液黏稠时用的血液稀释剂，低血容量和休克患者使用的血液替代剂等。

羟乙基淀粉的产业化生产为我国因人口多而预防和治疗需求量大提供了有力的保障。但长期大剂量使用羟乙基淀粉，患者会出现皮肤瘙痒以及与剂量相关的血液凝结异常的现象，因此，临床上要避免过量使用，以防造成液体负荷过重，特别是心功能不全和严重肾功能不全的患者[20]。

第二节　纤维素衍生物

纤维素衍生物（cellulose derivative）是以纤维素高分子中的羟基与化学试剂发生酯化或醚化反应后的生成物。纤维素醚类衍生物主要包括甲基纤维素、羧甲基纤维素、乙基纤维素、羟乙基纤维素、氰乙基纤维素、羟丙基纤维素和羟丙甲纤维素等；纤维素酯类衍生物有纤维素硝酸酯、纤维素乙酸酯、纤维素乙酸丁酸酯和纤维素磺酸酯等；还有纤维素醚酯类衍生物如羟丙甲纤维素酞酸酯。

一、甲基纤维素

（一）来源与结构

甲基纤维素（methyl cellulose，MC），分子式 $C_{20}H_{38}O_{11}$，以 NaOH 及纤维素为原料，与氯甲烷进行醚化而得。属于非离子型纤维素醚，为甲基醚纤维素。按干燥品计算，含甲氧基（$-OCH_3$）为 27.0%～32.0%，结构式见图 3-6。

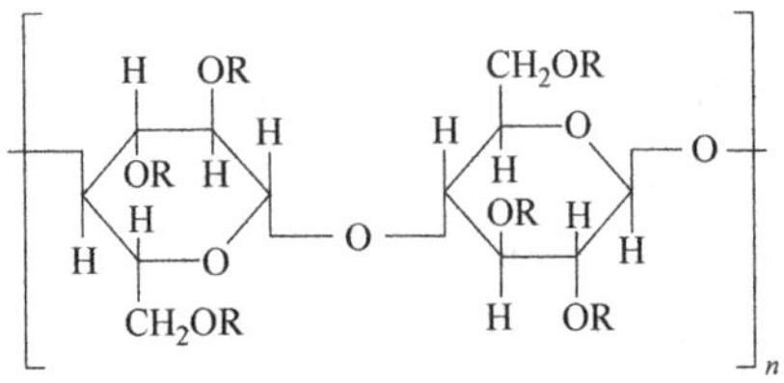

R = H或$-CH_3$

图 3-6　甲基纤维素结构

（二）性质

甲基纤维素为白色或类白色纤维状或颗粒状粉末，在水中溶胀成澄清或微浑浊的胶状溶液，在无水乙醇、三氯甲烷或乙醚中不溶，在 0～90℃的热水中迅速分散、溶胀，该水溶液在常温下相当稳定，高温时能成凝胶，并且凝胶态与溶液态能随温度的变化而互相转变。因属非离子型高分子材料，可与其他的乳化剂配伍，但易盐析，密度约 $1.3g/cm^3$。

溶解性：甲基纤维素直接加入水里时，会凝聚成团不易分散，一般会采取以下溶解方法。将甲基纤维素均匀分散在热水中溶胀一段时间，随后冷却成水溶液。甲基纤维素的水溶液在 pH 3～12 范围内非常稳定，但达到凝胶化温度时，会出现凝胶现象。

成膜性：甲基纤维素本身具有优良的润湿性、分散性、黏结性、增稠性、乳化性、保水性和成膜性。甲基纤维素的水溶液干燥后形成的膜具有优良的韧性、柔曲性和透明度，以及对油脂的不透性。

（三）药学应用

1. 高分子药物

甲基纤维素由纤维素衍化而来，具有纤维素结构的规律性，稳定性好，但其甲基基团使其分子结构具有一定的立体空间，刚性减弱。因此，当其进入体内时，既能吸水膨胀，又能在肠道内不被吸收，常作为软化粪便、增加肠道容积、促进肠蠕动且无局部刺激作用的通便药（《美国药典》及《日本药局方》收载）使用。但药理学研究发现甲基纤维素给大鼠尾注射可引发血管性肾炎及高血压，故不宜静脉注射。

2. 药物制剂辅料

甲基纤维素葡萄糖基团上的羟基易与水结合形成氢键，使其水溶液具有一定的黏度，可作为制备颗粒的黏合剂，但其具有纤维素规律性“钢”结构特点，分子与分子之间结合不能像淀粉具有的柔性链那样进行缠绕，黏合的力度并不大，一般作为中药提取物制剂的崩解剂骨架材料使用，而较少作为黏合剂应用。除此之外，还可作为助悬剂、增稠剂、乳剂稳定剂、隐形眼镜的润湿剂及浸润剂，以及滴眼液辅料、乳膏剂基质[21, 22]等使用。

二、乙基纤维素

（一）来源

乙基纤维素（ethyl cellulose，EC），又称纤维素乙醚，是通过乙缩醛连接的以β-脱水葡萄糖为单元的长链聚合物。其制备方法是将棉绒在NaOH碱性溶液中膨化，去NaOH，在苯中与氯乙烷反应后结晶，脱水烘干即得。

乙基纤维素根据聚合度不同有不同的型号，市面上药用乙基纤维素主要有：

标准型　4优级　黏度 3～5.5mPa·s

标准型　7优级*　黏度 6～8mPa·s

标准型　10优级*　黏度 9～11mPa·s

标准型　20优级　黏度 18～22mPa·s

标准型　45优级　黏度 41～49mPa·s

标准型　100优级*　黏度 90～110mPa·s

国外产品代表有极细品，粒度为几微米，专供直压缓释片骨架材料，型号名称为：

Ethocel standard 7 FP premium

Ethocel standard 10 FP premium

Ethocel standard 100 FP premium

（二）结构

乙基纤维素是应用最广泛的水不溶性纤维素衍生物之一，其结构见图3-7。

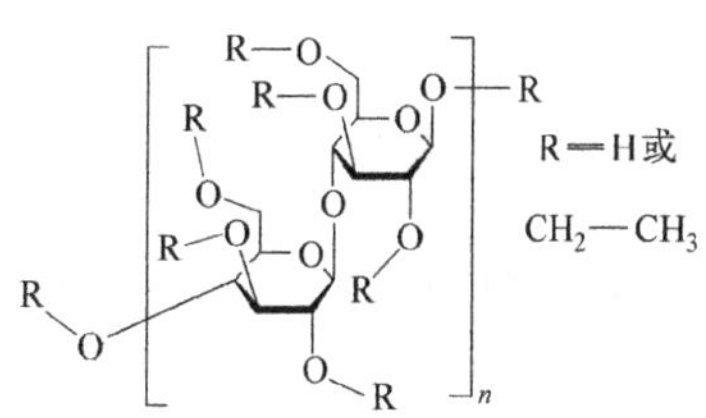

图3-7　乙基纤维素结构

（三）性质

乙基纤维素为白色或浅灰色的流动性粉末，无臭。一般不溶于水，可溶于一些有机溶剂。乙基纤维素热稳定性好，能生成坚韧薄膜。无毒，有极强的抗生物性能，代谢惰性，但在阳光下或紫外光下易发生氧化降解。对于特殊用途的乙基纤维素，也有分别在碱液和纯水中溶解的种类，见表3-3。

表3-3　不同取代度的乙基纤维素的溶解性

取代度	溶解性	取代度	溶解性
0.5	溶于4%～8%NaOH溶液	>2.2～2.4	在非极性溶剂中的溶解度增加
0.8～1.3	分散于水	>2.4～2.5	易溶于非极性溶剂
1.4～1.8	溶 胀	>2.5～3.0	只溶于非极性溶剂
1.8～2.2	增加在极性或非极性溶剂中的溶解度		

（四）药学应用

乙基纤维素不溶于水，但溶于有机溶剂，能形成膜，因此是一种理想的水不溶性载体材料。

① 可作为对水敏感的药物骨架或水不溶性载体，乙基纤维素作为骨架材料阻滞剂，能制备多种类型的骨架缓释片[23]。

② 可作为片剂的黏合剂、薄膜材料和缓释包衣材料等。乙基纤维素因其水不溶性，主要用作片剂黏合剂和薄膜包衣材料等；也可用作混合材料制备包衣缓释制剂、缓释小丸；还可以用于各种药物剂型中作分散剂、稳定剂、保水剂，防止药品变潮变质，增进药片的安全贮存。

③ 包囊辅料。乙基纤维素可用于制备缓释微囊，使药效持续释放，避免一些水溶性药物过早发生作用。

（五）质量分析

乙基纤维素作为重要的药用辅料，其质量分析指标[3]直接影响到药物制剂的质量，质量检查包括黏度检测、酸碱度检测、氯化物、乙醛、干燥失重、炽灼残渣、重金属、砷盐及含量测定等，结构鉴别可用红外吸收光谱法进行；另外还需对乙基纤维素中的甲氧基、乙氧基与羟丙氧基的含量进行测定，如要求乙氧基（$—OC_2H_5$）含量的范围在 44.0%～51.0%，具体方法可参照《中国药典》（2025 年版）四部（通则 0712）。

三、羟乙纤维素

（一）来源

羟乙纤维素（hydroxy ethyl cellulose，HEC）[24]由纤维素在碱性条件下经环氧乙烷醚化而得，属非离子型可溶纤维素醚类，具体生产工艺为将精制棉加碱处理后，在丙酮存在下，用环氧乙烷作醚化剂进行反应，其取代度一般为 1.5～2.0。

（二）结构

羟乙纤维素结构见图 3-8。

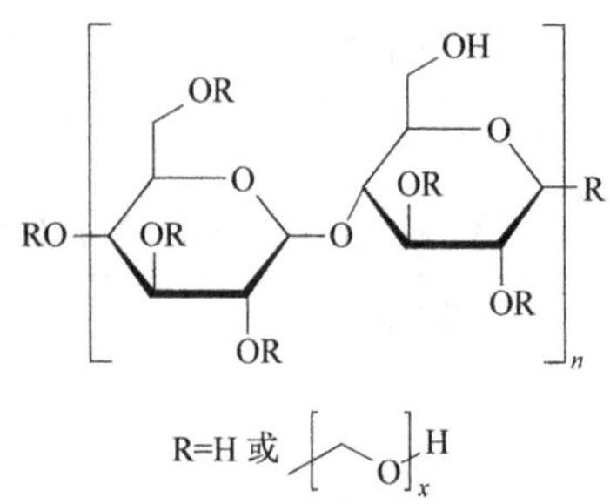

图 3-8　羟乙纤维素结构

（三）性质

羟乙纤维素即羟乙基纤维素，是一种白色或淡黄色，无味、无毒的纤维状或粉末状固体，具有较强的亲水性，易于吸潮；可溶于冷水中，热水中溶解较为困难，常温下水溶液在 pH 2～12 黏度变化不大，但 pH 5 以下开始有部分水解；其溶液在高温下稳定，但提高温度，水溶液的黏度下降；溶液经冰冻、高温贮藏或煮沸不产生沉淀或胶凝现象，不具有凝胶性。其对酸碱具有稳定性，但碱能加快其溶解，在水中分散性比甲基纤维素和羟丙甲纤维素弱。

（四）药学应用

1. 非离子型的表面活性剂

羟乙纤维素的分子结构中具有大量羟基、醚基，使其具有表面活性剂的性质，因此在药物制剂中常用于药物制剂胶体的增稠、悬浮、黏合、浮化、成膜、分散、保水及提供保护胶体方面。

2. 外用制剂基质

羟乙纤维素一般认为无毒，无刺激性，具有良好的生物相容性和可生物降解性，可制备多种医用材料，应用于药物递送、组织工程、伤口敷料及口腔黏附膜等多种研究领域，但作为药用辅料应用研究报道较少。

四、羟丙纤维素

羟丙纤维素（hydroxypropyl cellulose，HPC）为部分取代 2-羟丙基醚纤维素，白色至类白色粉末或颗粒，在水、乙醇或丙二醇中溶胀成胶体溶液，在热水中几乎不溶。其结构如图 3-9。

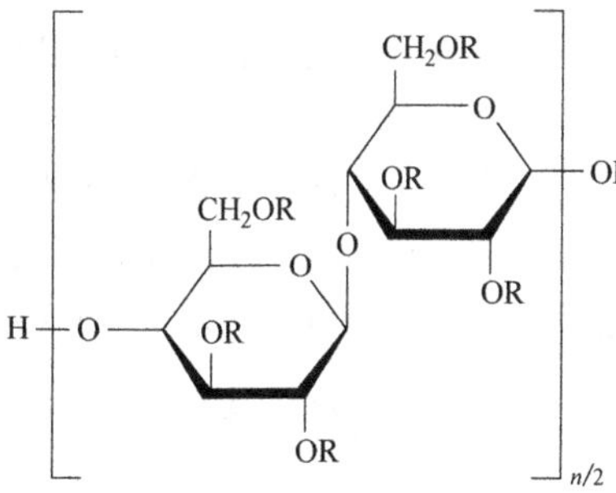

R=H或$[CH_2CH(CH_3)O]_mH$

图 3-9　羟丙纤维素结构

羟丙纤维素分为高取代羟丙纤维素（H-HPC）及低取代羟丙纤维素（L-HPC），以被取代羟基数的平均值——取代度（DS）多少来区分，两者性质不同，应用方向也不同，其钠盐也常作为药用辅料。

（一）高取代羟丙纤维素

1. 高取代羟丙纤维素性质

高取代羟丙纤维素含 20%～60%的羟丙基，取代基分布比较均匀，分子量分布范围较窄，具有一定刚性结构特点，呈化学惰性，难与其他物质发生化学反应，无药理作用，无毒，不易受细菌等影响。

2. 高取代羟丙纤维素的药学应用

① 固体制剂的包衣材料。高取代羟丙纤维素结构上的葡萄糖以 1,4-糖苷键结合成带有羟丙基的稳定直线结构，呈现柔性链特质，热塑性能良好，具有一定弹性特征，故成膜性好，性质稳定，具有一定的惰性，无毒、无药理活性，可作为优良的药用高分子成膜材料。

如将高取代羟丙纤维素、羟乙纤维素以一定比例与壳聚糖制成抗菌膜，提升了膜的力学性能及安全性[25]。还有人将高取代羟丙纤维素作为凝胶基质制备芩榆烧伤凝胶，发现利用高取代羟丙纤维素制成的凝胶成型工艺简单可行，稳定性好[26]。

② 高取代羟丙纤维素含羟丙基比例高，因此遇水有一定黏性，可作为酏剂的增稠剂，洗剂的添加剂，乳剂的稳定剂，片剂、颗粒剂等制剂的黏合剂，同时用作乙醇存在时的凝胶剂以及软膏基质[27]。

③ H-HPC 水溶液具有表面活性作用，结构上取代基分布比较均匀、充分，抗菌性强，可制成安全性敷料，用作骨架缓释片，以及缓释小丸和双层缓释片的骨架材料。

（二）低取代羟丙纤维素

1. 来源

低取代羟丙纤维素为纤维素碱化后与环氧丙烷在高温条件下发生醚化反应，然后经中和、重结晶、洗涤、干燥、粉碎和筛分制得。

2. 性质

L-HPC为白色或类白色粉末，约含5%～16%羟丙基基团。不溶于水，在乙醇、丙酮或乙醚中也不溶，溶于10%氢氧化钠溶液，不能与其他高浓度电解质配伍，否则引起“盐析”。

3. 药学应用

（1）固体制剂辅料　通常L-HPC的羟丙基取代度偏小，固体刚性强，流动性好，故在固体制剂制备中作为直接压片、颗粒剂等制剂的填充剂及润滑剂。如用L-HPC与其他辅料代替淀粉等辅料制备右兰索拉唑缓释胶囊[28]、罗红霉素片剂[29]等，所制备的产品质量有所提高。

（2）半固体制剂辅料　L-HPC具有良好的力学性能、热塑性，有时作为乳化剂、稳定剂、助悬剂、增稠剂、成膜剂应用于半固体制剂，如用低取代羟丙纤维素的力学性能将低取代羟丙纤维素/大豆分离蛋白构建成复合凝胶[30]作为组织工程支架材料，植入动物体内时具有一定的机械强度，在被组织包裹渗透的情况下可以长期保持形态不变，组织相容性良好，拓宽了羟丙纤维素在生物医学材料领域的应用。

（三）羟丙纤维素钠

1. 结构及性质

羟丙纤维素钠主要指低取代羟丙纤维素钠盐，通常是由天然纤维素经过碱处理后化学改性得到的具有醚结构的衍生物，产品大多为钠盐。结构见图3-10。

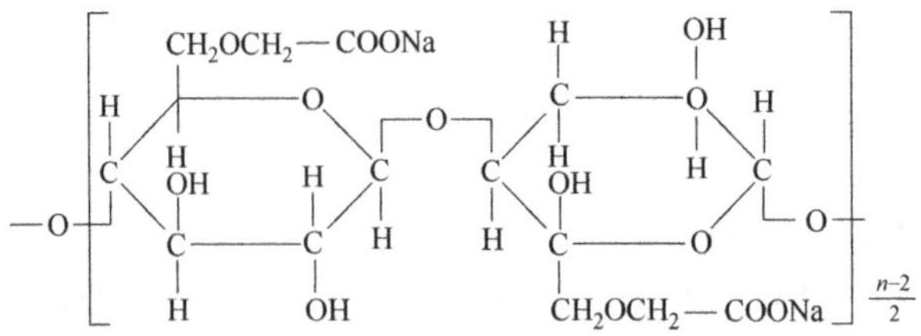

图3-10　羟丙纤维素钠结构

2. 药学应用

（1）片剂的崩解剂　羟丙纤维素钠在片剂中作为崩解剂原理为羟丙纤维素形成钠盐后，遇水时钠离子脱落，易与水形成氢键，自身体积膨胀，挤压颗粒松散，致使片剂崩解。

（2）固体制剂的黏合剂、酏剂的增稠剂及乳剂的稳定剂　羟丙纤维素钠具有羟丙纤维素醚的基本性质，溶于冷水，在热水中聚集成团，具有一定黏性性质，而自身结构的刚性结构特点又使其不易被细菌侵蚀。因此，在作为黏合剂辅料的运用上，羟丙纤维素钠具有比淀粉稳定的优越性，也使得其在日益发展的半固体制剂中得到充分应用。

（3）缓释制剂骨架材料　羟丙纤维素钠的成膜性可用作药剂的骨架材料制备骨架缓释片、缓释小丸和双层缓释片。如有人用聚乙烯醇、羟丙纤维素钠、聚羧乙烯按比例制成膜剂，黏附性及释放速率均有提升，延长了制剂在口腔内的滞留时间，制剂的药效明显提高[31]。

五、羟丙甲纤维素

（一）来源

羟丙甲纤维素（hypromellose，HPMC）又名羟丙基甲基纤维素，为2-羟丙基醚甲基纤维素，可用两种方法制备：

① 将精制棉经碱化处理后，用环氧丙烷和一氯甲烷作为醚化剂，通过一系列反应而制成的非离子型纤维素混合醚，取代度一般为1.2～2.0。

② 用适宜级别的甲基纤维素经氢氧化钠处理，和环氧丙烷在高温高压下反应至理想程度，精制即得。

国内市场或国内批准进口的HPMC商品型号与黏度见表3-4。

表3-4　市售HPMC的型号与黏度（20℃，2%水溶液）

型号	黏度/（mPa·s）	型号	黏度/（mPa·s）	型号	黏度/（mPa·s）
E3	3	E10M CR（控释用）	10000	K15M CR（控释用）	15000
E5	5	K100-LV	100	K100M CR（控释用）	100000
E6	6	K100-LV（控释用）	100	F50	50
E15-LV	15	K4M	4000	F4M	4000
E50-LV	50	K4M CR（控释用）	4000		
E4CR	64000	K15M	15000		

（二）结构

HPMC属于非离子型纤维素混合醚中的一种，可分为1828、2208、2906、2910四种取代型，结构见图3-11。

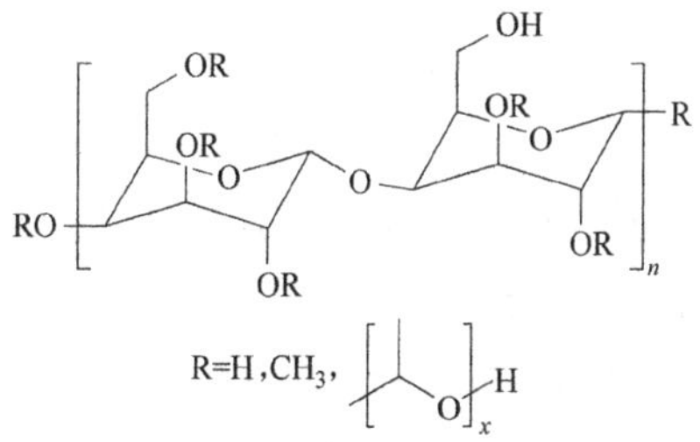

图3-11　羟丙甲纤维素结构

HPMC的市售品有不同黏度、不同取代度的各种级别产品，级别加附数字表示黏度，即表示它的2%的水溶液在20℃的表观黏度，单位是mPa·s。《美国药典》用通用名后附四位数字来表示羟丙甲纤维素的取代基含量的型号。例如，羟丙甲纤维素1828，前两位数字代表甲氧基大约百分比，后两位数字代表的是羟丙氧基的大约百分比，分子量大约为10000～1500000。表3-5为《中国药典》（2025年版）收载的HPMC取代基含量。

表3-5　《中国药典》（2025年版）收载的HPMC取代基含量[3]

取代型	甲氧基/%	羟丙氧基/%
1828	16.5～20.0	23.0～32.0

续表

取代型	甲氧基/%	羟丙氧基/%
2208	19.0～24.0	4.0～12.0
2906	27.0～30.0	4.0～7.5
2910	28.0～30.0	7.0～12.0

（三）性质

1. 性状

HPMC 为白色或类白色纤维状或颗粒状粉末。

2. 溶解性

在无水乙醇、乙醚或丙酮中几乎不溶，在冷水中溶胀成澄清或微浑浊的胶体溶液，在水中的溶解不受 pH 值影响，水溶液具有表面活性，透明性高，性能稳定。

3. 黏性

冷水溶胀溶液具有黏性，不同规格的产品凝胶温度不同。

（四）药学应用

在欧洲，HPMC 已作为食品添加剂使用，在 FDA《非活性组分指南》中由药物多种剂型收载，如眼科制剂、口服胶囊剂、混悬剂、糖浆剂、片剂、局部及阴道用制剂等。HPMC 被多国药典（如《中国药典》《美国药典》《日本药局方》《英国药典》）收载。

1. 胃溶包衣材料

HPMC 具有冷水中溶胀且成膜特点，可将其作为胃溶包衣材料，溶于有机溶剂或者水中对制剂进行喷雾包衣[32-33]。在《中国药典》(2025 年版)中，已经收载了羟丙甲纤维素(HPMC)制成的空心硬胶囊，分为透明（两节均不含遮光剂)、半透明（仅一节含遮光剂)、不透明（两节均含遮光剂）三种。

2. 眼膜保护剂

由于羟丙甲纤维素水溶液具有一定的渗透压（接近眼泪渗透压），对眼睛刺激性小，可作为接触眼球晶状体的润滑剂使用，具有保护眼睛[34]的作用。但眼局部使用的药代动力学数据尚未有报道。

3. 软膏或凝胶剂基质

利用 HPMC 能形成凝胶基质的性质，有人制备了复方苦参碱直肠原位发热凝胶，该凝胶具备适宜凝胶强度和生物黏附性，能够在肠内长时间滞留并持续稳定释放药效成分与热能，对直肠黏膜和前列腺组织无明显刺激，克服了针对前列腺炎药物递送困难的缺点[35]。还有人运用 HPMC 冷水缓慢溶胀的特点将其作为降低胶凝温度物质制备了 3-正丁基苯酞鼻用原位凝胶剂[36]，提供了一种绕过血脑屏障、非侵入的靶向于脑的给药方式。

4. 增黏剂

HPMC 具有的冷水溶胀形成黏性溶液的性质，使其在凝胶制剂的制备中既可作为基质材料，又可作为增黏剂。如制备左氧氟沙星和曲安奈德双载药眼用凝胶时即用 HPMC 作为增黏剂[37]。

六、羧甲纤维素钠

（一）来源

羧甲纤维素是天然纤维素经过化学改性得到的具有醚结构的衍生物。羧甲纤维素钠为羧甲纤维素的钠盐，属阴离子型纤维素醚，简称 CMC-Na。

制备药用 CMC-Na 的主要工艺路线为将天然纤维（棉等）经过碱处理后，用一氯乙酸钠作为醚化剂，经过一系列反应处理而制成的离子型纤维素醚。还可以利用马铃薯淀粉渣制备 CMC-Na[38]，马铃薯淀粉渣是马铃薯生产淀粉过程中产生的废渣，平均每生产 1t 淀粉就会产生 5t 左右的湿废渣。将马铃薯淀粉渣通过不同的精制方法分别得到纤维素含量较高的精制原料和以淀粉、纤维素为主要成分的精制原料，再经过碱化、醚化、中和、洗涤、干燥等工艺即可制备得到羧甲纤维素钠产品以及羧甲纤维素钠和羧甲淀粉钠混合物产品。

（二）结构

羧甲纤维素（钠）结构见图 3-12。

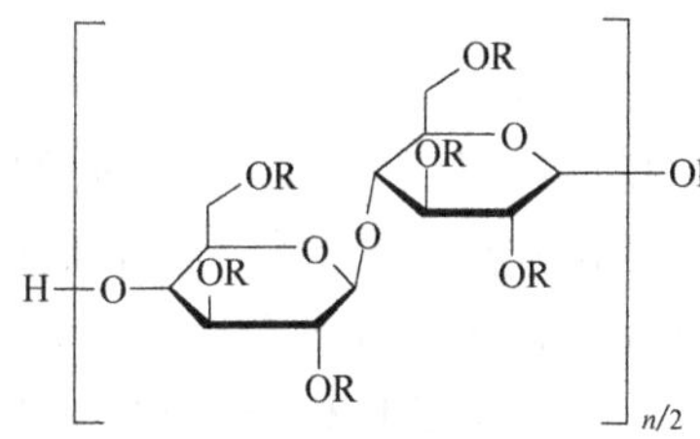

R=H 或 CH_2COONa

图 3-12　羧甲纤维素（钠）结构

（三）性质

羧甲纤维素钠为白色至微黄色纤维状或颗粒状粉末，几乎无臭、无味，有吸湿性，在水中溶胀成胶状溶液，1%水溶液 pH 为 6.5～8.5，在乙醇、乙醚或三氯甲烷中不溶，在碱性溶液中很稳定，遇酸则易水解，pH 值 2～3 时会产生沉淀，遇多价金属盐也会反应产生沉淀。pH7 时黏度最大，当 pH>10 或<5 时，胶浆黏度显著降低，安全性能高（大鼠口服 LD_{50} 29g/kg）。

（四）药学应用

羧甲纤维素钠为具有大量羟基的聚合物，在其链之间，存在强大氢键，部分羟基醚化后，具有的羧酸钠基团与水结合，打乱了原有晶态的有序结构，从而提高了水溶性，并在水溶液中呈现不同的黏度，因此可利用其黏度变化及体积变化情况进行具体的药学应用。

1. 片剂的崩解剂

羧甲纤维素钠分子结构带有羧酸钠，当遇水时，钠离子游离进入水中，羧甲纤维素迅速被水包围，其结构中的羟基与水形成氢键，使得自身体积瞬间膨胀，将形成片剂的颗粒挤压开来，片剂崩解。而交联羧甲纤维素钠由于分子为交联结构，不溶于水，片剂的溶出和崩解速度较慢于羧甲纤维素钠。

2. 稳定剂、增稠剂、黏合剂

羧甲纤维素钠分子的水溶液中呈现不同的黏度，并具有一定体积的变化，能够作为乳剂的增稠剂，凝胶剂、软膏和糊剂的基质，以及片剂的黏合剂。而交联羧甲纤维素钠常作为混悬剂的助悬剂。

以聚乙烯醇（PVA）和羧甲纤维素钠为原料，甘油（GL）水溶液为溶剂，利用循环冻融法制备了一种负载石榴皮提取物（PPE）的水凝胶[39]，所制备的水凝胶具备较好的抗干燥性、良好的抗菌性和抗氧化性。

CMC-Na 不宜应用于静脉注射制剂中，因其易沉积于组织内，静脉注射在动物体内显示有过敏性。

羧甲纤维素钠口服吸收后遇肠内水分而膨化，容积增大，刺激肠壁，故《美国药典》收载其作膨胀性通便药使用。在胃中微有中和胃酸作用，可作为黏膜溃疡保护剂，但交联羧甲纤维素钠口服易成糊状，老人及小孩服用含 CMC-Na 的固体制剂有堵塞的危险，且 CMC-Na 崩解性能较弱。

七、醋酸纤维素及其衍生物

（一）醋酸纤维素

1. 来源

醋酸纤维素（CA）系以纯化的纤维素为原料，在硫酸为催化剂条件下，加过量的醋酐，使全部酯化成三醋酸纤维素，然后水解降低乙酰基含量，达到所需酯化度的醋酸纤维素由溶液中沉淀出来，经洗涤、干燥后，得固态产品，其酯化反应式如下：

$$2[C_6H_7O_2(OH)_3]_n+3n(CH_3CO)_2O \longrightarrow 2[C_6H_7O_2(OCOCH_3)_3]_n+3nH_2O$$

2. 结构

醋酸纤维素为一种多孔膜材料，具有选择性高、透水量大、加工简单等特点。其结构见图 3-13。

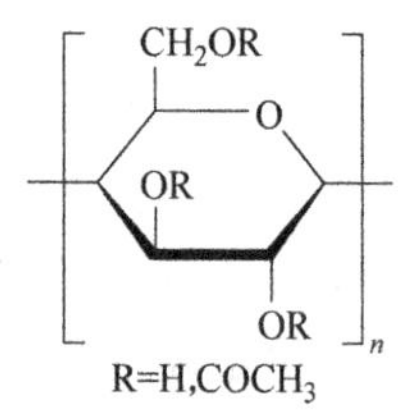

图 3-13　醋酸纤维素结构

3. 性质

纤维素经醋酸酯化后，分子结构中多了乙酰基，仅剩余少量羧基．降低了结构的规整性，因此，性质也发生了变化，其耐热性提高，不易燃烧，吸湿性变小，电绝缘性提高。根据取代基的含量不同，溶解度不同，表 3-6 为药学中常用的醋酸纤维素在有机溶剂中的溶解度。

表 3-6　醋酸纤维素的溶解度（有机溶剂中）

有机溶剂	三醋酸纤维素	醋酸纤维素或二醋酸纤维素	有机溶剂	三醋酸纤维素	醋酸纤维素或二醋酸纤维素
二氯甲烷	溶	溶	丙酮-乙醇（9∶1）	不溶	溶
二氯甲烷-甲烷（9∶1）	溶	溶	丙酮	不溶	溶
二氯甲烷-异丙醇	溶	溶	环己酮	不溶	溶
丙酮-甲醇（9∶1）	不溶	溶			

4. 药学应用

（1）成膜材料　醋酸纤维素具有生物相容性[40]，结构稳定，可与几乎全部医用辅料配伍。其在一定条件下能形成膜，该膜能用耐受辐射线或环氧乙烷灭菌，是理想的医用材料之一；所形成的膜对皮肤无致敏性，用作肾渗析膜直接与血液接触时，无生物活性；具有孔隙大小均一、截留效果优良、化学性能稳定、过滤迅速等优势，目前已被广泛地应用于药物制剂（如纳米粒）、血清蛋白的分离与纯化等[41]。

（2）经皮给药系统载体　醋酸纤维素是透皮吸收制剂中的微孔骨架、微孔膜材料[42]。如以聚乳酸（PLLA）和醋酸纤维素（CA）为成膜材料，在一定温度和湿度条件下，利用水蒸气辅助法成功制备 PLLA/CA 蜂窝状复合多孔膜，研究表明体系中加入一定量醋酸纤维素后，多孔膜的亲水性提高，有利于细胞在其表面的黏附、迁移、繁殖和生长[43]。有人通过醋酸纤维素调控聚合物溶液浓度，得到孔隙率可调的多孔微针，利用这种微针建立了一种在体外快速提取皮肤组织液的方法，为聚合物多孔与载氧微针及其经皮快速提取方法提供了理论支撑[44]。

（3）微球辅料　醋酸纤维素自身的骨架黏合性质，使其易形成微球，可制备成微球形式的载药系统。如以纤维素为前驱体，利用微流控液滴制备技术和快速冷冻致孔技术制备出的一种多孔纤维素微球，所制备的微球比表面积大，可精确调控其粒径大小均匀及结构形貌，具有良好的吸附性能，为吸附不同性质的物质（如有害物质、药物等）打下基础，如醋酸纤维素多孔微球对 Pb^{2+}、蛋白酶等物质的吸附[45-47]。

（二）纤维醋法酯

1. 来源

从结构上区分，有两种物质称为纤维醋法酯：一种是 cellulose acetate phthalate，简称 CAP，又称醋酸纤维素钛酸酯[48]；另一种是 cellacefate，称为醋酸纤维素邻苯二甲酸酯。这两种物质目前均可以作为半合成高分子囊材、肠溶性载体材料使用，但《中国药典》所收载的纤维醋法酯为部分乙酰化的纤维素与苯二甲酸酐缩合制得，因此以下以醋酸纤维素邻苯二甲酸酯为半合成药用高分子材料进行阐述[49]。

2. 结构

纤维醋法酯的基本结构为醋酸纤维素邻苯二甲酸酯，见图 3-14。

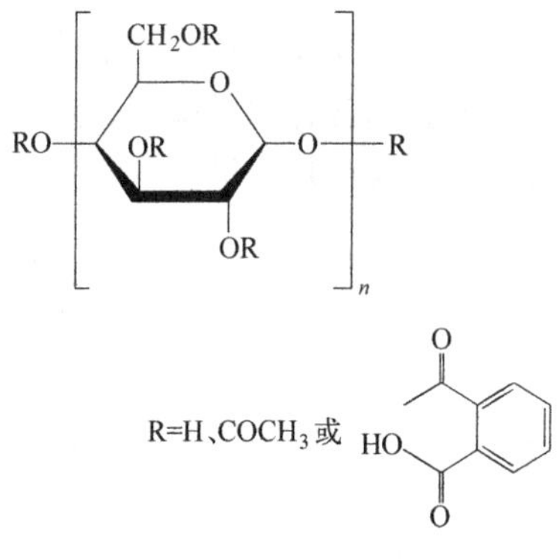

图 3-14　醋酸纤维素邻苯二甲酸酯结构

3. 性质

醋酸纤维素邻苯二甲酸酯为白色或类白色的无定形纤维状、细条状、片状、颗粒或粉末，在水或乙醇中不溶，在丙酮中溶胀成澄清或微浑浊的胶体溶液。

4. 药学应用

纤维醋法酯[50]具有高分子长碳链的柔性链，所具有的邻苯二甲酸酯基团具有 pH 敏感性，同时该纤维素衍生物可以承受长时间与酸性胃液的接触，但它很容易溶解在小肠的轻度酸性至中性环境中，因此，在药学中，常用作片剂和胶囊剂的骨架黏合剂、肠包衣材料，也可以用作固体剂型的基质材料。

国外已开发了 CAP 的肠溶包衣水分散体。CAP 口服安全性好，毒性低。长期与其接触的工作人员未见皮肤过敏反应，但对耳、黏膜及呼吸道有刺激性。

（三）醋酸纤维素丁酸酯

1. 来源

醋酸纤维素丁酸酯[51]（cellulose acetate butyrate，CAB）的制备方法与醋酸纤维素相似，为部分乙酰化的纤维素的丁酸酯，常用规格见表 3-7。

□ 表 3-7 醋酸纤维素丁酸酯常用规格

型号	丁酰基含量/%	乙酰基含量/%	羟基含量/%	游离醋酸含量/%
CAB171-15S	17.0	20.9	1.5	0.03
CAB381-2	37.0	13.0	1.5	0.03
CAB500-1	50.0	5.0	0.5	0.03

2. 结构

醋酸纤维素丁酸酯结构见图 3-15。

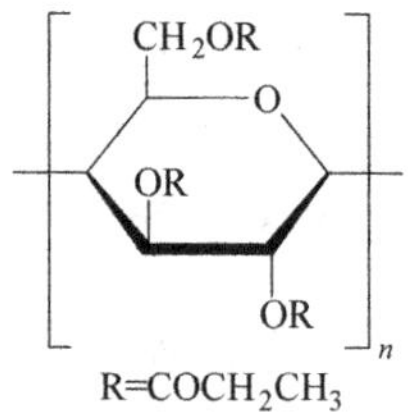

图 3-15 醋酸纤维素丁酸酯结构

3. 药学应用

醋酸纤维素丁酸酯本身无活性，因结构主链具有柔性，能形成膜，并且结构中的丁酸酯基团使所形成的膜为半透膜，仅能透过水分子，不能透过离子或药物，可用作渗透泵片半透膜包衣材料，但该产品目前未被《中国药典》收载。

八、羟丙甲纤维素邻苯二甲酸酯

（一）来源

羟丙甲纤维素邻苯二甲酸酯（HPMCP）为羟丙甲纤维素与邻苯二甲酸的单酯化物，是羟丙甲纤维素（HPMC）的酞酸半酯，《中国药典》《美国药典》和《日本药局方》均收录本品，《中国药典》（2025 年版）将其更名为邻苯二甲酸羟丙甲纤维素酯。不同规格羟丙甲纤维素邻苯二甲酸酯含有的甲氧基、羟丙氧基和羧苯甲酸基百分比不同，性质也不同，表 3-8 为美国两种型号取代基含量。

□ 表 3-8 《美国药典》中 HPMCP 两种型号取代基含量

取代基	型号	
	HPMCP220824	HPMCP200731
$-OCH_3$	20%～24%	13%～22%
$-OCH_2CHOHCH_3$	6%～10%	5%～9%
$-OCOC_6H_4COOH$	21%～27%	27%～35%

HPMCP 的命名是在 HPMCP 后面附上六位数的标号，分别表示不同取代基百分含量范围的中值，前两位表示甲氧基，中间两位表示羟丙氧基，后面两位数表示羧苯甲酸基，HPMCP 分子量在 $2×10^4$～$2×10^5$。

（二）性质

HPMCP 为白色或类白色的粉末或颗粒，无臭，微有酸味或臭味，有潮解性，在丙酮或甲苯中极微溶解，在水或无水乙醇中几乎不溶，溶于丙酮-甲醇混合液（质量比 1∶1）。

（三）药学应用

HPMCP 的化学结构是羟丙甲纤维素的酞酸半酯，在有机溶剂中有良好的溶解度，是性能优良的新型片剂包衣材料。近年来，其应用已扩大到其他领域，可作为缓释剂、黏合剂和微囊的壁材使用，如用超临界流体抗溶剂法制备的叶黄素-羟丙甲纤维素邻苯二甲酸酯纳米微胶囊[52]以及用喷雾干燥法制备的花生四烯酸甘油酯-羟丙甲纤维素邻苯二甲酸酯肠溶性微胶囊，均取得良好的效果[53]。

HPMCP 的类型不同，在药剂中的应用也不同，如 HP-50 可在较低的 pH 值时溶解，可以用在小肠上段进行分解的制剂中。而 HP-55、HP-55S 因其有较高的聚合度，能形成较高的溶液黏度，因而形成的膜有较高的机械强度及对胃液有较高的抵抗力，则可用作肠溶薄膜包衣。

九、醋酸羟丙甲纤维素琥珀酸酯

（一）来源

醋酸羟丙甲纤维素琥珀酸酯（HPMCAS）是 HPMC 的醋酸和琥珀酸混合酯，是性能优异的肠溶包衣材料。各个国家均已批准应用[3]，平均分子量 2.5×10^4～7.4×10^4。HPMCAS 是将羟丙甲纤维素用醋酐及无水琥珀酸酯化而成。

（二）性质

醋酸羟丙甲纤维素琥珀酸酯为白色至淡黄色粉末或颗粒，在甲醇或丙酮中溶解，在乙醇或水中不溶，冷水中溶胀成澄清或微浑浊的胶体溶液。

（三）药学应用

醋酸羟丙甲纤维素琥珀酸酯为二十世纪七十年代开发，八十年代才被发达国家用作片剂肠溶包衣材料、缓释包衣材料及薄膜包衣材料，特点是安全无毒，在十二指肠部位溶解性好，已被《中国药典》收录，2025 年版《中国药典》将其更名为醋酸琥珀酸羟丙甲纤维素酯。

第三节　聚氨基酸类半合成衍生物

聚氨基酸是氨基酸的合成聚合物，小分子氨基酸作为人体所需物质吸收快，作用好，一般以注射剂为主，但需要氨基酸的剂量大或者需要多种氨基酸联合应用以提高其渗透压，如九种氨基酸注射液、十一种氨基酸注射液，并且氨基酸分子性质不稳定导致使用不便。将氨基酸制备成聚合物形式后，在体内经酶解方式参与代谢，可解决氨基酸分子量小导致的渗透压低、分子降解等问题，进而作为安全的、具有生物亲和性的药用高分子材料使用。目前常用的聚氨基酸有聚谷氨酸、聚天冬氨酸、ε-聚赖氨酸等。

一、聚谷氨酸

聚谷氨酸（polyglutamic acid，PGA）是谷氨酸通过肽键结合形成的一种多肽分子，有 γ-PGA 与 α-PGA 两种结构，一般为 γ-PGA，又称纳豆菌胶、多聚谷氨酸，是一种水溶性、可生物降解、不含毒性的生物高分子，在自然界或人体内能生物降解成内源性谷氨酸，在体内不产生积蓄和毒副作用。

（一）来源

聚谷氨酸的合成方法有微生物合成法、化学合成法和提取法。

1. 微生物合成法

采用地衣芽孢杆菌和枯草芽孢杆菌发酵制得。

2. 化学合成法

将氨基酸与苯甲醇反应形成苄酯，保护一个羰基，再与光气反应制得 *N*-羧酸酐（NCA），引发 NCA 自聚、去掉保护基即得到聚氨基酸。

3. 提取法

用乙醇将纳豆中的 PGA 分离提取出来。

（二）性质

聚谷氨酸结构为谷氨酸聚合而成，谷氨酸结构为 2-氨基-5-羧基戊酸，分子内含两个羧基，因而呈现弱酸性。聚谷氨酸是聚阴离子聚合物，是以 *α*-氨基和 *γ*-羧基之间经酰胺键连接而成的同型聚酰胺，分子量在 5 万～200 万之间聚谷氨酸结构见图 3-16。

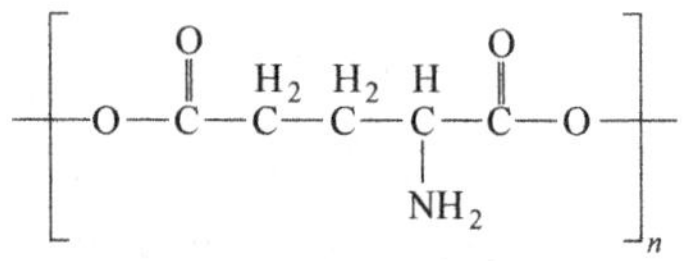

图 3-16 聚谷氨酸结构

（三）药学应用

聚谷氨酸一般作为药物载体在药学中使用。

1. 止血辅料

聚谷氨酸的酰氨基结构使其易溶于水，并与蛋白质等大分子相容性好，聚合后的谷氨酸分子量增大，在水中呈溶胀状态，因而能够在血液循环中保留较长时间，如以 *γ*-聚谷氨酸和壳聚糖为原料制备的新型复合止血材料[54]，是由 *γ*-聚谷氨酸在钙离子的作用下交联生成聚谷氨酸钙，进一步与壳聚糖发生凝胶化反应制得，该止血材料能在 30s 内快速止血，并无二次出血现象，且有一定的促进创面愈合的效果。

2. 外用制剂基质

PGA 与明胶有较好的相容性，适合制作外科手术用的黏合剂、止血剂及密封剂。例如，由明胶和 PGA 结合而成的可生物降解速效生物胶，是分子量为 1×10^4 的明胶和 PGA 的混合物用碳化二亚胺交联后形成的生物胶，其与纤维蛋白胶一样能迅速胶凝，但比纤维蛋白胶的黏附性强。这是一种生物安全胶，在小鼠背部皮下组织进行试验，发现其能逐渐生物降解，没有严重的炎症反应。

另外，*N*-羟基琥珀酰亚胺（NHS）活化的 PGA 衍生物，能自发地与明胶在水溶液中短时间内形成胶体，与天然组织的粘连强度远比纤维蛋白胶高，是一种非常好的外科黏附材料，可能取代从人类血液组织中制备的纤维蛋白胶。

另外，采用天然大分子聚乙烯醇（PVA）、*γ*-聚谷氨酸和魔芋葡甘露聚糖（KGM）为基材，通过反复冻融的物理交联方法制备出的聚乙烯醇/*γ*-聚谷氨酸多孔水凝胶，具有半透明、多孔特性，具有较高的载药能力[55]。

3. 固体制剂辅料

聚谷氨酸可以作为固体制剂的辅料，如以 γ-聚谷氨酸为材料，以顺铂（CDDP）作为装载药物，制备 CDDP/PGA-PAE 纳米微球。结果显示，所制备的纳米微球粒径均匀，且可用于人结肠癌 LoVo 细胞，为聚谷氨酸的应用提供了理论基础[56]。

4. 形成前体药物

将水不溶性的药物键合到 PGA 侧链上形成前体药物，增加了药物的水溶性，有利于降低难溶于水药物的毒性，以及增加对病灶部位的靶向性和选择性[57]。如喜树碱（CPT）难溶于水，且它的内酯形式不稳定，使用受限制，疗效低。当 10-羟基 CPT 或 9-氨基 CPT 与 PGA 偶联形成 CPT/PGA 复合物后，不仅水溶性大为增加，而且对同源的和异源的肿瘤都保持较高的抗肿瘤活性，比游离的顺铂活性强[58]。PGA 与紫杉醇的复合物也显示了较好的水溶性，广谱抗癌活性高，并可延长药物的作用时间。

5. 靶向制剂载体

PGA 的半乳糖基（Gal）或甘露醇酯化衍生物可作为靶向肝细胞的药物载体，通过糖酯化的 PGA 的结合作用能够把药物运送到肝细胞中。动物静脉内给药实验表明，药物与糖酯化的 PGA（Gal-PGA）形成的复合物能在肝脏中蓄积，起到了靶向作用。Gal-PGA 在肝脏中迅速酶解为谷氨酸，不会在体内产生蓄积和不良反应[59]。

二、聚天冬氨酸

（一）来源

聚天冬氨酸（polyaspartic acid，PASP）是一种天然存在于蜗牛等软体动物壳内的氨基酸聚合物，但含量少，一般用工业生产方法制得。

方法一：由 L-天冬氨酸在一定条件下缩聚、水解、中和而成。如需制得高品质产品，可以对中间物聚琥珀酰亚胺和聚天冬氨酸碱溶液进行精制，经沉淀、干燥得聚天冬氨酸固体粉末。

方法二：由马来酸酐的铵盐经缩聚、水解、中和制得聚天冬氨酸。此法无“三废”排放，原料转化率高，符合绿色化学的生产理念。

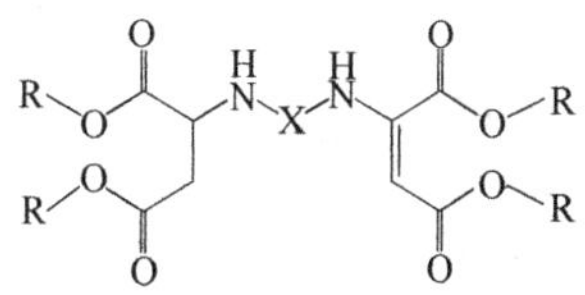

图 3-17　聚天冬氨酸结构

（二）结构

聚天冬氨酸是一种带有羧酸侧链的聚合氨基酸，是由天冬氨酸单体的氨基和羧基缩合而成的聚合物。聚天冬氨酸结构见图 3-17。

（三）性质

聚天冬氨酸外观为琥珀色透明液体，密度（20℃）≥$1.20g/cm^3$，pH 值（1%水溶液）9.0～11.0，易溶于水（15g/100ml），具有生物降解性。

（四）药学应用

聚天冬氨酸易被细菌、真菌等微生物降解，产物是对环境无害的氨、二氧化碳和水，因此具有安全的生物降解性。通常有以下几方面的药学应用。

1. 药物载体

带有羧酸侧链的聚天冬氨酸可与水形成氢键，形成立体膨胀结构的胶体或与其他化合物形成嵌段载体，增强了对药物的负载能力。如在聚合物胶束聚乙二醇-聚天冬氨酸中包埋抗肿瘤药顺铂，其中疏水性的寡聚天冬氨酸可以起到稳定胶束的作用，从而使该胶束可以用作药物载体。还有人用乙二胺为交联剂制备了聚 DL-天冬酰胺水凝胶，并以 5-氟尿嘧啶为目标药物，制备了药物缓释制剂，该水凝胶在水溶液中有较好的溶胀性能，可作为药物的缓控释材料[60]。

聚天冬氨酸还可通过阻止含胺胍基物质的电生理学的变化来保护小管细胞。有人将聚天冬氨酸与聚乙二醇制备成聚乙二醇-聚天冬氨酸苄酯嵌段聚合物，氨解掉嵌段上的苄基后，得到的嵌段聚合物含大量氨基，增强载体对负载物质的封装作用，延长其血液循环时间，增大了纳米药物被动靶向的概率[61]

2. 止血剂

聚天冬氨酸作为一种新型的高聚物，它可以进一步与交联剂反应合成超强吸水剂，这种吸水剂易降解，可满足作为医疗材料对手术出血高吸水树脂的要求，但聚天冬氨酸具有结构单一、耐盐性和力学性能低、热稳定性不好等缺点，一般制备复合材料或者复合制剂以满足医疗要求，如有人利用马铃薯淀粉基共聚物改性与聚天冬氨酸形成复合吸水树脂，可快速吸水并封堵伤口[62]。

3. 凝胶基质

聚天冬氨酸可由线形聚天冬氨酸分子交联成空间网状结构的水凝胶。由于 PASP 主链柔软易伸展，且分子中含有大量亲水性的酰胺、羧基、羟基、醚键等，易与水分子结合，具有优良的吸水保水性，可作为环境友好的新型凝胶基质使用。

如利用聚天冬氨酸接枝酪氨酸形成具有较强载药能力的自组装纳米胶束载体，有人研究了疏水段酪氨酸接枝率对胶束载体载药率的影响，结果表明，疏水段酪氨酸接枝率的增加可以提高对疏水性药物的负载能力，成为高载药率纳米胶束载体[63]。还可将聚天冬氨酸与丙烯酰胺等高分子材料形成离子水凝胶应变传感器应用于人体运动监测[64]。

三、ε-赖氨酸

（一）结构

ε-聚赖氨酸（ε-polylysine）是赖氨酸的直链聚合物，是由 25～30 个赖氨酸基团通过肽键聚合而成的一种天然生物高分子聚合物。

（二）性质

ε-聚赖氨酸的分子结构中含有多个氨基和羧基，使其具有正电荷和负电荷的特性。对 pH、热都较稳定，分子量在 3600～4300 之间，具有良好的水溶性、生物相容性，不会引起明显的免疫反应和细胞毒性。

（三）药学应用

1. 天然防腐剂

ε-聚赖氨酸作为防腐剂最初于 1977 年由日本学者 S．Shima 和 H．Sakai 在微生物筛选时发现，其水解物是人体必需的赖氨酸，因此ε-聚赖氨酸被称为营养抑菌剂。它是链霉菌的发酵产物，对大肠埃希菌、变形链球菌等革兰氏阴性菌具有明显的抑菌和杀灭作用[65]。在20世纪80年代就应用于食品防腐，但在药学方面应用并不多，2014年被批准为食品添加剂新品种。

2. 缓释制剂辅料

ε-聚赖氨酸具有良好的药物缓释性能，这是因为其分子结构中含有多个氨基和羧基可以相互反应形成缩合物，这种缩合物在低pH环境下稳定，但在中性或碱性环境下能与水形成氢键，体积膨胀释放药物。在实际应用中可以通过调控聚赖氨酸的分子结构和化学修饰来改变药物的溶解度、稳定性和释放速率，有人利用羧甲基壳聚糖（CMC，阴性聚电解质）和聚赖氨酸（PLL，阳性聚电解质）作为构建单元制备了二甲双胍缓释涂层，实验显示所构建的PLL/CMC涂层可以在体外持续释放二甲双胍[66]，实现了药物的精确传递和控制释放。

3. 组织工程材料

聚赖氨酸的结构具有高度可调性，其聚合度以及氨基酸之间的连接方式可以通过调节聚合反应的条件进行控制，从而得到具有不同分子量和链结构的聚赖氨酸产品，以满足不同应用需求，例如可作为人工血管[67]、人工骨骼[68]和人工角膜[69]等材料使用。

综上所述，聚氨基酸的应用研究已日渐广泛，但转化为商品的产品较少，这是由于在规模化工业生产中，聚氨基酸的生产规模较小，品种规格不全，价格昂贵，尤其是药学应用材料的工业化生产需要从安全角度出发生产合格产品。随着医药行业的不断发展，聚氨基酸材料在医药领域中的应用将会呈现更广阔的前景。

第四节　其他类半合成药用高分子

一、聚乳酸

聚乳酸（polylactic acid/polylactide，PLA）又称聚丙交酯，是一种新型的生物降解材料，可在人体内代谢成水和二氧化碳。聚乳酸已经成为多个国家药典收载的外科手术缝合线、骨折内固定材料及药物控释载体，由于能在酶作用下降解，安全性高，近年来在医药界广泛应用。

（一）来源

由淀粉原料经糖化得到葡萄糖，再由葡萄糖及一定的菌种发酵制成高纯度的乳酸，进一步通过化学合成形成一定分子量的聚乳酸。制备方法有直接缩聚法、二步法及反应挤出法等。

1. 直接缩聚法

直接缩聚法即把乳酸单体进行直接缩合，也称一步聚合法。指在脱水剂存在的环境中，借助乳酸分子的活性脱去羧基和羟基，从而使乳酸分子之间缩聚形成低分子聚合物，之后各分子间通过催化剂的作用或者高温脱水的方式直接缩合，最终得到聚乳酸。中国目前采用的就是该方法，将原料经微生物发酵制得乳酸，再经过精制、脱水低聚、高温裂解后，聚合成聚乳酸，见图3-18。

2. 二步法

二步法是将乳酸生成环状二聚体丙交酯，再开环缩聚成聚乳酸。这一技术较为成熟，美国NatureWorks公司生产聚乳酸即采用该工艺。

3. 反应挤出法

该法用间歇式搅拌反应器和双螺杆挤出机组合，进行连续的熔融聚合实验，可获得由乳酸通过连续熔融缩聚制得的分子量达150000的聚乳酸。利用双螺杆挤出机将低摩尔质量的乳酸预聚物在挤出机上进一步缩聚，制备出较高摩尔质量的聚乳酸。

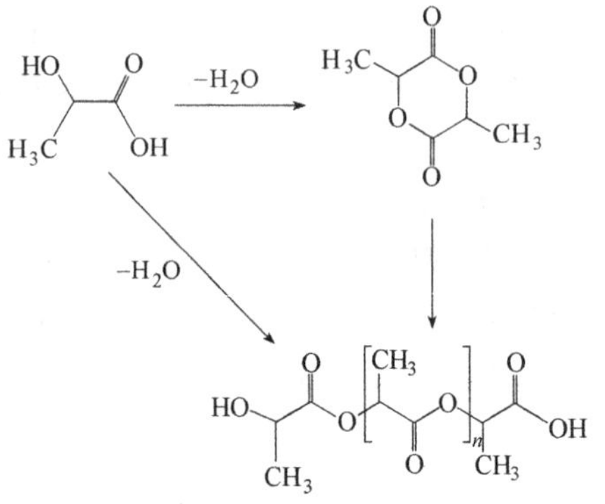

图 3-18 聚乳酸合成路线

（二）结构

聚乳酸是 α-羟基丙酸缩合的产物，乳酸分子的—OH 与另一乳酸分子的—COOH 脱水缩合，形成聚乳酸，结构如图3-19。

（三）性质

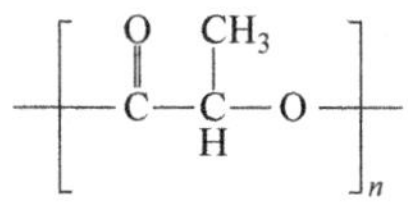

图 3-19 聚乳酸结构

聚乳酸为白色或类白色晶体状物质，分子量一般在十万以上，密度 1.25～1.28g/cm^3，玻璃化转变温度为 60～65℃。低分子量聚乳酸在乙醇中的溶解度较高，而高分子量聚乳酸则较难溶解。具有良好的抗溶剂性、生物降解性、生物相容性、光泽度、透明性及耐热性。

（四）药学应用

聚乳酸在人体内代谢的最终产物是水和二氧化碳，中间产物乳酸是体内糖代谢的产物，不会在重要器官聚集，因此聚乳酸已经成为短期医用生物材料中最具吸引力的聚合物。

1. 药物载体辅料

聚乳酸在酶的作用下降解成乳酸，乳酸在体内降解产物为二氧化碳及水。聚乳酸具有很好的生物降解性及生物相容性，使得其作为药物释放系统的辅料具有较高的安全性，美国FDA收载乳酸为注射用微囊、微球、埋植剂等制剂的材料，《中国药典》已把聚乳酸作为可生物降解的载体辅料[3]。如可用于茶碱、姜黄素等缓释制剂的药物释放[70]、PLGA药物传递系统[71]、聚乳酸/纳米 Fe_3O_4 载多柔比星缓释微球[72]、聚乳酸/纳米四氧化三铁载阿奇霉素缓释微球[73]、5-氟尿嘧啶缓释剂[74]以及聚乳酸孕酮皮下埋植剂[75]等多种制剂的研制，充分体现了聚乳酸作为缓释制剂及组织埋植剂辅料的适宜性。

2. 包装材料及抗菌凝血医用纺织品

聚乳酸的刚性结构使其可作为医用支架材料、骨骼修复材料等，如有人将聚乳酸制成PLA骨钉[76]。而这种刚性结构干燥后能形成薄膜，如以L-乳酸为原料，通过L-丙交酯（LLA）开环聚合能制备具有控制释放性能的茶碱聚乳酸薄膜[77]。目前，聚乳酸已在骨外科、胸外科、颌面外科、肿瘤的靶向治疗等领域进行了广泛的基础研究和临床应用。

3. 疫苗佐剂

用聚乳酸微粒作疫苗佐剂[78]显示了很强的抗体应答和抗感染能力，比常用的白蛋白氢氧化物或磷酸盐佐剂效果好。

二、聚葡萄糖

（一）来源

聚葡萄糖（polydextrose）是由约 90%葡萄糖、10%（质量分数）山梨醇和 1%（质量分数）枸橼酸或 0.1%（质量分数）磷酸经高温熔融缩聚而成的随机交联的聚合物，是一种水溶性的膳食纤维。聚葡萄糖为 D-葡萄糖无规则缩聚物，以 1,6-糖苷键连接为主，平均分子量约 3200，极限分子量小于 22000。平均聚合度 20。

（二）性质

聚葡萄糖为米色至浅茶色粉末，在水中极易溶解，在甘油或丙二醇中微溶，在乙醇中不溶[3]，10%水溶液的 pH 值为 2.5～7.0，无异味。

（三）药学应用

1. 半固体制剂的增稠剂、填充剂

由于离子交换和胶体的形成，聚葡萄糖能作为半固体制剂的增稠剂、填充剂。

2. 高分子药物

多项研究表明，聚葡萄糖具有一定的药理作用[79]。

（1）调节脂类代谢　聚葡萄糖可在小肠内成膜，并缠裹部分食物脂肪，能有效限制消化道内脂肪的吸收，促进脂类化合物的排泄，同时增加饱腹感，减少进食量，从而实现调节血脂、减少脂肪堆积、预防肥胖等功效。

（2）降低胆固醇，减少糖量吸收　聚葡萄糖能吸附胆汁酸、胆固醇等有机分子，抑制总胆固醇（TC）浓度升高，降低胆酸及盐类的合成与吸收，降低人体血浆和肝脏胆固醇水平，可防治冠状动脉硬化、胆石症和心脑血管疾病等。聚葡萄糖还可阻碍食物与消化液充分接触，抑制胰高血糖素分泌，促使葡萄糖吸收减慢，从而降低餐后血糖水平，预防糖尿病。

（3）调整肠胃功能　聚葡萄糖能在人体肠道中吸水膨胀并保持水分，增加粪便体积，刺激肠道蠕动，提高排便频率，起到润肠通便、预防便秘的作用，还能有效调节肠道 pH 值，改善有益菌的繁殖环境，使双歧杆菌等有益菌群迅速扩大，从而抑制腐生菌生长，防止肠道黏膜萎缩，并及时将体内毒素和代谢废物排出[80]。

思考题

半合成药用高分子材料相对于天然药用高分子材料的药用优势体现在何处？

参考文献

［1］ Widodo R T，Hassan A. Compression and mechanical properties of directly compressible pregelatinized sago starches [J]. Powder Technology，2015，269：15-21.

［2］ Charoenthai N，Sanga-ngam T，Kasemwong K，et al. Characterization of hydroxypropyl tapioca starch and its pregelatinized starch as tablet disintegrants [J]. Starch-Stärke，2022，74（5/6）：2100263.

［3］ 国家药典委员会. 中华人民共和国药典 [M]. 2025 年版. 四部. 中国医药科技出版社，2025.

［4］ 胡健力，吕岩，张爱娇. 紫花地丁颗粒剂制备工艺的研究 [J]. 山东化工，2021，50（21）：24-26.

［5］ 蒋志涛. 肝尔舒缓释微丸的制备工艺研究及初步稳定性考察 [D]. 南京：南京中医药大学，2013.

［6］ 张娜娜，孙艳，庄华青，等. Box-Behnken 响应面法优化连翘挥发油的胶体磨包合工艺 [J]. 中医药导报，2023，29（09）：43-46.

［7］ 曹玲，李因坤，崔琳琳，等. 荆防颗粒挥发油 β-环糊精制备工艺的优化 [J]. 环球中医药，2023，16（05）：875-880.

［8］ 沈庆国，屈玲霞，于祥玉，等. 干姜挥发油胶体磨包合工艺优化 [J]. 中成药，2022，44（09）：2958-2961.

［9］ 陈海清，李后如，谢俊俊. 肉桂挥发油 β-环糊精包合工艺优选及特征鉴别 [J].药品评价，2022，19（08）：453-456.

［10］ 刘松鑫，周娜，庄园，等. Box-Behnken 响应面法优化天麻胶囊挥发油包合工艺 [J]. 现代中药研究与实践，2023，37（02）：72-76.

［11］ 邱旖，吴雪纯，吴婧楠，等. 基于电子舌技术的盐酸左西替利嗪掩味研究 [J].药物评价研究，2023，46（09）：1889-1896.

［12］ 赵春梅，仝照岭，王保玉，等. 槲皮素/β-环糊精包合物的制备及水溶性研究 [J]. 中州大学学报，2023，40（04）：120-124.

［13］ 赵炎葱，王丽，曾静静，等. 新穿心莲内酯/β-环糊精包合物的分子结构及抗增殖作用研究 [J].中国药学（英文版），2023，32（06）：427-434.

［14］ Delalonde M，Fitouri R，Ruiz E，et al. Impact of physicochemical environment on the super disintegrant functionality of cross-linked carboxymethyl sodium starch：insight on formulation precautions [J]. AAPS PharmSciTech，2015，16（2）：407-412.

［15］ 武美芹，涂家生，孙会敏. 羧甲淀粉钠的结构和吸水膨胀性的相关性分析 [J].中国新药杂志，2023，32（22）：2317-2323.

［16］ 赵湘美，王悦，范慧红. 羟乙基淀粉质量研究进展 [J]. 中国药学杂志，2018，53（13）：1047-1051.

［17］ 陈燕，骆喜宝，潘云. 羟乙基淀粉的药理作用和临床应用研究进展 [J]. 医学综述，2012，18（04）：593-595.

［18］ Cheng J，Gier M，Ross-Rodriguez L U，et al. Osmotic virial coefficients of hydroxyethyl starch from aqueous hydroxyethyl starch–sodium chloride vapor pressure osmometry [J]. The Journal of Physical Chemistry B，2013，117（35）：10231-10240.

［19］ 田俐，韩刚. 预扩容羟乙基淀粉在产科手术中的应用 [J]. 新疆医学，2013，43（12）：62-3.

［20］ Li G F，Zhao M M，Zhao L M. Well-defined hydroxyethyl starch-10-hydroxy camptothecin super macromolecule conjugate：cytotoxicity，pharmacodynamics research，tissue distribution test and intravenous injection safety assessment [J]. Drug Delivery，2016，23（8）：2860-2868.

［21］ 王淑敏. 甲基纤维素复配食源性多糖体系构建运载姜黄素及生物可及性研究 [D]. 杭州：浙江工商大学，2023.

[22] 李杨，李礼佳，和铭钰，等. 大豆亲脂蛋白-甲基纤维素 W/O/W 乳液稳定性研究［J］. 农业机械学报，2022，53（07）：395-403.

[23] Chandran S，Asghar L F A，Mantha N. Design and evaluation of ethyl cellulose based matrix tablets of ibuprofen with pH modulated release kinetics［J］. Indian Journal of Pharmaceutical Sciences，2008，70（5）：596-602.

[24] 陈金鑫，张颖，张静，等. 改性羟乙基纤维素的医学应用研究进展［J］. 产业用纺织品，2022，40（07）：8-14.

[25] 陈金鑫. 应用于伤口修复的改性壳聚糖/纤维素醚复合抗菌膜的制备［D］. 成都：成都大学，2023.

[26] 康雨彤，贺金华，毛艳，等. 芩榆烧伤凝胶制备工艺优选［J］. 医药导报，2013，32（08）：1085-1088.

[27] 林莉，高陆. 低取代羟丙基纤维素改善寒湿痹片的崩解性能［J］. 中国药学杂志，1999，34（03）：192.

[28] 曾垂宇，杨启家，隋杨. 右兰索拉唑缓释胶囊的制备［J］. 中国新药杂志，2018，27（06）：720-723.

[29] 吉顺莉，倪华，何磊. 罗红霉素片的制备及溶出度考察［J］. 中国抗生素杂志，2017，42（09）：802-806.

[30] 易丽. 低取代羟丙基纤维素/大豆分离蛋白复合凝胶与复合海绵的构建及评价［D］. 武汉：武汉大学，2017.

[31] 富志军，周东新，钟鸣. 复方中药口腔黏膜黏附缓释膜的研究［J］. 中国药科大学学报，2001，32（05）：350-353.

[32] 张幸生. 羟丙基甲基纤维素在药物制剂中的应用进展［J］. 时珍国医国药，2001，12（09）：851.

[33] Swathi G. Design and evaluation of floating tablets of glipizide employing olibanum gum and hydroxy propyl methyl cellulose［J］. Asian Journal of Chemistry，2011，23（3）：955.

[34] 邓明辉，冯雪亮. 羟丙基甲基纤维素在超声乳化术中角膜的保护作用［J］. 中华眼外伤职业眼病杂志，2018，40（06）：449-451.

[35] 王方青. 复方苦参直肠原位发热凝胶的制备与评价［D］. 成都：成都医学院，2023.

[36] 陈中艺. 3-正丁基苯酞鼻用原位凝胶剂的研究［D］. 广州：广东药科大学，2019.

[37] 樊莲莲，杨青青，徐翰林，等. 左氧氟沙星和曲安奈德双载药眼用凝胶的制备［J］. 中国药房，2016，27（22）：3125-3127.

[38] 白仲兰，桂文君，石辉文. 马铃薯淀粉渣制备羧甲基纤维素和羧甲基淀粉混合物的研究［J］. 安徽农业科学，2010，38（33）：19063-19065.

[39] 赵中楠，张兴群，翟志毫，等. 负载石榴皮提取物的聚乙烯醇基水凝胶伤口敷料的制备与表征［J］. 功能高分子学报，2023，36（02）：136-145.

[40] Dong J，Hiroki K，Tobito M，et al. Bacterial cellulose-based hydrogels carrying Lewis X trisaccharides as a system for monitoring carbohydrate–carbohydrate interactions with the naked eye［J］. Journal of Carbohydrate Chemistry，2023，42（1/2/33）：40-58.

[41] 汤淑珍. 醋酸纤维素膜纯化血清蛋白 SERS 光谱研究［D］. 福州：福建师范大学，2021.

[42] 李可儿，朱静文，谢玲珑，等. 醋酸纤维素/聚乙烯吡咯烷酮/ε-聚赖氨酸纳米纤维膜的制备及其抗菌性能［J］. 现代食品科技，2022，38（05）：165-73，23.

[43] 赵瑨云，穆寄林，丁晓红，等. 聚乳酸/醋酸纤维素蜂窝状复合多孔膜的形成与控制［J］. 高分子通

报，2022（10）：131-137.

［44］ 柳佩. 聚合物多孔与载氧微针及其经皮快速提取与递送［D］. 武汉：华中科技大学，2022.

［45］ 张梦杰. 纤维素微球的可控制备及其应用研究［D］. 济南：济南大学，2020.

［46］ 陈燕敏，刘冰，赵文伯，等. 废弃烟滤嘴制备醋酸纤维素微球及其对 Pb（Ⅱ）的吸附性能［J］. 化学试剂，2023，45（02）：83-89.

［47］ 侯向华. 醋酸纤维素微球的制备及吸附菠萝蛋白酶的研究［D］. 南宁：广西民族大学，2017.

［48］ 胡大强. 邻苯二甲酸醋酸纤维素的新应用［J］. 中国药业，2004，13（04）：78.

［49］ 代娟娟. 尿液中邻苯二甲酸酯代谢物的分析及与儿童肥胖相关性研究［D］. 上海：上海交通大学，2014.

［50］ 姚日生. 药用高分子材料［M］. 3 版. 北京：化学工业出版社，2018.

［51］ 金鹤阳，夏菲，江翠兰，等. 超临界流体抗溶剂法制备叶黄素/羟丙甲纤维素邻苯二甲酸酯纳米微胶囊［J］. 中国化学工程学报（英文版），2009，28（04）：672-677.

［52］ 朱德芳，郑为完，龙吉云，等. 花生四烯酸甘油酯双重微胶囊化及性质表征［J］. 食品科技，2011，36（08）：220-224.

［53］ Chang H N，Lee S Y，Do J H，et al. Process for preparing gamma-polyglutamic acid from high-viscous culture broth：US20010016341［P］. 2001-08-23.

［54］ 王利振，盛文龙，李宁，等. γ-聚谷氨酸-壳聚糖复合材料的制备及其止血和促创面愈合性能研究［J］. 北京联合大学学报，2023，37（01）：64-71.

［55］ 陶少行，潘虹，唐俊杰. 聚乙烯醇/γ-聚谷氨酸多孔水凝胶构建研究［J］. 广东化工，2023，50（02）：40-45.

［56］ 郭皓，樊磊，丁琳，等. γ-聚谷氨酸载药纳米微球的制备与研究［J］. 山东化工，2022，51（22）：66-68.

［57］ 闫乐，曹小红，王春玲，等. γ-聚谷氨酸-D-半乳糖酯化衍生物-顺铂复合物的制备及其肝靶向性分析［J］. 中国生物工程杂志，2009，29（05）：11-16.

［58］ 孙莺，黄洪亮，孙鑫，等. 一种新型聚天冬氨酸水凝胶的制备及其药物缓释性能研究［J］. 化工科技，2012，20（5）：14-18.

［59］ 周恒. ROS 敏感聚合物药物载体的构建及其在疾病治疗的应用研究［D］. 广州：暨南大学，2022.

［60］ 韦依. 医用水凝胶材料的开发［D］. 北京：北京化工大学，2017.

［61］ 李天杨，李强，付东升，等. 聚天冬氨酸-酪氨酸纳米胶束载体的制备及载药性能研究［J］. 化工新型材料，2021，49（06）：179-183.

［62］ 崔聪聪，李汉红，毛林韩，等. 聚天冬氨酸/聚（丙烯酰胺-丙烯酸）/Fe^{3+}离子水凝胶应变传感器的制备及在人体运动监测中的应用［J］. 高分子材料科学与工程，2023，39（03）：127-133.

［63］ 余波，郭一飞. 聚赖氨酸的生物医学领域应用现状［J］. 现代药物与临床，2022，37（10）：2377-2385.

［64］ 刘聪，胡安之，穆朝峰. 载多西他赛的聚乙二醇-聚赖氨酸-维生素 E 聚合物胶束的制备及体内实体瘤分布研究［J］. 中国医药工业杂志，2021，52（04）：539-547.

［65］ 刘振杰，黄培豪，陈述，等. 基于代谢活性的 ε-聚赖氨酸杀菌动力学［J］. 现代食品科技，2023，39（11）：94-100.

［66］ 从心怡. 二甲双胍缓释涂层的制备及其对高糖条件下 PDLSCs 成骨分化的调控作用研究［D］. 重

庆：重庆医科大学，2021.
［67］ 刘波，李珍光，白珊，等. 抗菌性电纺纤维膜人工血管材料：2018（第 3 届）抗菌科学与技术论坛论文摘要集［C］，2018：24-25.
［68］ 刘旎. 胶原蛋白超薄膜生物骨支架制备及性能研究［D］. 昆明：昆明医科大学，2020.
［69］ 罗敏辉，任海涛，李培宁，等. 鼠尾胶原、多聚赖氨酸和明胶 3 种基质对角膜上皮细胞增殖的影响［J］. 毒理学杂志，2015，29（02）：130-133.
［70］ 徐晓红，聂王焰，周艺峰，等. 聚 L-乳酸的制备与性能及在茶碱药物缓释中的应用［J］. 化工新型材料，2014，42（01）：155-157.
［71］ 黄华婷，吴念，蔡梦如，等. 共载姜黄素和 IR780 的聚乳酸-羟基乙酸共聚物纳米粒的制备及其体外抗肿瘤评价［J］. 中草药，2023，54（02）：498-508.
［72］ 马喜峰. 聚乳酸/纳米 Fe_3O_4 载多柔比星缓释剂的研究［J］. 化学与黏合，2021，43（03）：204-206.
［73］ 马喜峰，汤春妮，李斌. 聚乳酸/纳米四氧化三铁载阿奇霉素缓释剂的制备及性能研究［J］. 化学与生物工程，2014，31（02）：35-37.
［74］ 毕秀增，潘伟华，南开辉，等. 5-氟尿嘧啶缓释剂制备及体外释药性能比较［J］.中国组织工程研究，2012，16（08）：1430-1434.
［75］ 王品. 左炔诺孕酮纳米载药缓释复合材料对胚胎粘附及精子影响的实验研究［D］. 扬州：扬州大学，2015.
［76］ 刘姿辰，禹宝庆.生物可降解聚乳酸用于骨修复的发展前景和研究价值［J］.中国组织工程研究，2021，25（34）：5552-5560.
［77］ Panusa A，Selmin F，Rossoni G，et al. Methylprednisolone-loaded PLGA microspheres：A new formulation for sustained release via intra-articular administration. A comparison study with methylprednisolone acetate in rats［J］. Journal of Pharmaceutical Sciences,2011，100（11）：4580.
［78］ 邹龄娇，张瑜，岳华，等. 多孔 PLGA 微球作为新型冠状病毒疫苗佐剂的研究［J］. 过程工程学报，2024，24（3）：360-370.
［79］ 张莉，袁卫涛，薛雅莺，等. 聚葡萄糖的应用研究进展［J］. 精细与专用化学品，2012，20（09）：38-40.
［80］ Röytiö H，Ouwehand A C. The fermentation of polydextrose in the large intestine and its beneficial effects［J］. Beneficial Microbes，2014，5（3）：305-313.

第四章
合成类药用高分子

与天然高分子相比，合成类药用高分子大多具有明确的化学结构和分子量，来源稳定，性能优良，在药物制剂中其特性体现清晰，可供选择的品种及规格较多。许多具有特殊应用性质的药用高分子可以通过分子设计和新的聚合方法获得特定结构，来满足不同类型药物制剂尤其是新型给药系统的需要。但合成药用高分子制备中混杂的未反应单体、残余引发剂或催化剂及小分子副产物等物质通常没有经过严格的药理作用研究，一般会引起过敏反应、癌症、畸形等不良反应，需要在实际实践中检验并规避。《中国药典》（2025 年版）含有的药用合成高分子材料包含了数十个品种，按结构一般分为聚醚类、聚丙烯酸类、聚乙烯醇类及其他类，本章就各合成类药用高分子的来源、性质及其在药学中的应用进行系统阐述。

第一节　聚醚类药用高分子

聚醚类药用高分子主要是指分子基本单元之间以醚键结合且基团上带有羟基（理论上与水形成氢键）具有一定润湿性的一类合成高分子化合物，此类药用高分子典型代表为聚乙二醇、聚乙二醇衍生物及聚氨酯等。

一、聚乙二醇

（一）来源

聚乙二醇（polyethylene glycol，PEG）[1]也称聚氧化乙烯，是乙二醇高聚物的总称。它是由环氧乙烷水解产物聚合而成，平均分子量在 200～6000 范围内。其结构见图 4-1。

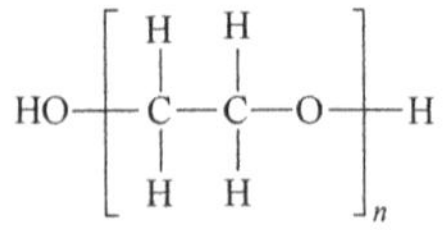

图 4-1　聚乙二醇结构

聚乙二醇制备方法是液体乙二醇在高温及高压或低压下聚合而得，即用环氧乙烷与水或乙二醇逐步加成聚合得到的分子量较低的一类水溶性聚醚。反应过程中酸或碱作催化剂，引发剂是水、乙二醇、乙醇或低分子量的聚乙二醇。该法适合制备分子量大于 1000 的聚乙二醇化合物。

由环氧乙烷和水缩聚而成的聚乙二醇，根据分子量的不同而分成不同型号，《中国药典》（2025 年版）收载的有 PEG300、400、600、1000、1500、4000 及 6000，其中 PEG300 为注射用辅料，而 PEG400 分为辅料及注射用辅料，PEG300 分子式为 $H(OCH_2CH_2)_nOH$，n 代表氧乙烯基的平均数，而 PEG400 以上分子式表达为 $HO(CH_2CH_2O)_nH$，n 代表氧乙烯基的平均数。

（二）性质

聚乙二醇为无色无臭黏稠液体至蜡状固体，溶于水、乙醇和大多数有机溶剂，对热、酸、碱稳定，与许多化学品不发生反应，不水解，不变质。无毒，大鼠口服 LD_{50} 分别为：PEG200 28.9ml/kg；PEG400 30.2ml/kg；PEG4000 59g/kg。有良好的吸湿性、润滑性及黏结性。其性质见表 4-1。

表 4-1 聚乙二醇性质[2]

PEG	性状	溶解性		凝固点/℃	相对密度	黏度（平氏黏度计）		
		水	乙醇			温度/℃	毛细管内径/mm	黏度
PEG300（注射用）	无色澄清的黏稠液体；微臭	极易溶解	极易溶解		1.120～1.130（20℃）	25	1.2	59～73mm^2/s
PEG400 及注射用 PEG 400	无色或几乎无色的黏稠液体；略有特臭	极易溶解	极易溶解	4～8	1.110～1.140（20℃）	40	1.2	37～45mm^2/s
PEG600	无色或几乎无色的黏稠液体，或呈半透明蜡状软物；略有特臭	极易溶解	极易溶解	15～25	1.101～1.135（40℃）	40	1.2	56～62mm^2/s
PEG1000	半固体	极易溶解	极易溶解	33～38		40	0.8	8.5～11.0mm^2/s
PEG1500	固体	易溶	易溶	41～46		40	0.8	3.0～4.0mm^2/s
PEG4000	固体	易溶	易溶	50～56		40	0.8	5.5～9.0mm^2/s
PEG6000	固体	易溶	易溶	53～59		40	0.8	10.5～16.5mm^2/s

（三）药学应用

聚乙二醇[3]含有多个羟基，无毒、无刺激性，安全性高，溶于水、乙醇等极性溶剂，可用于改善与血液接触的医用高分子材料的生物相容性，因此广泛应用于各种药物制剂中。

1. 注射剂辅料

聚乙二醇具有溶于水、毒性小的性质，可用于注射剂的制备。供注射用的 PEG 分子量在 300～400 之间，大于此分子量的 PEG 一般不能用于注射剂。另外 PEG300、PEG400 在药剂中还可作溶剂、助溶剂、O/W 型乳化剂和稳定剂、助悬剂或用于调整其他混悬介质的黏稠度，目前常作为乙酰水杨酸、咖啡因、尼莫地平等难溶于水的药物的溶剂，供注射液的配制。还可以根据聚乙二醇具有高安全性和高溶解性的特点制备眼用制剂，如环孢素滴眼液联合聚乙二醇液用于治疗干眼症，提高了治疗的总有效率[4]。

低分子量聚乙二醇能溶解许多水溶性的无机盐和水不溶性的有机物，其药用安全性与丙二醇相似。用于制备四环素、肾上腺素、咖啡因、毒毛旋花素等的液体制剂均有延效作用。PEG300 还可作为洋地黄毒苷注射液和毒毛花苷 G 注射液的添加剂[5]使用。

但低分子量的聚乙二醇毒性相对较大，局部应用聚乙二醇特别是黏膜给药可产生刺激性疼痛，且存在不同的配伍禁忌。例如，液态和固态级别的聚乙二醇和某些色素不能配伍；与抗生素配伍可使抗菌活性降低，特别是青霉素和杆菌肽类；羟苯酯类防腐剂可因聚乙二醇的络合使防腐效果减弱；酚、鞣酸、水杨酸可使其软化和液化；磺胺类和地蒽酚与其作用可变色；与山梨醇配伍可生成沉淀；等等。

2. 半固体制剂基质

聚乙二醇具有微弱的表面活性，许多药用非离子型表面活性剂如吐温、卖泽、苄泽等都是低分子量聚乙二醇的衍生物，可用于半固体制剂基质的制备。聚乙二醇分子上的羟基通常使其具有可湿性，但由于大分子的聚乙二醇具有一定的刚性，因此在基质制备过程中，需要将固体聚乙二醇与液体聚乙二醇以一定比例混合调整黏度；分子量在 1.0×10^4～2.0×10^4 之间的聚乙二醇可用热熔法制备一些难溶性药物的油膏、乳剂、软膏、洗剂和栓剂的基质，以加速药物的溶解和吸收。

《美国药典》明确规定聚乙二醇 400 为软膏制剂的新型稀释剂，可用于局部用制剂、眼用制剂、口服和直肠用制剂；《中国药典》（2025 年版）则是将 PEG300～600 作为溶剂，PEG1000、1500、4000 及 6000 作为软膏基质。如大分子量聚乙二醇用于复方葛根温敏凝胶[6]、阿托伐他汀钙高分子可溶微针胶束[7]等制剂的制备。

聚乙二醇在膏剂中具有与甘油类似的保湿作用，能增加皮肤的柔韧性[8]；另外可以利用聚乙二醇的水溶性及水溶胀性，模拟体内环境，构建人体体液特征平台，如有人以 α-HL 蛋白质纳米孔为分析元件，以聚乙二醇作为拥挤剂来模拟细胞内拥挤环境，研究了不同分子量大小、不同浓度的聚乙二醇对分析物穿孔行为的影响[9]。

3. 包衣致孔剂及防腐剂

聚乙二醇链段上的羟基易与水形成氢键，形成具有一定刚性的水溶状态，可作为片剂薄膜衣的致孔剂。如有人以双氯芬酸钠为目标药物，以聚乙二醇 4000 为致孔剂，醋酸纤维素为包衣材料，制备了双氯芬酸钠缓释微丸，实验结果表明，聚乙二醇的用量直接影响了药物的释放[10]。

聚乙二醇水溶液具有对剪切速率较敏感导致细菌不易在聚乙二醇上生长的特点，使得制剂可减少或不加防腐剂。如有人采用聚乙二醇浸渍制作标本，发现聚乙二醇具有抵抗真菌和细菌的功效，而且不会对皮肤产生刺激性，已在兽医解剖教学中成功运用[11]，以期将来替代福尔马林作为防腐剂使用。

4. 医用敷料

聚乙二醇具有柔性链的弯曲特性及亲水性，无毒、无刺激，具有成胶特性，可用作组织固定剂[12]。近年来许多聚乙二醇类衍生物新辅料如甲氧基聚乙二醇，具有与聚乙二醇类似的性质，已被《美国国家处方集》收载并在药剂学中应用。

5. 高分子药物

目前聚乙二醇作为高分子药物并未载入药典，但临床上已用 PEG4000 作为渗透型缓泻剂，而且是通过清除细胞抑制异常隐窝灶的唯一缓泻剂[13]，用于成人及 8 岁以上儿童（包括 8 岁）便秘的治疗。

较低分子量的聚乙二醇具有很强的吸湿性，口服后在肠腔内可吸收水分，增加渗透压，使粪便软化、体积增加，促使肠蠕动而排便，故而作为清理肠道的药物，尤其是在肠镜检查之前，通常需要通过口服药物的方式来将肠道清洗干净，有利于检查，但大剂量口服聚乙二醇可出现腹泻，停药24～48h后可缓解。

聚乙二醇外用制剂通常作为杀灭精子作用较强的非离子型表面活性剂使用，如壬苯基聚乙二醇醚和苯基聚乙二醇醚，形成外用膜剂用于男性避孕[14]，但近年来并未有相关研究。

二、聚乙二醇衍生物

基于聚乙二醇良好的生物相容性和亲水性，目前已经设计开发了多种聚乙二醇衍生物，但用于药学方面的衍生物主要作为表面活性剂使用，且形成的嵌段共聚物表面活性剂有待进行生理、药理等方面的检验。该类衍生物主要有聚氧乙烯类非离子型表面活性剂、聚山梨醇酯（吐温）类表面活性剂、泊洛沙姆及卖泽类。

（一）聚氧乙烯类非离子型表面活性剂

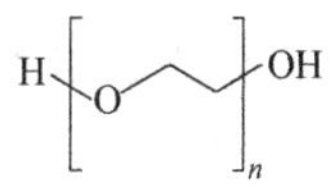

图4-2　聚氧乙烯类结构（n=2000～200000）

聚氧乙烯类非离子型表面活性剂是指以聚氧乙烯为亲水部分的非离子型表面活性剂，结构见图4-2。

聚氧乙烯类药用高分子材料是环氧乙烷（或称氧化乙烯）在高温高压下，并在引发剂和催化剂存在下聚合制得的非离子均聚物，分子式以$HO(CH_2CH_2O)_nH$表示，其中n为氧乙烯基的平均数。聚氧乙烯类药用高分子性质及应用见表4-2。

表4-2　聚氧乙烯类药用高分子性质及应用[2]

名称	分子式及组成	性状	性质	药学应用
聚氧乙烯	$HO(CH_2CH_2O)_nH$，n=2000～200000	白色至类白色粉末	易流动	崩解剂和阻滞剂
月桂酰聚氧乙烯（8）甘油酯	甘油的单酯、二酯、三酯和聚乙二醇400的单酯、二酯的混合物	淡黄色蜡状固体	二氯甲烷中易溶，水中几乎不溶，可分散； 酸值≤2；羟值60～80； 碘值≤2；过氧化值≤6； 皂化值170～190	增溶剂和乳化剂
聚氧乙烯甘油三蓖麻酸酯	含少量聚乙二醇、蓖麻酸酯、游离乙二醇		乙醇中极易溶解； 相对密度1.05～1.06； 25°C时黏度570～710mm²/s； 酸值≤2；羟值65～78； 碘值5～35；过氧化值≤5；皂化值65～70	
聚氧乙烯（40，60）氢化蓖麻油	聚氧乙烯甘油三羟基硬脂酸酯，含有少量聚乙二醇三羟基硬脂酸、游离的聚乙二醇	白色或淡黄色膏状半固体；轻微气味	热水中溶解，易溶于乙醇、丙酮，不溶于石油醚； 酸值≤2；羟值57～80；碘值≤5； 过氧化值≤5；皂化值45～69； 凝点16～26℃	供非注射用药用辅料乳化剂、增溶剂
聚氧乙烯油酸酯	$C_{17}H_{33}COO(CH_2CH_2O)_nH$，$n$为5～6或10；油酸及聚乙二醇单酯和双酯的混合物	淡黄色黏稠液体	乙醇或异丙醇中溶解； 折射率1.464～1.468； 酸值≤1；羟值50～70（n为5～6）或65～90（n为10）； 碘值50～60（n为5～6）或27～34（n为10）； 过氧化值≤12； 皂化值105～120（n为5～6）或65～85（n为10）	药用辅料，增溶剂和乳化剂

（二）聚山梨酯（吐温）类表面活性剂

聚山梨酯也叫聚氧乙烯脱水山梨醇酯，商品名为吐温，是由油酸山梨坦和环氧乙烷聚合而成的聚氧乙烯 20 油酸山梨坦。结构见图 4-3。

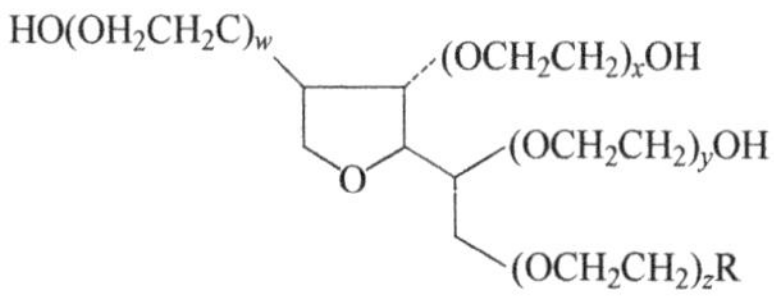

$w+x+y+z=20$　R=—$OCO(C_{17}H_{33})$

图 4-3　聚氧乙烯脱水山梨醇酯（吐温）结构

根据脂肪酸不同，分为聚山梨酯 20、聚山梨酯 40、聚山梨酯 60、聚山梨酯 65、聚山梨酯 80 等不同型号，性质见表 4-3。

表 4-3　聚山梨酯（吐温）性质及药学应用

名称	分子式及组成	性状	性质	药学应用
聚山梨酯 20（吐温 20）	聚氧乙烯 20 月桂山梨坦	淡黄色或黄色的黏稠液体	水、乙醇、甲醇或乙酸乙酯中易溶，在矿物油中极微溶解；相对密度 1.09～1.12； 黏度 25℃时（毛细管内径为 2.0mm）250～400mm^2/s； 酸值≤2.0；羟值 65～80； 碘值 18～24；过氧化值≤10； 皂化值 40～50	增溶剂、乳化剂和蛋白质稳定剂等
聚山梨酯 40（吐温 40）	聚氧乙烯 20 棕榈山梨坦	乳白色至黄色的黏稠液体或冻膏状物	温水、乙醇、甲醇或乙酸乙酯中易溶，在液体石蜡中微溶； 相对密度 25℃时 1.07～1.10； 黏度 30℃时（毛细管内径为 2.0mm）250～400mm^2/s； 酸值≤2.0；羟值 89～105； 碘值 18～24；过氧化值≤10； 皂化值 41～52	增溶剂和乳化剂
聚山梨酯 60（吐温 60）	聚氧乙烯 20 硬脂山梨坦	黏稠液体或冻膏状物	温水、乙醇、甲醇或乙酸乙酯中易溶，在液体石蜡中微溶；相对密度 25℃时 1.06～1.09；黏度 30℃时（毛细管内径为 2.0mm）300～450mm^2/s；酸值≤2.0；羟值 81～96；过氧化值≤10；皂化值 45～55	O/W 型增溶剂和乳化剂
聚山梨酯 65（吐温 65）			温水、乙醇、甲醇或乙酸乙酯中易溶，在液体石蜡中微溶；相对密度 25℃时 1.06～1.09；黏度 30℃时（毛细管内径为 2.0mm）300～450mm^2/s； 酸值≤2.0；羟值 81～96； 过氧化值≤10；皂化值 45～55	增溶剂和乳化剂
聚山梨酯 80（吐温 80）	聚氧乙烯 20 油酸山梨坦	淡黄色至橙黄色的黏稠液体	水、乙醇、甲醇或乙酸乙酯中易溶，在矿物油中极微溶解；相对密度 25℃时 1.06～1.09；黏度 30℃时（毛细管内径为 2.0～2.5mm）350～550mm^2/s； 酸值≤2.0；羟值 65～80； 过氧化值≤10；皂化值 45～55	增溶剂、乳化剂和蛋白质稳定剂等
聚山梨酯 80（吐温 80Ⅱ）	聚氧乙烯 20 油酸山梨坦	无色至微黄色黏稠液体	水、乙醇、甲醇或乙酸乙酯中易溶，在矿物油中极微溶解；相对密度 25℃时 1.06～1.09；黏度 30℃时（毛细管内径为 2.0～2.5mm）350～450mm^2/s； 酸值≤1.0；碘值 18～24； 羟值 65～80；过氧化值≤3； 皂化值 45～55	增溶剂、乳化剂

聚山梨酯通常被认为是无毒、无刺激性的材料。据 WHO 的评估，按总聚山梨酯计算，日摄入量可高达 25mg/kg（体重）。聚山梨酯（吐温）口服无毒性，但静脉注射有一定的溶血作用，溶血作用的顺序为吐温 20＞吐温 60＞吐温 40＞吐温 80。吐温 80 的溶血作用最弱，可作为 O/W 型乳化剂、增溶剂、湿润剂、分散剂和稳定剂使用，如在中药注射剂中作增溶剂[15, 16]。

（三）泊洛沙姆

1. 结构

泊洛沙姆（poloxamer）结构是两端为聚氧乙烯（PEO）、中间为聚氧丙烯（PPO）的三嵌段共聚物，即 PEO-PPO-PEO，是一种非离子型表面活性剂，最早由美国 Wyandotte 公司生产，商品名为普流罗尼（Pluronic），《美国国家处方集》（NF）将其命名为 Poloxamer，在临床作为一种可供肌内、皮下、静脉注射的新型无毒辅料使用，结构见图 4-4。

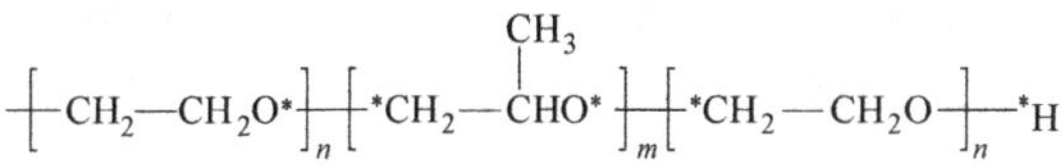

图 4-4　泊洛沙姆结构

含泊洛沙姆基本结构的化合物有许多，但可做药用材料的化合物的分子量主要是在 1000～7000 范围内。根据结构中聚氧乙烯和聚氧丙烯占比不同，开发出一系列泊洛沙姆品种，其命名规则是在 Poloxamer 后附以三位数字，前两位数代表聚氧丙烯嵌段的分子量，后一位数为聚氧乙烯嵌段在共聚物中所占的比例。如 Poloxamer188，编号前两位数是 18，表示聚氧丙烯嵌段的分子量为 18×100=1800（实际为 1750）；后一位数是 8，表示聚氧乙烯嵌段的分子量占总数的 80%，由此推算该共聚物的分子量为 9000（实际为 8350）。

2. 性质

《中国药典》（2025 年版）收载泊洛沙姆的型号有 188、407，其性质及药学应用见表 4-4。

表 4-4　泊洛沙姆性质及药学应用

泊洛沙姆型号	分子式结构	溶解性	分子量及其测定方法	性状与 pH	药学应用
188	$H(C_2H_4O)_a(C_3H_6O)_b(C_2H_4O)_aOH$	水或乙醇中易溶，在无水乙醇或乙酸乙酯中溶解，在乙醚或石油醚中几乎不溶	7680～9510，滴定法①	白色或类白色蜡状固体，微有异臭；pH5.0～7.5	药用辅料，增溶剂和乳化剂等
407	$H(C_2H_4O)_a(C_3H_6O)_b(C_2H_4O)_aOH$	在水或乙醇中易溶，在无水乙醇或乙酸乙酯中溶解，在乙醚或石油醚中几乎不溶	9840～14600，滴定法①	白色或类白色蜡状固体；微有异臭；pH5.0～7.5	药用辅料，增溶剂和乳化剂等

① 见《中国药典》（2025 年版）四部泊洛沙姆平均分子量测定。

3. 药学应用

羟基聚（氧乙烯）、羟基聚（氧丙烯）单元及聚氧乙烯含量比例不同导致各型号性质有差异，但泊洛沙姆的无生理活性、无溶血性、对皮肤无刺激性及毒性小等特点，使其药学应用广泛，分为以下几个方面：

（1）乳化剂　在药物制剂中泊洛沙姆作为表面活性剂，对油脂有很强的乳化作用，可将一些油溶液乳化形成 O/W 型乳剂或复乳剂供静脉注射。结构中聚氧丙烯为亲油段，两端的聚氧乙烯为亲水段，两段的比例不同，其乳化性能不同。其亲水亲油平衡值（HLB）从极端疏水性的泊洛沙姆 401（HLB=0.5）到极端亲水性的泊洛沙姆 108（HLB=30.5）（药物制剂中最大值只用到 20）。聚氧乙烯嵌段比例越大，HLB 值越高，亲水性越大。具有较小的聚氧乙烯嵌段、分子量较高的泊洛沙姆的润湿能力较强，含10%聚氧乙烯嵌段的泊洛沙姆 101、泊洛沙姆 231、泊洛沙姆 331、泊洛沙姆 401 等均具良好的润湿性，《中国药典》（2025 年版）中收载的泊洛沙姆 188 及 407 均作为 O/W 型乳化剂，是可用于制备静脉乳剂的极少数合成乳化剂之一。用泊洛沙姆制备的乳剂，乳粒小（一般在 1μm 以下），物理性质稳定，能够耐受热压灭菌和低温冰冻，故常用于注射剂的制备中。如制备大输液型乳剂或挥发油含量较高的静脉注射乳输液时，利用泊洛沙姆将药物进行乳化增溶并分散，能显著提高成品的内在质量，效果优于吐温[17]。

（2）增溶剂　泊洛沙姆遇水形成胶团而增加多种药物的表面溶解度。如将泊洛沙姆作为润湿剂用于药物软膏、栓剂和凝胶剂的制备，增加了吗啡、布洛芬、松果菊苷等药物的溶解度[18-20]。又如利用泊洛沙姆 188 制备酮康唑-泊洛沙姆 188-结晶固体分散体，增加酮康唑的比表面积，结果显示，泊洛沙姆 188 的空间位阻作用阻碍了药物形成较大的结晶体，加之其具有较高的润湿性，使药物的溶出行为显著增加，其中药物晶体尺寸与泊洛沙姆润湿性协同起效[21]。

还有人用固体分散体技术，以泊洛沙姆 188 为载体，制备了番茄红素固体分散体，提高了番茄红素在水中的溶解度和体外溶出度，从而提高了其体内的生物利用度[22]，也充分显示了泊洛沙姆的增溶性。

（3）吸收促进剂　泊洛沙姆可作为吸收促进剂将药物高度分散于载体材料中，自身的亲水结构使其具有热敏溶胶-凝胶转变特性，在较低温时为液体，在接近人体温度时呈软凝胶状，形成非化学交联型半固体凝胶，在肌内或皮下形成药物储库，促使药物缓慢释放吸收。如对川芎提取物在结肠部位的促进吸收[23]、丹参素异丙酯的鼻黏膜吸收[24]等。

（4）缓释基质材料　泊洛沙姆分子量大，一般呈现蜡状固体状态（如泊洛沙姆 407），可用作片剂的黏合剂、包衣材料等，所制备的片剂、胶囊剂、凝胶剂等具有缓释、控释的效果。以泊洛沙姆 407 和泊洛沙姆 188 合用形成液体栓剂基质及形成温度敏感原位凝胶基质，该基质可形成缓释制剂的溶蚀性骨架，具有毒性低、不溶血、无刺激过敏性、与人体有良好的相容性、化学性质稳定等特点，被广泛用于黏膜给药、经皮给药和注射给药系统，作乳膏剂、栓剂基质时起到缓释作用。如左氧氟沙星温度敏感型眼用凝胶，即以左氧氟沙星为目标药物，将泊洛沙姆 407 和泊洛沙姆 188 以一定浓度比制得的凝胶[25]。

作为缓释基质材料，泊洛沙姆聚合物能形成多重作用的高效给药系统，药物包裹在以泊洛沙姆为基质的微囊中，其溶解性及代谢稳定性均能得到提高，并可延长药物在体内的循环时间，提高了药物的生物利用度。如以泊洛沙姆 F127 和 F68 为基体，添加壳聚糖作为抑菌材料，制备一种可抑菌的温度响应型原位水凝胶，应用于不规则伤口时，内部疏松多孔，呈现出三维网状结构的复合水凝胶可以紧密贴合伤口，减少伤口感染，并能促进创伤愈合[26]。有人用泊洛沙姆制成乙酰化乙二醇壳聚糖/泊洛沙姆复合可注射水凝胶，用以调节缓控释制剂释药速率，研究表明，通过控制乙酰化乙二醇壳聚糖/泊洛沙姆的质量比，形成具有高度孔隙化的三维结构，能够使溶胶-凝胶转变，对抗癌药物吉西他滨具有缓释作用[27]。

（5）分散剂　泊洛沙姆含有的羟基聚（氧乙烯）、羟基聚（氧丙烯）及聚氧乙烯结构单元，亲水性与疏水性共存，当难溶性药物与其接触时，药物易被高度分散于泊洛沙姆载体中形成固体分散体，增加并加速难溶性药物的溶出。如保泰松、灰黄霉素、地高辛、洋地黄毒苷与泊洛沙姆制得的固体分散体，大大提高了这些药物的溶解度，促进了这些药物的吸收。但与一些天然药用高分子辅料相比，泊洛沙姆的用量受到限制，如眼部、口服、牙周、局部给药中，泊洛沙姆 407 最大用量为眼部给药溶液 0.20%，滴眼剂 0.16%，分散滴剂 0.10%，口服胶囊及肠溶微丸用量为 5.00mg，分散粉剂为 12.60%，溶液剂为 5.00%，片剂为 100.00mg[28]。

（四）聚氧乙烯脂肪酸酯（卖泽）

聚氧乙烯脂肪酸酯由聚氧乙烯与长链脂肪酸缩合而成，通式为 $RCOOCH_2(CH_2OCH_2)_nCH_2OH$，商品名为卖泽。在药物制剂的制备过程中，常用的聚氧乙烯脂肪酸酯种类有卖泽 45（聚氧乙烯单硬脂酸酯，HLB 值 11.0）、卖泽 49（聚氧乙烯硬脂酸酯，HLB 值 15.0）、卖泽 52（聚氧乙烯 40 硬脂酸酯，HLB 值 16.9）等。卖泽作为 O/W 型乳化剂，具有较强的水溶性，如复方甘草黄酮与阿魏酸乳膏剂处方的优化，即以卖泽 52-单硬脂酸甘油酯（3∶2）为乳化剂比例获得理想膏剂[29]。但卖泽 52 的安全浓度范围相对较窄[30]，这也是其应用较少的原因之一。

第二节　聚丙烯酸类药用高分子

聚丙烯酸类药用高分子是由丙烯酸单体加成聚合而成，由于羧酸基团的存在，一般为水溶性聚电解质，且分子量大，遇水易膨胀，具有一定的黏性。聚丙烯酸类药用高分子主要有聚丙烯酸及聚丙烯酸钠、交联聚丙烯酸钠、卡波姆及聚丙烯酸树脂。

一、聚丙烯酸与聚丙烯酸钠

（一）结构

聚丙烯酸（PAA）为丙烯酸单体聚合而成，聚丙烯酸钠则为聚合物游离羧基形成的钠盐，结构见图 4-5。

常用聚丙烯酸钠分子量在 2.0×10^4～6.6×10^4。

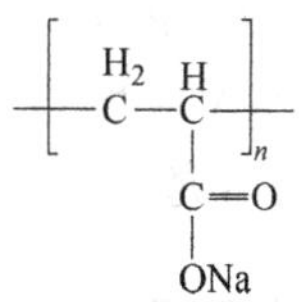

图 4-5　聚丙烯酸钠结构

（二）性质

1. 溶解性

聚丙烯酸能溶于水及部分有机溶剂，但聚丙烯酸钠（无色或淡黄色黏稠液体）仅溶于水，不溶于有机溶剂。

2. 黏性

聚丙烯酸钠在水中能解离成带有羧酸根阴离子的大分子，与碱金属离子结合形成水不溶性的复合物，导致聚合物的稀溶液生成沉淀，浓溶液凝胶化。

聚丙烯酸钠的黏度与其分子的构象有关。聚丙烯酸钠分子中羧基单列出来，乙基与乙基以共价键结合形成柔性链，使分子能够弯曲；且羧基在水中呈现阴离子聚电解质性质，羧酸根阴离子间的静电排斥作用以及遇水形成氢键，使聚丙烯酸钠大分子链趋于伸展并进行缠绕，因此聚丙烯酸钠具有一定的黏度。聚合物解离度越大（即大分子链上的电荷密度越大），其黏度也越大，降低溶液的 pH 值或加入小分子盐，使—COOH 或—COONa 的解离度下降，则分子链卷曲，流体力学阻力下降，聚合物的黏性降低，因此聚丙烯酸钠对溶液中共存的固体粒子能产生强烈的吸附作用，进而形成稳定的三维网状结构，呈现凝胶状。

（三）药学应用

聚丙烯酸、聚丙烯酸钠对人体无毒，即使摄入也不消化吸收，小鼠口服的 LD_{50} 大于 10g/kg，皮肤贴敷试验亦未见刺激性，具有良好的安全性，且水溶液具有一定的黏性，能形成凝胶状，也能形成膜，因此在药学中广泛应用。

1. 半固体制剂基质

在软膏、乳膏、搽剂、巴布剂等外用半固体制剂中，聚丙烯酸钠一般作为凝胶基质、增稠剂及增黏剂使用。

聚丙烯酸和聚丙烯酸钠的浓溶液能形成稳定的三维网状结构，并对环境 pH 敏感。基团羧酸钠在水中遇酸性物质易形成水凝胶，具备良好的载药缓释性能和在伤口部位保持湿润环境的能力，可作为伤口敷料的生物相容性医用材料。如用茶多酚丝素蛋白、纤维素及聚丙烯酸形成的复合水凝胶[31]，保持了丝素蛋白、纤维素等天然高分子优异的生物相容性和生物可降解性的特点，同时克服了单一组分的天然高分子水凝胶的力学性能不佳、溶胀性能差、载药率低等缺点。

2. 膜材

聚丙烯酸及聚丙烯酸钠的长碳链能弯曲，且遇水形成氢键后有一定黏性，较易成膜，作为膜材应用较广。用于制剂中能够增强大分子如蛋白质、淀粉粒子的黏结力，使之相互结合，再渗透至网状结构中，形成稳定的胶体，并具有较好的生物黏附性。这种黏附性可被用来制备多肽及蛋白质的口服或黏膜制剂，促进蛋白质类等药物的黏膜组织吸收。如用聚丙烯酸与聚乙烯醇及 β-环糊精配合吸附喹诺酮类抗生素[32]、聚丙烯酸与聚乙烯醇形成复合纳米纤维膜吸附水分[33]，以及聚乙烯醇与聚丙烯酸配合制备抗菌膜[34]。PAA 也可与其他水溶性聚合物如聚乙烯吡咯烷酮[35]、聚乙二醇等共混制备巴布膏剂的压敏胶，具有较好的皮肤黏结性和良好的生物相容性。

此外，PAA 与其他聚合物形成的接枝或嵌段共聚物凝胶也用于药物的控制释放，如聚苯乙烯-PAA 嵌段共聚物纳米粒、PAA 接枝的聚偏二氟乙烯膜等，但此类仅限于药用新材料前期性质研究。

二、交联聚丙烯酸钠

交联聚丙烯酸钠（cross-linked sodium polyacrylate）[36]为白色或微黄色的颗粒状粉末。目前，中国生产的药用交联聚丙烯酸钠有 SDL-400 等品种，是以丙烯酸钠为单体，在水溶性氧化还原引发剂和交联剂存在下经沉淀聚合形成的水不溶性聚合物。交联聚丙烯酸钠是一种高吸水性树脂材料[37]，在水中不溶，但能溶胀，能迅速吸收自身重数百倍的水分，如表观密度 0.6～0.8g/cm^3、粒径 38～200μm 的 SDL-400 在 90s 内吸水量为自重的 300～800 倍。交联聚丙烯酸钠的吸水性依赖于亲水性极强的羧酸基团可吸引与之配对的可动离子和水分子，产生很高的渗透压，结构内外渗透压差和聚电解质对水的亲和力，促使大量水迅速进入树脂内，易形成凝胶。

交联聚丙烯酸钠具有保湿、增稠、皮肤浸润、胶凝等作用，其药学应用主要是作为外用软膏或乳膏的水性基质，也是贴剂、巴布剂等剂型基质的主要材料。此外，交联聚丙烯酸钠还大量用作医用尿布、吸血巾、妇女卫生巾等一次性复合卫生材料的主要填充剂或添加剂，如聚丙烯酸钠常作为外用药复方凝胶贴剂基质[38]，有人利用聚丙烯酸钠的无刺激性、含水量高特点将中药三七总皂苷与烟酰胺单核苷酸配合制备抑制血小板聚集的复方制剂，可外用降低血脂[39]。

三、卡波姆

（一）来源

卡波姆（carbomer）最早由美国 Goodrich 化学公司生产，商品名是卡波普（Carbopol），常用药用辅料型号有卡波普 940、卡波普 934、卡波普 941 等，分子量分别为 4×10^6、3×10^6、1×10^6。目前《中国药典》（2025 年版）收载品种有卡波姆共聚物、卡波姆均聚物及卡波姆间聚物，均是以非苯溶剂为聚合溶剂的丙烯酸键合物。

（二）结构

卡波姆结构见图 4-6。

卡波姆结构中具有丙烯酸与烯丙基蔗糖基团。

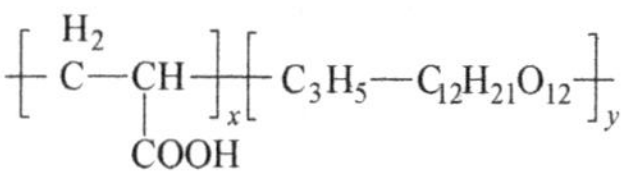

图 4-6 卡波姆结构

（三）性质

卡波姆性质见表 4-5。

表 4-5 卡波姆性质[2]

卡波姆	来源	性状	羧基（—COOH）含量	溶解性	用途
卡波姆共聚物	丙烯酸键合烯丙基蔗糖或季戊四醇烯丙醚的高分子聚合物	白色疏松粉末；有特征性微臭	52.0%～62.0%	水中溶胀	药用辅料，软膏基质和释放调节剂等
卡波姆均聚物	丙烯酸键合烯丙基蔗糖或季戊四醇烯丙醚的高分子聚合物	白色疏松粉末；有特征性微臭	56.0%～68.0%	水中溶胀	药用辅料，软膏基质和释放调节剂等
卡波姆间聚物	聚乙二醇和长链烷基酸酯嵌段共聚物的卡波姆均聚物或共聚物	白色疏松粉末；有特征性微臭	52.0%～62.0%	水中溶胀	药用辅料，软膏基质和释放调节剂等

由表 4-5 可看出，卡波姆均易溶胀于水，药用级卡波姆产品按黏度大小分为三级，分别对应 940、934、941，表 4-5 右侧用途一栏为《中国药典》（2025 年版）所列。

（四）药学应用

卡波姆作为药用辅料，毒性很低，如卡波姆934P大鼠口服LD_{50}为2.5g/kg，卡波姆910大鼠口服LD_{50}为10.25g/kg，对皮肤无刺激性，但残存溶剂对人体有害，只有标“P”的产品才能用于口服及黏膜用制剂，如卡波姆974P、为交联聚丙烯酸树脂，也称聚羧乙烯974P、聚丙烯酸974P，可用于制备微丸[40]。其药学应用主要包括以下几方面：

1. 外用制剂基质

卡波姆是一种吸湿性强、微有特异臭味的白色粉末，通常含水量可高达2%，与聚丙烯酸水凝胶有着相似的理化性质，可分散于水中迅速溶胀，但不溶解，表现出很低的黏性，其1%水分散液的pH2.5～3.0，呈弱酸性。当卡波姆水分散液被碱中和时，沿着聚合物主链产生负电荷，同性电荷之间的排斥作用使分子链伸展，在水、醇和甘油中逐渐溶解，黏度很快增大，分子体积增加1000倍以上，低浓度时形成澄明溶液，在浓度较大时形成具有一定强度和弹性的半透明状凝胶，使其成为半固体制剂药用基质的首选辅料之一。

可利用氢键结合作用实现卡波姆的溶胀与凝胶化，用有5个或5个以上乙氧基的非离子型表面活性剂与其形成氢键，使卡波姆卷曲的分子张开而增稠，进而形成凝胶，该凝胶体系呈酸性，特别有利于对碱敏感的药物。高分子量的卡波姆主要用作软膏、洗剂、乳膏剂、栓剂或亲水性凝胶剂基质（常用量0.5%～3%），具有优良的流变性质与增湿、润滑能力，涂于皮肤表面具有特别的细腻滑爽感，在皮肤上铺展性良好。如卡波姆与碱性药物形成内盐并形成可溶性凝胶，具有缓释、控释作用，适合制备缓释液体制剂，如滴眼剂[41]、滴鼻剂[42, 43]等。

2. 黏合剂及包衣材料

卡波姆具有较好的黏滞性，可用作生物黏附制剂的黏合剂[44]，并具有控制释放作用，常用量为0.2%～10.0%。其具有成膜性[45]，且可与碱性药物生成内盐，可用作片剂、丸剂、胶囊剂的包衣材料及涂膜剂、膜剂的成膜材料，具有膜层坚固、细腻和滑润感好等特点。

3. 乳化剂、增稠剂和助悬剂

卡波姆具有交联的网状结构，中等分子量的卡波姆特别适合用作助悬剂（常用量0.5%～1%）及辅助乳化剂（0.1%～0.5%），如0.4%的卡波姆940的助悬效果与2.3%CMC或6.0%黄原胶相当；低分子量的卡波姆具有辅助乳化作用，可用于内服或外用液体制剂的增黏及混悬剂的制备[46-48]。

4. 缓释控释材料

卡波姆在水中能形成凝胶并溶胀，用于制备亲水性凝胶骨架型控释制剂，其机理在于pH可影响卡波姆骨架的松弛与膨胀，使其具有缓释作用，同时当卡波姆完全水化时，其内部的渗透压使结构破裂降低了凝胶密度，但仍能保持骨架的完整性，药物通过凝胶层以均匀的速率向外扩散，释药呈零级或近于零级动力学趋势。卡波姆在用量较小时还具有阻滞剂的功能。值得注意的是以卡波姆为骨架材料、阻滞剂或黏合剂的缓释、控释制剂，贮存一段时间后可能发生延缓释药的变化，如帕利哌酮渗透泵片、西罗莫司凝胶（卡波姆980NF）、辛伐他汀缓释片、山楂叶总黄酮缓释固体分散体（卡波姆940P）及盐酸普拉克索缓释片（卡波姆均聚物B型）[49-52]等制剂的制备，均利用卡波姆的亲水阻滞作用形成具有缓释作用的制剂，且后期释放缓释速度减缓。

四、聚丙烯酸树脂

聚丙烯酸树脂[53]是由甲基丙烯酸、甲基丙烯酸酯等单体以不同比例共聚而成的一大类聚合物，可分为甲基丙烯酸共聚物（methacrylic acid copolymer）（包括聚丙烯酸树脂Ⅰ、Ⅱ、Ⅲ）和甲基丙烯酸酯共聚物（polymethacrylate copolymer）（包括丙烯酸树脂胶乳液、胃溶型Ⅳ号丙烯酸树脂、高渗透型丙烯酸树脂及低渗透型丙烯酸树脂）两大类，一般称为丙烯酸树脂类聚合物。《中国药典》（2025 年版）收载的此类产品有聚丙烯酸树脂Ⅱ、Ⅲ和Ⅳ。该类树脂具有安全、稳定、惰性以及无刺激等优点，其共聚成分及比例的不同导致在模拟胃液、肠液中具有不同的溶解特性，进而在药物制剂中广泛应用。

（一）结构

聚丙烯酸树脂为甲基丙烯酸共聚物及甲基丙烯酸酯共聚物，结构见图 4-7。

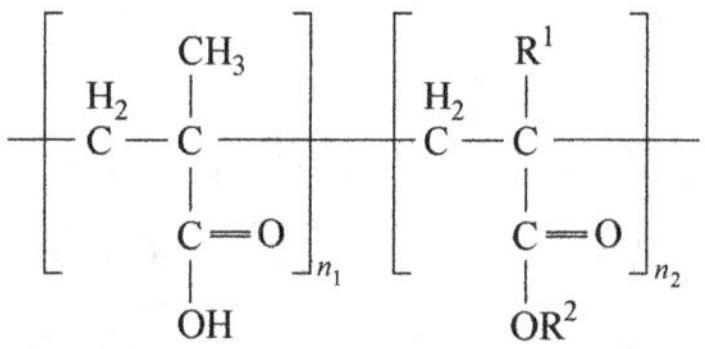

图 4-7　聚丙烯酸树脂结构式

（二）性质

1. 溶解性

聚丙烯酸树脂成分复杂，含有不同单体成分比例，其性质见表 4-6。

表 4-6　药用聚丙烯酸树脂性质[2]

聚丙烯酸树脂型号	甲基丙烯酸：甲基丙烯酸甲酯	Rohm 药厂（德国）商品名	性状	羧基含量	溶解性
聚丙烯酸树脂Ⅱ	1∶1	Eudragit L100	白色疏松粉末；有特征性微臭	52.0%～62.0%	水中溶胀 pH4.0～6.0 大于 5.5
聚丙烯酸树脂Ⅲ	35∶65	Eudragit S100	白色疏松粉末；有特征性微臭	56.0%～68.0%	水中溶胀 pH4.0～6.0 大于 6.0 酸值①210～240
聚丙烯酸树脂Ⅳ	甲基丙烯酸、甲基丙烯酸甲酯、甲基丙烯酸丁酯共聚物	Eudragit E100	白色疏松粉末；有特征性微臭	52.0%～62.0%	不溶，水中膨胀 碱值②162.0～198.0

①②：参见《中国药典》（2025 年版）四部通则 0713。

2. 安全性

聚丙烯酸树脂是一类安全、无毒的药用高分子材料，动物口服半数致死量高（大鼠、家兔和狗），慢性毒性试验未发现组织及器官的毒性反应，但制备聚丙烯酸树脂的部分单体，如甲基丙烯酸甲酯、甲基丙烯酸、丙烯酸乙酯和甲基丙烯酸二甲氨基乙酯等，可能具有一定毒性且口服容易吸收，其含量一般控制在0.1%以下，最多不得超过0.3%，在药物制剂制备应用时需要注意残留单体的结构与含量。

3. 成膜性

聚丙烯酸树脂具有甲基丙烯酸（酯）的长碳柔性链结构，结构中又存在亲水性羧基和疏水性酯侧基，因此聚丙烯酸树脂类高分子都有较好的柔性，具有成膜的可行性，成膜性质主要体现在其玻璃化转变温度（T_g）上。

① 玻璃化转变温度较低的丙烯酸树脂，其丙烯酸酯结构单元的 C—C 单键的内旋转较容易，而且随着酯侧基碳链的增长，内旋转更加容易，所形成的共聚物玻璃化转变温度降低，此时的羧基和酯侧基活动自如，在 pH 较低的情况下具有一定的渗透溶解性，改动了膜的性能，形成胃溶型丙烯酸树脂膜。

② 玻璃化转变温度较高的丙烯酸树脂，甲基丙烯酸及其甲酯结构单元上的 α-位上的甲基及刚性的甲酯基团可使 C—C 单键的内旋转受阻，分子链段运动困难，柔性减弱，导致所形成的共聚物玻璃化转变温度升高而使得羧基和酯侧基活动受阻，当 pH 升高，其活动性增强，形成肠溶型丙烯酸树脂膜。

（三）药学应用

《中国药典》收载聚丙烯酸树脂的主要应用是作为包衣材料。丙烯酸树脂溶于甲醇、乙醇、异丙醇、丙酮和氯仿等具有一定极性的溶剂，在水中的溶解性及渗透性取决于树脂结构中的侧链基团和水溶液 pH 值。其可分为胃溶型和肠溶型薄膜包衣材料两类。

1. 胃溶型薄膜包衣材料

胃溶型的薄膜衣材料是指在胃环境条件下，包衣材料能够溶解、溶蚀的高分子聚合物，一般用聚丙烯酸树脂Ⅱ、Ⅳ作为比较理想的胃溶型包衣材料。如有人以心可舒片为药物样本，以胃溶型聚丙烯酸树脂Ⅳ为薄膜衣材料制得的包衣片剂在抗湿、抗热、抗磨损等方面均有所改善[54]。

2. 肠溶型薄膜包衣材料

聚丙烯酸树脂的分子量大，即使在胃液酸性条件下也缓慢溶解，因此，聚丙烯酸树脂作为口服制剂膜材时，在胃内停留时间短，大多数作为肠溶膜材[55]，特别是甲基丙烯酸比例减小的聚丙烯酸树脂Ⅱ、Ⅲ，通常用于包衣易受胃酸破坏或对胃刺激性大的药物。这些药物经过聚丙烯酸树脂膜的包衣，具有了防潮、避光和提高药物稳定性的优点。如有人将交联聚丙烯酸树脂Ⅱ、Ⅲ复配使用时，得到复配样品可在 pH6.0～7.4 环境中溶蚀溶解的结论[56]。

聚丙烯酸树脂的包衣膜应用见表 4-7。

丙烯酸树脂分子中羧基比例越大，溶解溶胀时的 pH 值越高。这是因为作为阴离子聚合物，结构中的羧酸基团在酸性环境下不发生解离，大分子保持卷曲状态，当溶液 pH 值升高时，羧酸基团解离，卷曲分子伸展而发生溶剂化。

表 4-7　聚丙烯酸树脂包衣膜的应用

丙烯酸树脂	溶解作用基团	水溶性	用途	备注
肠溶性Ⅰ号树脂水分散体 Eudragit $L_{90}D$-55	—COOH	＞5.5	缓释膜	胃液中缓慢溶解
肠溶性Ⅱ号树脂（Eudragit L100）	—COOH	＞6.0	肠溶衣	
胃溶型树脂水分散体（Eudragit NE300）	—	水中不溶，可膨胀	缓释膜，片剂骨架	
胃溶树脂（Eudragit E10D）	$—C_2H_5N(CH_3)_2$	1.2～5.0	薄衣膜	
渗透型树脂（包括所有渗透型 Eudragit 树脂及分散体）	—	不溶	缓释膜	

五、聚丙烯酸树脂衍生物

聚丙烯酸树脂的衍生物有聚甲丙烯酸铵酯Ⅰ、聚甲丙烯酸铵酯Ⅱ及丙烯酸乙酯-甲基丙烯酸甲酯共聚物，此三种衍生物均为甲基丙烯酸甲酯、丙烯酸乙酯与甲基丙烯酸氯化三甲氨基乙酯以不同比例共聚而成，均为《中国药典》收载，在药学上均作为药用包衣材料和阻滞剂使用，其中丙烯酸乙酯-甲基丙烯酸甲酯共聚物平均分子量约为 800000，30%水分散体作为药用辅料应用。但目前该类化合物应用研究较少，仅有原料的合成、质量检测及修订的质量标准[57-59]等参考资料。

第三节　聚乙烯醇类药用高分子

聚乙烯醇类药用高分子材料包括聚乙烯醇、聚乙烯醇衍生物及聚乙烯吡咯烷酮类化合物。

一、聚乙烯醇

（一）来源

聚乙烯醇（polyvinyl alcohol，PVA）[1]由聚乙酸乙烯酯的甲醇溶液加碱液醇解而成。

（二）结构

聚乙烯醇分子式为$(CH_2CHOH)_n$，但聚乙二醇通常为聚乙酸乙烯酯的甲醇溶液中加碱液进行醇解反应制得品，分子式以$(CH_2CHOH)_n(CH_2CHOCOCH_3)_m$表示，聚乙烯醇平均分子量为 20000～220000，pH 值为 4.5～6.5，结构式见图 4-8。

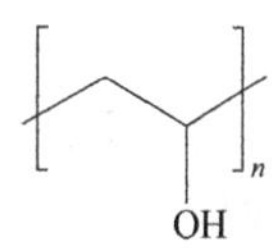

图 4-8　聚乙烯醇结构式

（三）性质

聚乙烯醇为白色片状、絮状或粉末状固体，无味，溶于水（95℃以上），微溶于二甲基亚砜，不溶于植物油、丙酮、醋酸乙酯、乙二醇等有机溶剂。聚乙烯醇在酯、醚、烃及高级醇中微溶或不溶，但醇解度低的产品在有机溶剂中的溶解度增加，在一些低级醇和多元醇中加热能够溶解。例如，在 120～150℃溶于甘油，但冷后即成冻胶，这类溶剂包括乙二醇、三乙醇胺、二甲基亚砜和低分子量聚乙二醇等。

（四）药学应用

医药级聚乙烯醇是一种安全的高分子有机物，口服聚乙烯醇在胃肠道吸收甚少，长期口服未见肝、肾损害，大鼠口服 LD_{50} 大于 20g/kg，对人体皮肤无刺激性，具有良好的生物相容性，美国 FDA 已允许将其作为口服片剂、局部用制剂、经皮给药制剂及阴道制剂等的辅料使用，2005 年起被我国药典收载。

1. 成膜材料

聚乙烯醇在化学结构上为交替相隔碳原子上带有羟基的多元醇（见图 4-8），具有柔性链，当醇解度为 80%以下时，PVA 的水溶液在低温时是透明的，将 10%～30%聚乙烯醇水溶液涂布在光洁平板上，待水分蒸发后能形成优良力学性能的无色透明薄膜，加入甘油、多元醇等增塑剂可进一步改善膜的柔性、韧性及保湿率。PVA 膜有良好的耐油性、稳定性，具有适宜的吸湿性和透湿性，但对气体如氧、氮、CO_2 的透过率极低。

目前，以 PVA 为成膜材料的制剂研发日益增多，如用于治疗口腔溃疡的茶多酚喷膜剂，即以 PVA 为主要膜材，产品黏度适宜，成膜性能好，药物含量稳定，给药方便，可在口腔溃疡处持续释药[36]。以 PVA、聚乙烯基吡咯烷酮（PVP）和甘油配合制备葛根提取物经皮给药制剂[60]，研究表明，增大 PVA 的浓度可增加药物的透皮吸收量，原理在于聚乙烯醇用于经皮吸收给药系统时，药物易于从基质中渗出并与皮肤或病灶紧密接触，同时水凝胶基质可增加皮肤角质层的水合程度，可进一步促进药物的皮肤渗透，提高疗效。以 PVA 为凝胶基质的透皮系统已广泛应用于多种性质的药物，如硝酸甘油、东莨菪碱、可乐定等。

2. 眼科药用辅料

聚乙烯醇对眼、皮肤无毒、无刺激，是一种为数不多的安全性高的眼用辅料。利用聚乙烯醇的水溶胀性形成的水性凝胶具有温敏性，聚乙烯醇水溶液与大多数聚合物溶液一样为非牛顿流体，黏度随聚乙烯醇浓度增加而急剧上升，而温度升高则黏度下降，这有利于产品的运输、储存与使用。同时，眼用制剂跟其他黏膜制剂不同点在于制剂需要配成等渗溶液，当聚乙烯醇溶液黏度随温度的升高而发生变化时，渗透压也随之改变，因此在其制备的各种眼用制剂（如滴眼液、人工泪液及隐形眼镜保养液等）中，要求 PVA 的含量应在一定范围内，以保持对其渗透压的稳定，一般眼用制剂中聚乙烯醇用量为 0.25%～3.0%[61]，既能起润滑剂和保护剂作用，又具有一定黏度，显著延长药物与眼组织的接触时间。目前最常用的是聚乙烯醇滴眼液，可与玻璃酸钠等滴眼液共同治疗干眼症。还有人以聚乙烯醇为基质，甲磺酸帕珠沙星为主药制备眼用凝胶制剂，该制剂为淡黄色均匀剔透凝胶，且药物释放及质量检测中的含量测定均不受聚乙烯醇的影响[62]。

眼用制剂在眼膜停留时间与其黏度有关，当聚乙烯醇溶液浓度＜0.5%、剪切速率＜$400s^{-1}$ 时，聚乙烯醇的特性黏数 $[\eta]$ 与其分子量（$\bar{M}$）的关系为：

$$[\eta]_{30℃}=6.67\times10^{-4}\times\bar{M}^{0.46} \tag{4-1}$$

眼用制剂的黏度为 4.0～5.0Pa・s，黏度的测定根据不同的黏度测定仪而采用不同的方法进行。

3. 药用助悬剂及分散剂

聚乙烯醇结构中含有多个羟基及疏水性酯基，其水溶液具有一定的表面活性，能起到助悬及药物分散的作用，是较理想的助悬剂及增稠、增黏剂。在聚乙烯醇作为助悬剂及分散剂形成滴眼液、人工泪液及隐形眼镜护理液过程中，其浓度为0.25%～3%，具有润滑剂和保护剂作用，可显著延长药物与眼组织的接触时间[63]。

4. 凝胶基质

聚乙烯醇形成凝胶的方法有物理冷冻处理法及化学交联法，作为药用凝胶基质，以形成物理交联的不溶聚乙烯醇凝胶为佳。

（1）物理冷冻处理法　聚乙烯醇凝胶的物理冷冻处理法又分为冷冻处理法、反复冷冻解冻法（冻-融技术）及冻结低温结晶法。冷冻处理法是将聚乙烯醇水溶液于-5℃以下冷冻（冻结），再放在室温干燥或进行真空干燥；反复冷冻解冻法（冻-融技术）是将聚乙烯醇水溶液在-20℃以下冻结，然后在室温下融化，反复多次冻结、融化，即得；冻结低温结晶法为聚乙烯醇水溶液冻结后，置于0～10℃条件下10h以上，低温结晶。

冷冻处理法的优点在于所得聚乙烯醇凝胶有多孔状结构，并随溶液浓度增加，微孔孔径减小，不同的冻融过程和条件得到不同结晶程度和不同孔隙大小的凝胶。冻-融循环次数越多，凝胶结晶程度越大，在水中的溶胀度就越低，凝胶强度越高。可以调节冷冻条件得到不同凝胶强度的物理交联凝胶，性质稳定，工业化操作简便可行。

凝胶强度不同会导致凝胶力学性能的改变，例如将聚乙烯醇与黄原胶、正二十烷联合用冻融法制备的水凝胶，比单一水凝胶的拉伸强度高，并表现出良好的环境稳定性及生物相容性[64]。

另外，水凝胶的膨胀依赖于聚乙烯醇浓度，浓度最高时的水凝胶膨胀和释放速度较慢，具有良好的缓释药物传递作用。如Oun[65]等将抗癌药物顺铂包裹在冷冻法制备的明胶及聚乙烯醇（PVA）基水凝胶中，体外细胞毒性的检测结果显示所制备的PVA基水凝胶具有缓释性能及可靠的生物相容性。

（2）化学交联法　聚乙烯醇分子表面有多个羟基，分子中间有醚键，能够发生羟基的化学反应，如遇环氧乙烷、丙烯腈、各种饱和醛或不饱和醛时，易发生醚化、酯化和缩醛化等化学反应，大多生成不溶性交联聚合物，呈凝胶状态。

化学交联的聚乙烯醇凝胶，所用的交联剂有戊二醛、乙醛、甲醛等，在硫酸、乙酸、甲醇等中进行交联反应时，易残留交联剂，如果化学交联形成的化合物带有生理及（或）药理作用不能确定的成分，如小分子单体等，将不能作为药用辅料使用。因此，对于化学交联形成的聚乙烯醇凝胶，仅有部分产品可用。如利用硼砂反应法制备凝胶，即在聚乙烯醇水溶液（5%）中加入硼砂、硼酸，当硼砂达到溶液质量的1%时，就会生成不可逆的凝胶；而制备临床可安全使用凝胶的常规方法是将已确认生理及（或）药理作用的药用高分子材料与聚乙烯醇共混，交联后得到具有期望性质的产品，如聚乙烯吡咯烷酮与PVA共混，采用戊二醛进行交联，形成轻度交联的网络结构，这种水凝胶因有网络结构，具有一定的缓释作用，又具有一定的润湿性，对皮肤、组织有良好的生物医学性能。

值得注意的是，当采用化学交联法制备的水凝胶是主要的药用基质时，如果交联中所用到的化学试剂以及副产物难以去除，那这些杂质必须经过药理、致癌、致畸等检验，符合国家药监局规定的药用辅料要求后方可应用于药物制剂中。

5. 口服制剂辅料

聚乙烯醇作为微球口服制剂的辅料[66]应用研究较多，如栓塞微球、靶向微球、光热响应微球等，但在大多数微球的制备中，采用化学交联方式制备的聚乙烯醇分子量的不同会引起不同的生理反应。例如，分子量超过 1×10^4 时，会引起血管球性肾炎；超过 2×10^4 时，难以从机体排出，会积聚于肾、脾，并难以降解。

聚乙烯醇与大多数无机碱或盐有配伍禁忌，低浓度氢氧化钠、碳酸钙、硫酸钠和硫酸钾等会使聚乙烯醇从溶液中析出，但聚乙烯醇可与大多数无机酸混合无沉淀，制剂生产时需注意。各种盐使聚乙烯醇析出的能力依次为

阴离子　　$SO_4^{2-}>CO_3^{2-}>PO_4^{3-}>Cl^-$，$NO_3^-$

阳离子　　$K^->Na^+>NH_4^+\geqslant Li^+$

6. 干细胞培养液

研究发现，聚乙烯醇（PVA）可以作为造血干细胞的培养液[67]，有人对人和小鼠造血干细胞在含有 PVA 的培养基的增殖频率进行了研究，发现在含有 PVA 的培养基中培养的小鼠造血干细胞能有效扩增，虽然人类造血干细胞在 PVA 培养基中的行为尚未完全阐明，但使用 PVA 培养系统可以在体外维持人类造血干细胞正常水平，为未来优化人类造血干细胞的扩增提供了新的方法，并充分说明了聚乙烯醇溶液的安全性与生物相容性。

二、聚乙烯醇衍生物

聚乙烯醇衍生物主要指聚乙烯醇钛酸酯（PVAP），是通过 PVA 与醋酸和酞酸酐反应制得，目前国外已有商品出售，《美国国家处方集》规定酞酰基总含量为 55%～62%。聚乙烯醇钛酸酯溶于甲醇、二氯甲烷、乙醇等溶剂，其水分散体的国外商品名 Sureteric，可用于水性喷雾包衣。聚乙烯醇衍生物形成的改性亲水凝胶，可用于药物的控制释放，如采用淀粉与 PVA 的水溶液体系经辐射交联制得的水凝胶为基质用于药物控制释放的相关研究[68]；还有在 PVA、羧甲基纤维素、丙烯酰胺和双丙烯酰胺的混合水溶液中，加入过硫酸铵引发聚合，制备聚丙烯酰胺交联接枝的 PVA 和羧甲基纤维素混合凝胶，该凝胶对包埋在凝胶网络内的药物有较好的控制释放作用。

三、聚乙烯吡咯烷酮类

（一）来源

聚乙烯吡咯烷酮（polyvinyl pyrrolidone，PVP），简称聚维酮，是一种非离子型高分子化合物。以吡咯烷酮和乙炔在加压下生成乙烯基吡咯烷酮单体，在催化剂作用下聚合得到的 1-乙烯基-2-吡咯烷酮均聚物，属于 *N*-乙烯基酰胺类聚合物。

聚乙烯吡咯烷酮已发展成为非离子、阳离子、阴离子三大类，有工业级、医药级、食品级三种规格，包含分子量从数千至一百万以上的均聚物、共聚物和交联聚合物系列产品，并以其优异独特的性能获得广泛应用。

聚乙烯吡咯烷酮（PVP）按其平均分子量大小分为四级，习惯上常以 *K* 值表示，不同的 *K* 值代表相应的 PVP 平均分子量范围（*K* 值实际上是与 PVP 水溶液的相对黏度有关的特征值，而黏度又是与高聚物分子量有关的物理量，因此可以用 *K* 值来表征 PVP 的平均分子量）。通常 *K*

值越大，其黏度越大，黏结性越强，常用的药用 PVP 有 PVP-K30、PVP-K45、PVP-K90 等，其中 PVP-K30 已被《中国药典》收载，其平均分子量为 3.8×10^4，分子式为$(C_6H_9NO)_n$。

（二）结构

医药用聚乙烯吡咯烷酮为乙烯基吡咯烷酮的交联均聚物，具有与多种物质络合的能力。其结构见图 4-9。

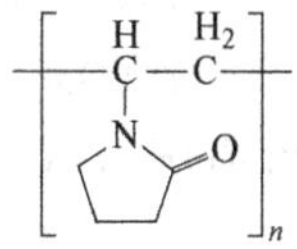

图 4-9　聚乙烯吡咯烷酮结构

（三）性质

聚乙烯吡咯烷酮是易流动白色或近乎白色的粉末，有微臭，密度为 $1.144g/cm^3$，平均分子量范围较宽，约为 8000～700000（$PVP\text{-}K_{30}$ 为液体，$PVP\text{-}K_{90}$ 为固体），常温常压下性质稳定，具有较强的亲水性，极易溶于水及含卤代烃类溶剂、醇类、胺类、硝基烷烃及低分子脂肪酸等，不溶于丙酮、乙醚、松节油、脂肪烃和脂环烃等少数溶剂。

（四）药学应用

医药用 PVP 为国际倡导使用的三大药用新辅料之一，其分子结构中含有的内酰胺基团，具有类似于简单蛋白质模型结构，其水溶性、对某些小分子的配合能力以及能够被某些蛋白质的沉淀剂硫酸铵、三氯乙酸、单宁和酚类沉淀等特性也与蛋白质相似。因此，PVP 既具有水溶性高分子化合物的一般性质、生理惰性（不参与人体新陈代谢），又具有优良的生物相容性，是对皮肤、黏膜、眼等没有任何刺激的一种合成水溶性高分子药物制剂辅料。

1. 黏合剂、助流剂

聚乙烯吡咯烷酮具有黏合、增稠、分散、成膜、络合等药剂学特性，可用作颗粒、片剂的黏结剂。如用 PVP-K30 溶液作黏合剂制备山楂精降脂分散片，用 20%～40%乙醇配制的 PVP-K30 溶液作为黏合剂时制备的片剂崩解迅速，吸收快[69]。有研究[70]在优化对乙酰氨基酚处方考察 PVP-K30 的用量对目标药物溶解度的影响时，显示 PVP-K30 可显著增大药物的溶解度，且可增强药物水溶液抗低温结晶的能力。

2. 助溶剂、分散剂

聚乙烯吡咯烷酮具有类似蛋白质的结构以及极易溶于水的性质，且其水溶液有一定黏性，在液体制剂的制备中可用作助溶剂、助悬剂和分散剂。如在液体制剂制备过程中，为使难溶性药物达到临床所需的有效浓度，通常加入第三种物质与难溶性药物形成可溶性络合物、复盐或分子缔合物，增加药物在溶剂中的溶解度，PVP 即为通常加入的“第三种物质”。如有人在利福平眼用制剂中使用 PVP 做助溶剂，取得了良好效果[71]；还有人研究了五种辅料（PVA、PVP、CMC-Na、MC 及 HPMC）对葛根素的助溶作用，发现五种常用的药用高分子聚合物中，PVP 对葛根素的助溶效果最佳[72]。

第四节　其他类药用高分子

其他类药用高分子是指没有固定的基础聚合单元的高分子，它们在药学领域也有广泛的应用，本节主要围绕二甲基硅油、有机硅及部分聚酯进行阐述。

一、二甲基硅油

（一）来源

二甲基硅油（dimethicone）是一系列不同黏度的低分子量聚二甲氧基硅氧烷的总称，也称二甲基硅油、甲基硅油、聚硅氧烷、二甲聚硅氧烷、硅油、有机硅油等。它是由八甲基环四硅氧烷与六甲基二硅氧烷在浓硫酸或四甲基氢氧化铵催化剂作用下反应得到的。

（二）结构

二甲基硅油的化学结构式见图 4-10。

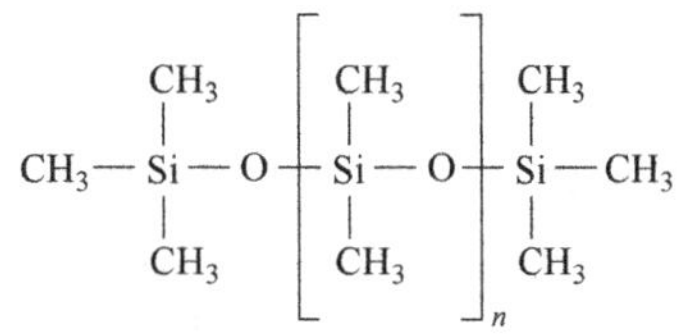

图 4-10　二甲基硅油结构

二甲基硅油是一种有机硅化合物。其分子结构中连续的硅氧键连接起来形成线性或者分支的聚硅氧烷链，这种结构赋予二甲基硅油高度的化学稳定性和热稳定性。除了硅氧键，二甲基硅油分子中通常还存在有机基团（$—CH_3$），它们连接到硅原子，使得二甲基硅油既具有有机物的特性，也具有无机物的特性。

（三）性质

二甲基硅油为透明无色、无味、无臭、无毒的油状液体。平均分子量 5000～100000。几乎不溶于水，与乙酸乙酯混溶，溶于苯、甲苯、二甲苯、乙醚，部分溶于乙醇、丁醇、丙酮，极微溶于或几乎不溶于无水乙醇，不溶于环己醇、甲醇、液体石蜡、植物油。二甲基硅油具有凝固点低、热稳定性好、耐高低温等特性，能在−50～180℃下长期使用，而在隔绝空气或在惰性气体中长期使用时，耐受温度可达 200℃。另外，二甲基硅油的表面张力很小，不易燃，具有优异的憎水防潮性，良好的透光性和化学稳定性，同时还具有良好的生理惰性。

由于分子量分布不同，二甲基硅油的运动黏度由 1.0×10^{-6}～$100000\times10^{-6}m^2/s$ 不等。

（四）药学应用

1. 高分子药物

二甲基硅油在药典中以高分子药物形式出现[73]时是作为消泡剂使用的。其分子主链外侧的非极性基团使外界环境中的水分子难以与亲水的硅原子接触，因此硅油的疏水性很强，表面张力小，能够有效地降低水-气界面张力，具有很好的消泡和润滑作用。如使用二甲基硅油气雾剂消除急性肺气肿时的深呼吸道及肺泡内泡沫，可改善因泡沫所致窒息及缺氧状态[74]，适用于改善各种原因引起的急性肺水肿。二甲基硅油片剂还有一定的泻肺平喘功效，适用于水饮停肺、肺失宣降所致的痰盛咳喘急症；二甲基硅油还可消除胃肠道中的泡沫，使被泡沫贮留的气体得以排出，从而使胃肠胀气得以缓解，用于机械性梗阻的各种胃肠胀气、急性肺水肿的急救和胃镜及胃部 X 射线的检查[75]。现代药物学易将其归为主要作用于消化系统的药及防治放射病的药。

2. 药用辅料

二甲基硅油作为药用辅料收载在《中国药典》（四部）中。二甲基硅油在生理活性上表现出极端惰性，口服不被胃肠道吸收，施用在皮肤上时有极好的润滑效果，无刺激性和致敏性，能防止水分蒸发以及药物的刺激[76]，因此常被用作半固体口服、外用制剂的润滑剂。但因二甲基硅油中可能存在残留未水解完全的氯硅烷，遇水可能会释出氯化氢而产生刺激，或者二甲基硅油在肌肉组织内不被吸收而可能导致颗粒性肉芽肿，故不宜用在注射剂中。

二、有机硅

（一）来源

药用高分子有机硅化合物主要包括两种。一种是生物活性有机硅[77]，是指含有 Si—C 键且至少有一个有机基团是直接与硅原子相连的化合物，也是线型聚有机硅氧烷，习惯上也常把那些通过氧、硫、氮等使有机基团与硅原子相连接的化合物当作有机硅化合物。另一种是指硅橡胶（silicone rubber）[78]，是以高分子量的线型聚有机硅氧烷为基础，由高纯度的二烃基二氯硅烷烃水解缩聚，添加某些特定组分制成具有一定强度和伸长率的橡胶态弹性体。用作医药材料的硅橡胶主要是已交联并呈体型结构的聚烃基硅氧烷橡胶，如有机硅树脂，分子量可高达 4.0×10^4～8.0×10^4。

（二）结构

有机硅氧烷的基本化学结构式见图 4-11。

$$\mathrm{Si}\left[\mathrm{OSi(CH_3)_2—CH_2CH_2SiR—O}\right]_4$$

图 4-11　有机硅氧烷结构

（三）性质

具有生物活性的有机硅因其他元素与硅的结合方式不同，性质也有一定差异，但硅橡胶性质稳定，具有优异的耐高低温、耐氧化特性，以及疏水性、柔软性和透过性，这些性能与主链的—O—Si—重复链段的分子结构、构型、构象以及有机侧链的数量和种类有密切联系，也与其分子量大小及分子量分布有关。

由于聚有机硅氧烷分子结构的对称性，硅橡胶分子主链呈螺旋状而使硅氧键的极性相互抵消，且其侧链一般均为非极性基团，所以分子间作用力很弱，玻璃化转变温度很低，具有良好的低温性能和柔软性。而且，在加入填充剂或硫化后，其玻璃化转变温度均不改变，这使之有别于天然橡胶和一般合成橡胶。硅橡胶与二甲基硅油一样，表现出极强的疏水性。

（四）药学应用

生物活性有机硅是人体必需的一种营养素，可作为细胞构建的支撑，主要表现在影响人的头发、皮肤、指甲的生长及牙齿保护上。以硅氧键（—Si—O—Si—）为骨架组成的聚硅氧烷即硅橡胶，兼具无机材料与有机材料的性能，具有表面张力低、气体渗透性高等基本性质，并具有耐高低温、耐氧化、耐腐蚀、无毒无味、电绝缘以及生理惰性等优异特性，广泛用于制备各种人造器官，如心脏瓣膜、膜型人工肺、人工关节等。

近年来，有机硅作为生命健康辅助剂发展势头迅猛。硅橡胶已用作宫内节育器、皮下埋植剂（国外已有商品 Norplant）以及经皮给药制剂的载体材料，控制孕酮、18-甲基炔诺酮、睾酮等甾体类药物的释放可长达一年，其释药速率取决于主链结构、侧链基团、交联度以及填料等多种因素。医疗器械行业中，有机硅主要用于制备管材和假肢[79]。美国 NuSil 公司是医疗器械行业有机硅的主要供应商，主要生产产品是硅橡胶填充乳房假体等。

三、聚酯类

聚酯类高分子主要有聚乙交酯（PGA）、聚酸酐、聚原酸酯、聚磷酸酯等。

（一）聚乙交酯

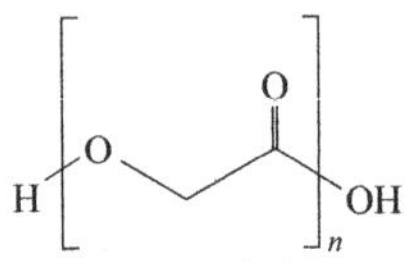

图 4-12　聚乙交酯结构

聚乙交酯（polyglycolic acid，PGA），又称聚羟基乙酸，由 α-羟基酸（乙醇酸）在一定条件下发生聚合反应生成。其结构式见图 4-12。

聚乙交酯是由乙交酯开环聚合制得，易发生水解，水解产物为乙醇酸（机体代谢的中间产物），因此聚乙交酯被认为是一种具有良好生物降解性和生物相容性的合成高分子材料，分子量在 10000 以上的称为高分子量聚乙交酯，适宜制备成可吸收缝合线，但用在骨折或其他内固定物方面，聚乙交酯平均分子量需要在 20000～145000。

与传统的性能稳定的高分子材料（如塑料、橡胶）相比，聚乙交酯在使用一定时间后能逐渐降解，并最终变成对人体、动植物和自然环境无害的水和二氧化碳。因此，在医药领域其主要用于医用缝合线、药物控释载体、骨折固定材料、组织工程支架[80-83]等。

（二）聚酸酐

聚酸酐（polyanhydride，简称聚酐）是一类新的可生物降解的高分子材料，是相应单体通过酸酐键相连的聚合物，结构式如图 4-13，分子中含有的酸酐键具有不稳定性，能水解成羧酸。

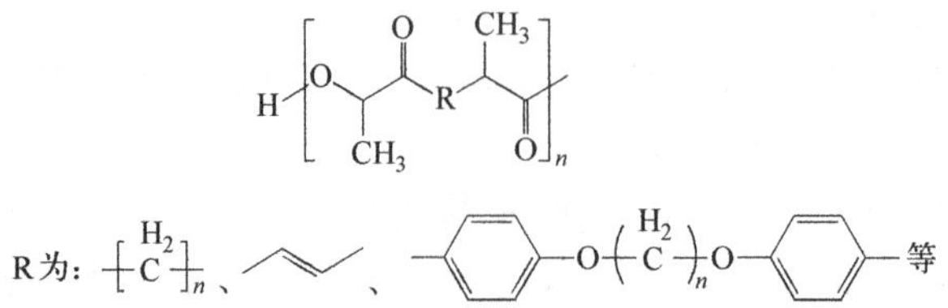

图 4-13　聚酸酐结构

根据结构中取代基 R 的不同，可将聚酸酐分为脂肪族聚酸酐、芳香族聚酸酐、聚酯酸酐、可交联聚酸酐等。目前已合成的聚酸酐种类很多，如脂肪族酸酐、芳香族聚酐、杂环类聚酐、可交联聚酸酐等，但是在药物制剂中研究应用较少，其中备受青睐并被美国 FDA 批准可置入人体的药物缓控释高分子材料是聚乳酸-羟基乙酸共聚物（PLGA）和聚[1,3-双（对羧基苯氧基）丙烷-癸二酸]（混聚酸酐 CPP：SA），这两类高分子材料均由疏水性不同的两类基团组成，针对不同性质的药物分子，可通过调节疏水性单体的含量控制其降解速率及药物释放速率。

聚酸酐的降解特征为表面溶蚀，这是生物可降解材料使药物接近零级释放的重要条件。聚酸酐作为骨架型控释材料，与一定剂量的药物混合后，依据药物和聚酸酐材料的性质，采用压模成型、熔融成型和溶剂浇注成型等不同的工艺进行药物制剂的制备。在剂型加工和存放过程中，药物和聚酸酐不发生化学反应，药物结构和活性均未发生变化，说明聚酸酐控释制剂具有良好的稳定性[84]。

（三）聚原酸酯

聚原酸酯[poly（ortho ester），POE]是一种人工合成的生物可降解高分子材料，是多元原酸或多元原酸酯与多元醇类在无水条件下缩合形成原酸酯而制得，为疏水型聚合物，不溶于水，在水溶液中也不发生溶胀，可溶于环己烷、四氢呋喃等有机溶剂。

聚原酸酯在生物体内的降解是由于水分渗入聚合物内，使POE 中酯键水解，从而引起表面降解及本体降解的发生，降解产物为水溶性小分子，可被有机体代谢。

聚原酸酯结构式见图 4-14。

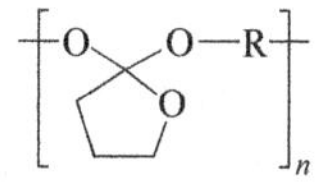

图 4-14 聚原酸酯结构

POE 具有毒性较低，但对人体局部有刺激的特点，主要用于注射剂，但并未载入《中国药典》。目前聚原酸酯的使用主要限于实验室研究，如塞来昔布纳米颗粒的制备[85]、多柔比星聚原酸酯纳米微球的制备[86]等，能提高药物药效并减轻毒副作用。

在药物制剂的应用中，聚原酸酯还可作为凝胶基质包载消炎药物和止血药物，贴在创口上，促进伤口的愈合；或者制成膜片，植入眼内，延长药物释放时间；也可以制成骨钉等短期体内植入物[87, 88]。

有人用 POE 制备了负载对硝基乙酰苯胺、5-FU 等药物的控释片剂，并进行了药效评价，结果表明控释片剂能显著延长癌症小鼠的存活期，并且没有毒性反应。还有人用超声乳化-溶剂挥发法制备了基于 POE 的载药微包囊与纳米包囊，用于对癌症器官的靶向治疗[89]。

（四）聚磷酸酯

聚磷酸酯（polyphosphoester）是把磷酸酯接到聚氨酯上，生成保持聚氨酯良好柔韧性、生物相容性的可降解材料，性质稳定，因此聚磷酸酯具有潜在的与血液直接接触的可行性。如近年来有研究者将 L-抗坏血酸[90]、喜树碱[91]等目标药物接到聚磷酸酯上，制备成既可保持聚氨酯固有力学性能又可释放药物的前药。

1. 抗坏血酸多聚磷酸酯

抗坏血酸多聚磷酸酯又称抗坏血酸三聚磷酸酯，是以 L-抗坏血酸为原料，三偏磷酸钠为磷酸化试剂，氯化钙为催化剂，在极性水溶液体系中发生酯化反应生成的产物。其结构式见图 4-15。

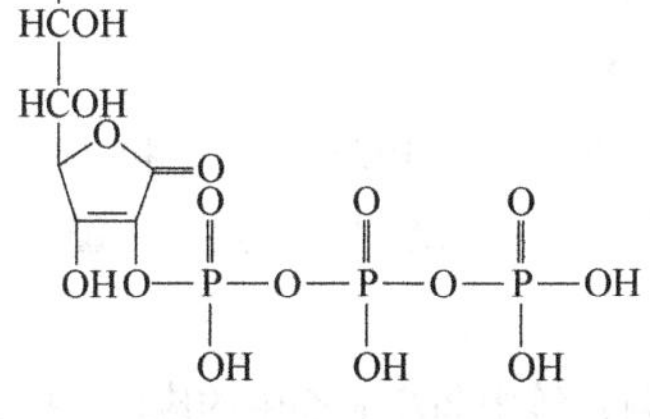

图 4-15 抗坏血酸多聚磷酸酯结构

在生理条件下，聚合物的磷酸酯键易断裂，将抗坏血酸释放出来，剩余的多聚磷酸酯经水解生成磷酸盐、氨、乙醇、二氧化碳。L-抗坏血酸是动物生长过程中必不可少的营养物质，但动物自身并不能合成，只能从食物中摄取，且 L-抗坏血酸具有独特的烯醇式结构，性质极不稳定，制备的抗坏血酸多聚磷酸酯解决了 L-抗坏血酸不稳定基团易被氧化的问题。

2. 喜树碱聚磷酸酯前药

聚磷酸酯前药的药物释放机理是药物在体内的脱落、扩散、溶胀及聚磷酸酯的降解，因此有人构建了一种载药量可控的还原响应聚磷酸酯前药，以二硫键连接抗肿瘤药物喜树碱为侧基的环状磷酸酯单体，然后在催化剂催化下，通过其与含乙基侧基的环状磷酸酯单体（EEP）的无规共聚，制备得到还原响应聚磷酸酯前药，实验结果表明，所设计合成的含长链烷侧基的环状磷酸酯的制剂在血液循环中具有相对稳定性，可通过增强渗透滞留效应在肿瘤部位富集[92]。

思考题

1. 合成药用高分子材料的“药学应用”体现了高分子的哪些性质？
2. 举例说明合成药用高分子的结构单元与单体对药物制剂的影响。

参考文献

［1］ 郑俊民. 药用高分子材料学［M］. 北京：中国医药科技出版社，2000.

［2］ 国家药典委员会. 中华人民共和国药典［M］. 2025年版. 四部. 北京：中国医药科技出版社，2025.

［3］ 马燕，张华. 聚乙二醇在药剂学中的应用［J］. 辽宁中医药大学学报，2013，15（10）：144-145.

［4］ 于文英. 环孢素滴眼液联合聚乙二醇滴眼液治疗干眼症患者的效果［J］. 中国民康医学，2023，35（09）：82-84.

［5］ 宋永熙，赵祎镭. 注射用添加剂引起药物不良事件原因与对策［J］. 中国药学杂志，2010，45（05）：396-398.

［6］ 杨丽娜，万志艳，陶颖，等. 复方葛根温敏凝胶的制备与体外评价研究［J］. 中南药学，2023，21（12）：3210-3218.

［7］ 胡柳芙. 高分子可溶微针负载阿托伐他汀钙胶束在高脂血症的应用［D］. 北京：北京化工大学，2023.

［8］ 国家市场监督管理总局，国家标准化管理委员会. 牙膏用保湿剂 甘油和聚乙二醇：GB/T 22114—2021［S］. 北京：中国标准出版社，2021.

［9］ 段薇薇. 大分子拥挤环境中对双链DNA和Aβ蛋白的单分子研究［D］. 西安：西北大学，2021.

［10］ 邢建霞，付渊. 双氯芬酸钠缓释微丸的制备［J］. 广州化工，2021，49（21）：55-56.

［11］ 张筱雨，陈宇，高莹，等. 用聚乙二醇-600（PEG-600）制作小鼠整体标本［J］. 中国兽医杂志，2016，52（04）：42-43.

［12］ 田伟，陈东波. 一种新的生物组织固定剂——聚乙二醇［J］. 临床与实验病理学杂志，1994，（03）：251-252.

［13］ Taché S，Parnaud G，Van Beek E，等.通过清除细胞抑制异常隐窝细胞灶的唯一缓泻剂：聚乙二醇［J］. 世界核心医学期刊文摘（胃肠病学分册），2006（11）：57.

［14］ 上海市外用避孕药膜三结合协作组. 外用避孕药膜［J］. 医学研究通讯，1975（07）：40-41.

［15］ 张祎，殷华，李月，等. 中药注射剂中增溶性辅料聚山梨酯80的安全性问题分析［J］. 中国实验方剂学杂志，2019，25（20）：160-165.

［16］ 吴仁荣. 辅料聚山梨酯80的安全性关键技术研究及在醒脑静注射液等中药注射剂中的应用［R］. 江苏省，南京威尔药业集团股份有限公司，2017-12-01.

［17］ 汤亚池.试用泊洛沙姆制备挥发油静脉乳剂［C］//中国中西医结合学会.全国中药研究与开发学术研讨会论文摘要集.昆明，2001：23.

［18］ 邓小丽，江敏，袁长胜，等. 松果菊苷鼻用温敏凝胶的制备及体外释放度研究［J］. 石河子大学学

报（自然科学版），2016，34（05）：599-604.

［19］ 章勇，闫秋丽，张发斌，等. 酮康唑结晶固体分散体的制备与增溶机制的初步研究［J］. 中国药学杂志，2023，58（13）：1196-1204.

［20］ 耿琴，束怡，丁明和，等. 吗啡缓控释液体栓的研制及体内外相关性［J］. 中国新药杂志，2012，21（02）：175-179.

［21］ 韩竹俊，张学娟，程锦. 赖氨酸布洛芬缓释液体栓的制备及体内外评价［J］. 中国药房，2017，28（10）：1389-1391.

［22］ 吕文莉，戎飞，平其能. 番茄红素-泊洛沙姆 188 固体分散体的制备及溶出度和生物利用度研究［J］. 中国药科大学学报，2009，40（06）：514-518.

［23］ 张凤玲，黄燕芬，易军. 川芎提取物等口服吸收促进剂对白芷在大鼠肠道吸收的作用［J］. 广东药学院学报，2015，31（03）：300-304.

［24］ 韩姣姣，曲秦，吕卓，等. 丹参素异丙酯经鼻吸收的影响因素［J］. 中成药，2015，37（01）：74-78.

［25］ 黄骞，张培雯，代晶，等. 星点设计-效应面法对左氧氟沙星泊洛沙姆 407/188 眼用凝胶的制备工艺优化［J］. 中国医药科学，2023，13（05）：94-98.

［26］ 冯天琪，王春丽，王思瑶，等. 壳聚糖/泊洛沙姆复合温敏水凝胶的制备［J］. 吉林农业大学学报，2021，43（06）：679-684.

［27］ 李进，候冰娜，韩超越，等. 可注射乙酰化乙二醇壳聚糖/泊洛沙姆复合水凝胶的制备及药物缓释研究［J］. 材料工程，2020，48（05）：83-90.

［28］ 美国 FDA 批准药物非活性成分数据库. ［2010-07-02］.

［29］ 谢军. 复方甘草黄酮乳膏的研制及其药效学研究［D］.济南：山东大学，2010.

［30］ 戴灵超，陶月红，张昭，等. 几种表面活性剂对两种作物安全性的初步研究［J］. 植物科学学报，2011，29（03）：392-397.

［31］ 陈李. 载茶多酚丝素蛋白/纤维素/聚丙烯酸复合水凝胶敷料的制备及性能研究［D］. 重庆：西南大学，2021.

［32］ 张宏宇. β-环糊精/聚乙烯醇/丙烯酸水凝胶对喹诺酮类抗生素的吸附性能及机制研究［D］. 长春：吉林农业大学，2022.

［33］ 孟维丹，赵景丽，王娇娜，等. PAA/PVA 复合纳米纤维膜的制备与吸湿性能研究［J］. 北京服装学院学报（自然科学版），2022，42（01）：8-14.

［34］ 胡郑. pH 响应查尔酮负载 PVA/PAA 功能薄膜的制备与性能［D］. 合肥：合肥工业大学，2021.

［35］ 黄胜，李翠珍. PVP/PAA 共混水凝胶的制备及性能研究［J］. 江西化工，2017，33（04）：74-79.

［36］ 姚日生. 药用高分子材料［M］. 2 版. 北京：化学工业出版社，2008.

［37］ 孙林. 聚丙烯酸高吸水树脂的制备工艺分析［J］. 中国石油和化工标准与质量，2022，42（08）：157-158.

［38］ 李莉，顾相帅，乔芳霞，等. 外用中药复方凝胶贴剂基质的优化［J］. 中国医药工业杂志，2023，54（04）：584-590.

［39］ 郝小惠. NMN-PNS 复合缓释制剂的制备与体外药效学考察［D］. 青岛：青岛科技大学，2023.

［40］ Valle B L，王盈. 挤出-滚圆工艺中 k-卡拉胶、壳聚糖和卡波姆 974P 在无微晶纤维素微丸中的应用［J］. 中国医药工业杂志，2016，47（10）：1256.

[41] 王娟，金书红. 卡波姆凝胶辅助重组人表皮生长因子滴眼液治疗白内障术后干眼症39例疗效分析［J］. 药品评价，2023，20（01）：102-105.
[42] 李彦娥，史永波，王梅云，等. 辅助交替应用复方妥布霉素眼膏与卡波姆滴眼液治疗鼻泪管阻塞临床效果［J］. 临床误诊误治，2016，29（S1）：84-86.
[43] 杨国萍. 芩蒿滴鼻液的制备及质量标准研究［D］. 乌鲁木齐：新疆医科大学，2013.
[44] 李玉先. 阿莫西林白芨胶生物粘附缓释胶囊的研制［D］. 重庆：重庆医科大学，2005.
[45] 李娜，于晓峰. 卡波姆的基础及药剂学上的应用［J］. 才智，2010（16）：297.
[46] 肖俊峰，唐石山. 复方炉甘石混悬剂的制备和质量控制方法［J］. 中国药业，2013，22（17）：45-47.
[47] 胡梦雅. 帕利哌酮水凝胶缓释片的制备研究［D］. 石家庄：河北科技大学，2022.
[48] 蔡蕙，孙晶晶，罗子健，等. 西罗莫司凝胶的制备与质量评价［J］. 广东化工，2023，50（14）：31-33.
[49] 姜帆，李鑫，张文君，等. 辛伐他汀缓释片的制备工艺研究［J］. 哈尔滨商业大学学报（自然科学版），2017，33（06）：647-650.
[50] 俞洁琼，张锴，留萍，等. 山楂叶总黄酮缓释胶囊的研制及释药机制考察［J］.中国新药杂志，2016，25（15）：1758-1764.
[51] 黄洋，臧萍，钟雪彬，等. 盐酸普拉克索缓释片工业化生产处方研究［J］. 山东化工，2021，50（08）：44-46.
[52] 王模强. 丙烯酸树脂在药物制剂中的应用［J］. 海峡药学，2009，21（09）：19-22.
[53] Khan M Z I，Prebeg Ž，Kurjaković N. A pH-dependent colon targeted oral drug delivery system using methacrylic acid copolymers I. Manipulation of drug release using Eudragit® L100-55 and Eudragit® S100 combinations［J］. Journal of Controlled Release，1999，58（2）：215-222.
[54] 罗春林. 布洛芬片胃溶型聚丙烯酸树脂乳胶液薄膜包衣的新工艺研究［J］. 江西中医学院学报，2001，13（01）：26-27.
[55] 唐延甜. 小分子药物结肠释放的体外动力学研究［D］. 青岛：青岛科技大学，2012.
[56] 黄丽，朱慧霞，王淮，等. 爆聚反应对聚甲丙烯酸铵酯I单体残留影响的研究［J］. 现代化工，2022，42（01）：184-188.
[57] 黄丽. 升温爆聚合成药用聚甲丙烯酸铵酯I的工艺研究［D］.合肥：合肥工业大学，2021.
[58] 章娟，丁怡，石颖，等. 药用辅料聚甲丙烯酸铵酯质量标准研究及修订［J］. 中国药品标准，2023，24（05）：542-546.
[59] 黄浩天，朱嘉贤，谭慧琳，等. 响应面优化复方茶多酚口腔溃疡喷膜剂制备处方［J］. 生物化工，2023，9（01）：35-42.
[60] 李鑫，武文强，赵金凤，等. 复方葛根透皮贴剂的制备工艺研究［J］. 黑龙江医药，2014，27（01）：123-126.
[61] 吴一峰，邓珍. 聚乙烯醇滴眼液联合玻璃酸钠滴眼液对干眼症患儿疗效及症状的影响［J］. 中国妇幼保健，2021，36（10）：2311-2313.
[62] 陈建华，李金伟，何西奎，等. 甲磺酸帕珠沙星眼用凝胶的制备及质量控制［J］. 中国药房，2008，19（19）：1490-1491.
[63] 孙莉，徐彦，吴谧. 混悬型滴眼液中助悬剂的应用［J］. 河北化工，2009，32（08）：24-26.

[64] 符浩. 聚乙烯醇/黄原胶相变水凝胶的制备及其温度响应性［D］. 杭州：浙江理工大学，2023.

[65] Oun R，Plumb J A，Wheate N J. A cisplatin slow-release hydrogel drug delivery system based on a formulation of the macrocycle cucurbit［7］ uril，gelatin and polyvinyl alcohol［J］. Journal of inorganic biochemistry，2014，134：100-105.

[66] Sun X Y，Dai H X，Guo P，et al. Biocompatibility of a new kind of polyvinyl alcohol embolic microspheres：*in vitro* and *in vivo* evaluation［J］. Molecular biotechnology，2019，61（8）：610-621.

[67] Sudo K，Yamazaki S，Wilkinson A C，et al. Polyvinyl alcohol hydrolysis rate and molecular weight influence human and murine HSC activity *ex vivo*［J］. Stem Cell Research，2021，56：102531.

[68] Guo B，Zha D D，Li B G，et al. Polyvinyl alcohol microspheres reinforced thermoplastic starch composites［J］. Materials，2018，11（4）：640.

[69] 何琳俐，王典瑜，陈艳锦，等. 山楂清脂分散片的工艺制备研究［J］. 海峡药学，2015，27（11）：16-18.

[70] 张宇，周素敏，李雪英，等. 二次回归正交组合设计优化对乙酰氨基酚糖浆处方［J］. 中国药业，2008，17（24）：40-41.

[71] 胡建平，窦金风，朱月华. 利福平眼药中助溶辅料的改进［J］. 江苏药学与临床研究，2001，9（01）：58-59.

[72] 吴正红，朱延勤，严汉英，等. 葛根素的溶解性及高分子聚合物助溶作用的研究［J］. 药学与临床研究，1999，7（01）：9-11.

[73] 国家药典委员会. 中华人民共和国药典［M］. 2025 年版. 二部. 北京：中国医药科技出版社，2025.

[74] 刘士锋，陈玉清，马洛平，等. 二甲基硅油消泡气雾剂治疗急性肺水肿临床 16 例次观察［J］. 新医学，1975，6（01）：39-41.

[75] 胡佩英. 电子探针观测二甲硅油影响肠溶片药物的释放［J］. 中国药学杂志，1997，32（08）：33.

[76] 刘文龙. 二甲硅油乳剂不同服用剂量对肠道祛泡效果及结肠镜清洗难度的影响［D］. 长春：吉林大学，2023.

[77] 童辉，于晓琳，刘芳，等. 含支化硅氧烷甲基丙烯酸酯牙科复合树脂的物理化学性能、双菌生物被膜抑制性以及与牙本质粘结性的研究［C］//中华口腔医学会. 2020 年中华口腔医学会口腔材料专业委员会第十五次全国口腔材料学术年会论文汇编. 武汉，2020：77-78.

[78] 张招贵，刘峰，余政. 有机硅化合物化学［M］. 北京：化学工业出版社，2010.

[79] 吴永芳，殷国前. 硅凝胶假体隆乳术后并发症的防治进展［J］. 中国医药指南，2018，16（18）：46-47.

[80] 方良华，姚星. 聚乙醇酸可吸收缝线在口腔颌面手术患者中的应用效果［J］. 医疗装备，2023，36（13）：78-80.

[81] 吴永恒，张孜君，黄岩，等. 携载 BMP-2 的 PLGA 缓释微球的制备及其成骨活性的研究［J］. 中国医药导报，2017，14（23）：25-28.

[82] 郑果，刘东，唐新，等. 聚乳酸-乙醇酸共聚物/羟基磷灰石可吸收空心螺钉治疗犬股骨外髁骨折的实验研究［J］. 中国修复重建外科杂志，2013，27（06）：680-685.

[83] 刘嗣聪，刘宏治，殷亚然. 生物可降解聚酯/生物陶瓷 3D 打印骨组织工程支架研究进展［J］. 复合材料学报，2024，41（04）：1672-1693.

[84] 宋芸，宋扬，张晶晶，等. 混聚酸酐 CPP：SA 在药物缓控释制剂领域的应用进展［C］//中国药学会. 2010

年中国药学大会暨第十届中国药师周论文集.天津，2010：5016-5021.

[85] 于洋，卢婷利，孙伟光，等. 聚酸酐用作生物大分子药物载体的研究进展［J］.中国药学杂志，2009，44（22）：1681-1684.

[86] Palamoor M，Jablonski M M. Synthesis，characterization and in vitro studies of celecoxib-loaded poly（ortho ester） nanoparticles targeted for intraocular drug delivery［J］. Colloids and Surfaces B：Biointerfaces，2013，112：474-482.

[87] Huang Y，Qin J，Wang J，et al. Dual-stimuli-sensitive poly （ortho ester disulfide urethanes）-based nanospheres with rapid intracellular drug release for enhanced chemotherapy［J］. Science China Chemistry，2018，61：1447-1459.

[88] 李改莹. 明胶基抗菌粘附复合水凝胶的研究［D］. 郑州：郑州大学，2021.

[89] 刘清秀. 串珠状纳米纤维素微纤维/明胶高强度复合水凝胶的构建与性能［D］. 郑州：郑州大学，2020.

[90] 唐有凯. 基于纳米抗氧组装体的共混与复合包装膜制备及性能研究［D］. 无锡：江南大学，2021.

[91] 黄强. L-抗坏血酸-2-多聚磷酸酯的快速合成、沉淀成粉制备工艺及性质研究［D］. 广州：华南理工大学，2010.

[92] 金华. 刺激响应性聚磷酸酯纳米药物递送/诊断体系的构建及评价［D］. 上海：上海交通大学，2019.

第五章
药用高分子制剂原理

治疗疾病的药物需根据药物的使用方式、机体状况等进行应用。例如，口服固体制剂需要根据胃肠道的生理变化，使药物在需要的部位（胃、肠等）释放；注射剂的制备需按照药物进入体内后的吸收、代谢与排泄模式进行工艺设计；外用制剂则需要根据黏膜、皮肤等情况设计适宜的半固体形式以保证药物的有效吸收。因此药物制剂的制备需按照药物应用原理进行，大部分高分子在药剂中充当辅料角色，在制备不同的药物制剂形式时，相应的也需要不同性质的药用高分子辅料。本章拟根据药物制剂的形成原理阐述药用高分子的应用。

第一节　药用高分子固体制剂

固体制剂在药物制剂中约占 70%，常用的固体剂型有散剂、颗粒剂、片剂、胶囊剂、滴丸剂、膜剂等，几乎所有的固体制剂都要经历粉碎、过筛、混合等单元操作以保证药物的含量均匀度，而经过上述单元操作形成的制剂形式都与辅料（主要为药用高分子材料）性质有关。

一、药物与辅料的混合

高分子在药物制剂中应用的原理在于改变高分子之间、药物与高分子之间的分子作用力。固体制剂制备的关键工艺之一是提高药物与辅料的混合均匀度，而混合均匀度又与药物、辅料分子之间的作用力有关。如固体制剂中所用高分子材料预胶化淀粉由部分改性的游离直链淀粉、支链淀粉及未改性淀粉组成，淀粉中的游离水脱出时，淀粉物理性质改变导致分子之间作用力改变，增加了淀粉分子间的流动性，进而可进行直接压片。又如中药固体制剂的制备，一般中药提取物成分复杂，具有一定的黏性，分子与分子之间作用力大，此时则需要加入分子间作用力小的药用高分子（如纤维素及其衍生物）进行混合，才能实现混合均匀的目的。

二、颗粒的形成

（一）高分子与药物的吸附

高分子吸附原理：片剂、颗粒剂的制备中颗粒的形成在于物质之间的黏结。对于大多数表面具有很好润湿性能的颗粒填充体系而言，颗粒间网络的形成主要依赖于高聚物分子链连接。由于药物制剂中要求药物与辅料的结合不能影响到药物本身的性质，因此，这种高分子的黏结是以物理吸附为主[1]。颗粒集聚形成网络是高分子吸附的主要形式，Macosko 等提出了三种可能导致颗粒集聚形成网络的类型，如图 5-1 所示。

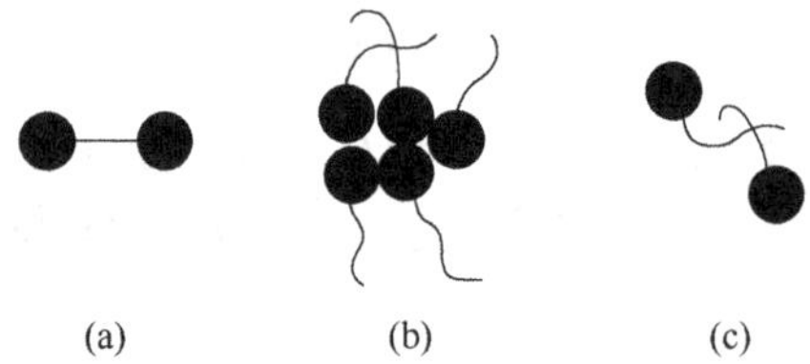

图 5-1　颗粒与高聚物集聚形成网络示意图

（a）通过一条吸附或偶联的高分子链直接将两个颗粒 / 积聚体连接在一起；（b）通过分别吸附 / 偶联在不同颗粒或其聚集体上的不同高分子链之间的缠结互相连接；（c）通过非吸附高分子链之间的缠结进行连接

理论上需要指出高分子在界面上的构型与所吸附物质（如目标药物）的分子结构基团相吻合，吸附时可以有许多基团附着到大分子表面上，被吸附基团之间的链段形成伸在溶液中的线圈，使得高分子的表面支链上的基团与水具有一定的黏附力。

对于分子间吸附，Simha、Frisch 和 Eirich 提出了柔性高分子稀溶液的吸附模型。他们假设：在固体表面形成定位单分子层；高分子的末端距离服从 Gauss 分布；吸附的链段数目在吸附力弱时与分子量 M 成正比；吸附的高分子只以少数链段附着在表面上，其余的链形成线圈或者“桥”伸展在溶液中。

根据这个模型，他们用统计方法导出了分子的吸附链段平均数 υ 与表面覆盖度 θ 的关系。

$$\frac{\theta}{1-\theta}e^{2K_1\theta}=(KC)^{\frac{1}{\upsilon}} \tag{5-1}$$

式中，θ 为吸附平衡后单位质量吸附剂表面上的高分子和溶剂的质量比；C 为高分子浓度；K_1 为与接近表面的链间额外的相互作用有关的常数；K 为等温线常数。

高分子的吸附方式有单点吸附、线圈吸附、分子平躺在表面吸附及无规线团的吸附。

对于高分子而言，当覆盖度 θ 较低时，分子的吸附链段平均数 υ 与可吸附链段数的平方根成正比，即吸附量与分子量 M 的平方根成正比[2]，在一定程度上药物形成膜吸附制剂释放符合 Higuchi 方程；但覆盖度 θ 较高时，吸附量逐渐与分子量 M 成正比。由此可见，高分子的分子量及分子量的分布显著影响高分子与药物的吸附，具体表现在高分子表面基团与药物分子的基团以氢键、范德瓦耳斯力等分子间作用力相吸状态，当药物需要以一定形式释放时，需要改变高分子与药物的作用力以使药物从高分子中脱离。

高分子结构的不同导致药物吸附量发生改变。高分子表面的化学性质决定了高分子和溶剂之间的竞争；比表面积决定了以吸附剂单位质量为基础的吸附量的大小。因此，药物颗粒吸附量与所使用的药用高分子辅料的表面结构组成有关。

（二）高分子的生物黏附

高分子的生物黏附[3]实际上是高分子表面具有一定性质的基团对药物特殊结构的吸附，这种吸附区别于上述高分子的表面吸附，是以具有生物黏附性的天然或合成的高分子作为药物载体，将其置于人体特定部位而缓慢释放药物。

生物黏附给药系统主要作用于各种黏液层、上皮细胞、皮肤、眼睛、口腔、肠道及阴道等通过黏膜吸收的部位。生物黏附材料与腔道黏液起作用，如高分子的羟基与黏液中的电解质、蛋白质上的氨基、羧基发生物理吸附，这种吸附称为高分子与药物的生物黏附。形成生物黏附给药系统的机制[4, 5]主要有以下五种理论：

（1）电荷理论　材料表面的电荷和黏膜表面的电荷发生相互作用，形成一个双电层，产生黏附。

（2）吸附理论　材料和黏膜表面物质通过范德瓦耳斯力、氢键、疏水键力、水化力及立体化学构象力相互作用产生黏附。

（3）润湿理论　系材料溶液在黏膜表面扩散，润湿黏膜产生黏附。此理论可解释具有表面活性的材料在黏膜上的黏附。

（4）扩散理论　系材料和黏膜表面物质的相互扩散，导致分子之间相互缠绕，产生黏附。聚合物扩散到黏液的程度和黏附的强度成正比，而扩散的程度取决于浓度梯度和扩散速率，表面能降低越多，生物黏附就越强，生物黏附剂与其目标物的结构越相似，黏附强度就越高[6, 7]。

（5）断裂理论　主要用于分析分离两个表面所需要的力，对于采用机械方法测试生物黏附性能非常适用。分离两表面时，产生的最大应力等于最大分离力除以接触面积。断裂理论认为断裂发生在黏附剂和生物组织的接触界面上，但实验证明，断裂很少按设想的只发生在两者界面上，而是发生在接近界面的地方。

目前比较被广泛接受的是扩散理论。由于其分子表面积较大，吸附量随浓度的增加趋于一个极限值。但于小分子而言，以高分子质量计的极限吸附量比相似条件下同类小分子的要大得多。

三、药用高分子的颗粒孔隙

（一）颗粒孔隙

颗粒孔隙[2]是指大小不等的颗粒与颗粒集合体之间的空隙，包括颗粒自身所带有的空隙，以及颗粒之间存在的空隙。空隙是粒子的流动渠道。

片剂压片的首要条件是药物与辅料形成具有可压性的、流动性好的颗粒或粉体，要求含有药物的颗粒具有一定的颗粒孔隙，即颗粒自身、颗粒之间均有一定空隙才能挤压成片。通常认为颗粒是无数个固体粒子的集合体，即由粒子组成的整体，这些固体粒子既可以是数毫米的颗粒，也可以是数纳米的粉末，一般将小于 100μm 的粒子称为“粉”，大于 100μm 的粒子称为“粒”。在一般情况下，粒径大于 100μm 时，颗粒之间空隙大，粒子自重大于粒子间的相互作用时流动性较好；粒径小于 100μm 时，容易产生粒子间的相互作用，即具有一定的摩擦力而流动性较差。

颗粒孔隙特性分为两点，一是粒子的形状和表面积，二是粒子的大小（即粒度）和粒子大小的分布（即粒度分布）。形成粒子的大小涉及高分子二次结构的分子量及分子量分布。在药物制剂的形成过程中，辅料用高分子的分子量及分子量分布直接影响到制剂中药物的释放及应用效果[8]。高分子的分子量分布广，大的分子量可达数十万甚至数百万，小的分子量几千到一万，分子量的巨大差异导致高分子从低分子量到高分子量性质的改变，构成了高分子分子量的多分散性，这种多分散性使得形成的颗粒并不均匀，导致颗粒的孔隙率不同。

颗粒孔隙率定义是颗粒中孔隙体积与颗粒在自然状态下总体积的百分比，以下式表示：

$$E_{总}=\frac{全部孔隙所占的容积}{粉粒的容积} \tag{5-2}$$

颗粒的孔隙率包括真孔隙率、闭孔隙率和先孔隙率。与颗粒孔隙率相对应的另一个概念是颗粒的密实度，密实度表示颗粒内被固体所填充的程度，它在量上反映了颗粒内部固体的含量，颗粒孔隙率或密实度大小直接反映颗粒的密实程度。

在颗粒剂和片剂制备过程中，常用到颗粒的真密度、粒密度及堆（松）密度三个概念[2]。一般定义真密度为排除所有的孔隙（粒子本身及微粒之间空隙）的容积而求出的真实固体的密度，颗粒的密实度用真密度表示：

$$\rho_{真}=W/V_{真} \tag{5-3}$$

式中，$\rho_{真}$为颗粒真密度；W为颗粒质量；$V_{真}$为排除所有的孔隙后的颗粒体积。

粒密度（granule density）为除去微粒间空隙求得微粒的密度：

$$\rho_{粒}=m/(V_{堆}-V_{真}) \tag{5-4}$$

式中，$\rho_{粒}$为颗粒粒密度；m为颗粒质量；$V_{堆}$为颗粒体积；$V_{真}$为颗粒排除所有空隙后的体积。

堆（松）密度（bulk density）为单位容积粉粒的质量。

$$\rho_{堆}=m/V_{堆} \tag{5-5}$$

式中，$\rho_{堆}$为颗粒堆密度；m为颗粒质量；$V_{堆}$为颗粒体积。

对于颗粒剂、片剂压片所需颗粒，颗粒的真密度与堆密度与所应用的高分子结构、分子量及分子量分布密切相关，影响到颗粒孔隙及片剂的可压性。

（二）颗粒的形成

高分子形成颗粒孔隙与高分子的聚集态结构有关。高分子本体内部的分子链之间的几何排列及分子间的作用力使得高分子相互聚集在一起形成特定的组织结构。这些组织结构包括晶态结构、非晶态（无定形）结构和取向结构[9]，这三种结构可能存在于同一种高分子中，但形成颗粒的机理不同。

1. 晶态结构高分子颗粒的形成

高分子链整齐地排列成为具有周期性结构的有序状态为晶态，主要包括伸直链、折叠链、螺旋形链三种代表性形态。一般插线板模块结构（图5-2）能直接看出伸直链晶态形成片状晶体，晶片之间留有一定的缝隙，缝隙大小同分子量有关。一般来说高聚物晶区（同一个高分子中的链段）可能分别处于若干个微小晶粒之中，有规律的结晶可使分子稳定排列，分子之间的缝隙较大，易形成颗粒，且分散性强。如一些天然的蛋白质分子可以形成完整的大单晶体，在晶体中大分子（已先形成二级结构）按晶格排列堆砌，而每个分子都有相当复杂的、独特的构型和构象，进而导致颗粒的不同构造。

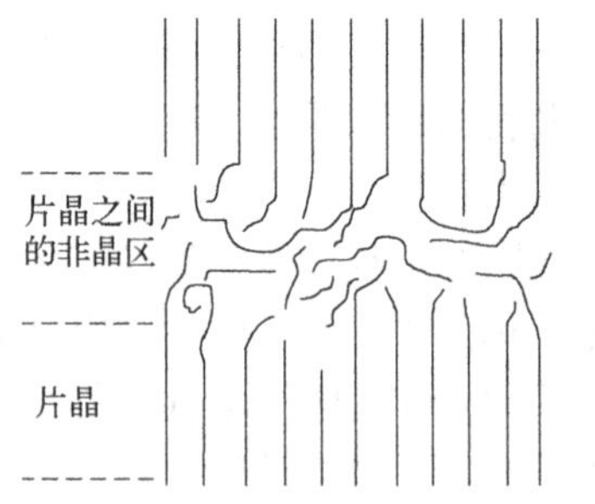

图5-2　Flory的插线板模块示意图

2. 非晶态（无定形）结构高分子颗粒的形成

非晶态（无定形）结构的高分子存在玻璃态、橡胶态、黏流态（或熔融态）及结晶高分子中非晶区结构，以Flory的无规线团和叶叔酋（Yeh）的折叠链缨状胶束粒子两种模型为代表，见图 5-3 和图 5-4，由图可看出，非晶态聚合物存在局部有序的区域，主要体现为大分子链折叠而成的球粒或者链结，在这种颗粒中，折叠链排列比较规整，球粒之间的区域是完全无规律的。

图 5-3 Flory 的无规线团模型

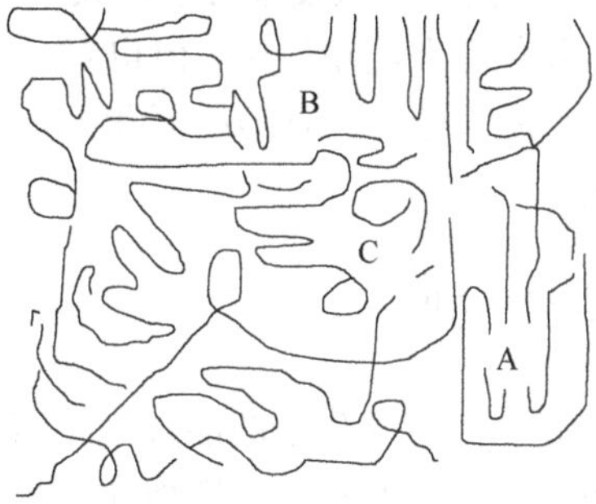

图 5-4 折叠链缨状胶束粒子模型

A—在序区 B—粒界区 C—粒间区

高分子的非晶态结构表现为原子排列的短程有序、长程无序的状态，并不是统一的晶态结构。因为高度有序（在序区）的结构原则上不受空间区域的限制，具有分散特性，使得高分子能够将药物分子分散开来，增加药物的比表面积。但当物理性质（力学的、热学的、电磁学的和光学的）改变时，高分子内部结构区域的不同导致熔解时有一定的熔解温度并吸收熔解潜热，所形成的颗粒（粒界区，粒间区）性质能随着温度的变化而变化，如形成淀粉糊的温度约 70～80℃，但其衍生物糊精（分子量较淀粉小）在 50～70℃即可糊化，且制备的颗粒硬度比淀粉糊制备硬度大，可用作缓释微丸的丸芯。

3. 取向结构高分子颗粒形成

高聚物的取向结构是指高分子基团结构上存在严重的不对称性，在受到外力因素如温度、压力影响时，分子链等容易沿某特定方向做占优势的平行排列，此时分子结构发生流动和变形时，往往会有一定程度的取向，包括分子链、链段，以及结晶高聚物的晶片、晶带沿特定方向的择优排列（见图 5-5）。这一特性可使药物与辅料颗粒形成固定形态，为药物的颗粒形成及溶出提供设计思路。

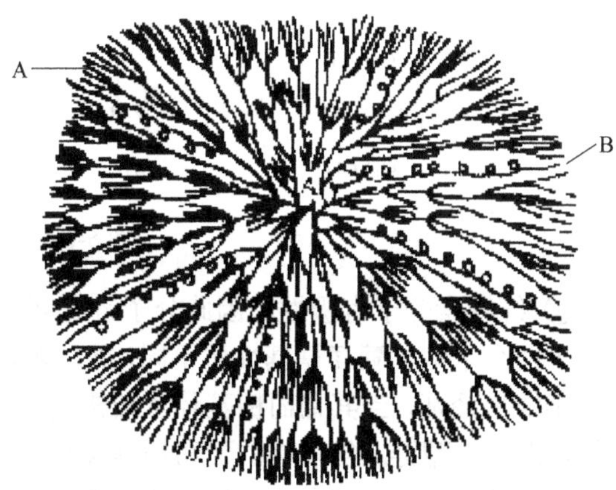

图 5-5 淀粉粒分子结构模型

A—直链淀粉 B—支链淀粉

如常用高分子辅料淀粉，其结构特征表现为淀粉粒内部构造与球晶体相似，由许多环层构成，层内的针形微晶体（又称作晶囊或微晶束）呈放射状排列，每一个微晶束则由长短不同的直链淀粉分子或支链淀粉的分支平行排列并由氢键连接，形成大致有规则的束状体；而淀粉粒又和一般球晶体不同，它具有弹性变形现象，因为有一部分分子链是以无定形的方式把微晶束联系起来，同一个直链分子或支链分子的分支就可能插到不同的微晶束内部，即微晶束由不同淀粉的分支部分构成，微晶束本身又可以直接插到淀粉粒的每一个环层中。因此，淀粉粒具有一种局部结晶的网状结构，既有 Flory 的无规线团又有叶叔酋（Yeh）的折叠链缨状胶束粒子，其中起骨架作用的是巨大的支链分子。直链分子则可能有一部分单独包含在淀粉粒中，但也有一部分分布在支链分子当中，与支链的分支混合构成微晶束。因此淀粉颗粒具有结晶区和无定形区，二者并没有明显的界限，由此形成具有空隙的淀粉颗粒。

四、颗粒的流动性

颗粒的流动性与高分子的晶态结构有关。一般颗粒形成时表面都不光滑，流动性不好，需要加入润滑剂可以使其流动性增加。但有的高分子链能整齐地排列成为具有周期性结构的有序状态，呈现晶状结构，分子与分子之间的作用力较小，摩擦力较小，自身的流动性好。

以纤维素为例，纤维素大分子的结构单元是 D-吡喃葡萄糖基（即失水葡萄糖），分子平行排列的结晶性部分组成宽为 3~4nm 的基本微纤维，每个纤维素分子由 *n* 个葡萄糖基构成，其分子式为（$C_6H_{16}O_3$）$_n$，*n* 为聚合度，数值从几百至几千乃至一万以上，分子量由几万到几十万。纤维素结构见图 5-6。纤维素分子为极长链线性多糖高分子化合物，与直链淀粉相似，没有分支，柔顺性较差，刚性较强，其结构特点表现在以下三个方面。

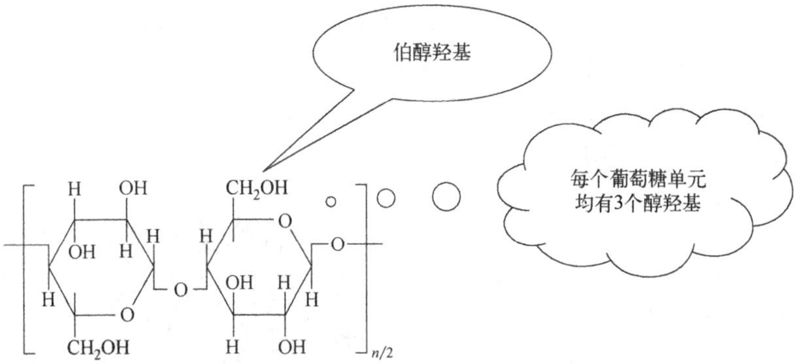

图 5-6　纤维素结构

① 纤维素分子有极性，因此分子链之间具有很强的相互作用。纤维素分子的极性体现在处于两个末端的葡萄糖基性质不同，处于多聚糖链右侧末端的葡萄糖基第一位碳原子存在一个半缩醛羟基，当其葡萄糖基环状结构变成开链时，此羟基即转变为醛基，具有潜在的还原性，而处于糖链左侧末端的葡萄糖基 4 位多一个仲醇羟基，不具有还原性，所以，对整个纤维素分子来说，一端具有还原性的隐形醛基，另一端没有，整个大分子具有极性，呈现出方向性。

② 纤维素中的六元吡喃环结构使位阻增大，内旋转困难。

③ 纤维素分子内和分子间都能形成氢键，特别是分子内氢键，致使糖苷键不能旋转从而使其刚性大大增加。

由此可看出，高分子结构所具有的刚性结构（形成晶态）能使其在颗粒制备中黏合性减小，分散性增强，增加其流动性，但纤维素刚性结构过强时，即使分子间有空隙也不能挤压成型，一般用于增加流动性的分散剂。

增加颗粒的流动性，药学中常用的方法是将天然药用高分子改性，使其刚性结构增加，如改变淀粉中的直链淀粉和支链淀粉的比例。淀粉的结构示意图见图 5-7。

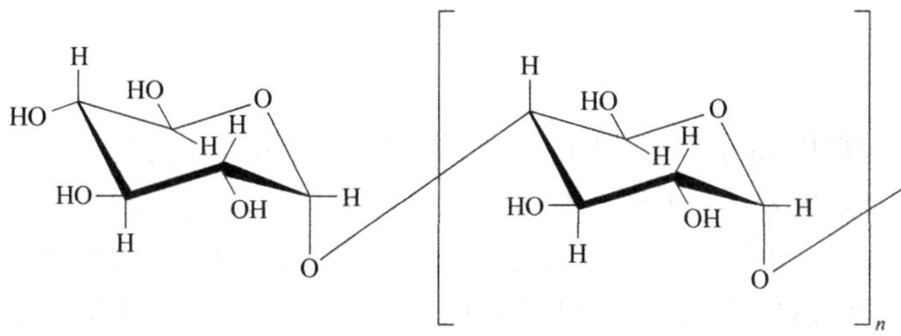

图 5-7　淀粉的结构

淀粉中直链淀粉主要是葡萄糖以 1,4-糖苷键相连，而支链淀粉还有 1,6-糖苷键连接。因此，直链的分子结构具有很强的分子间结合力，随着碳原子四价方向不同，形成曲折的直链形态，固态时流动性不佳。而支链淀粉分子结构中有支链，分子之间的作用力较小，有一定的刚性。如前所述，因为淀粉颗粒内部结构是由放射状排列的微小晶体组成，这些晶体大部分是由支链淀粉组成，线性的直链淀粉部分以无序的状态贯穿在颗粒内，游离水以氢键形式与直链、支链淀粉表面结合，形成一种特殊的球状晶体结构，升高温度可以克服淀粉晶体之间的结合力，将游离水排出去，这样淀粉原有结构发生改变，成为预胶化淀粉。预胶化淀粉的分子排布更加有规律性，分子刚性增强，流动性增加，因此预胶化淀粉作为润滑剂，能更好地增加颗粒的流动性。

颗粒的流动性并不仅仅限于颗粒表面分子之间的作用力，也在于颗粒表面的光滑度，大多数颗粒的表面并不平整，在药物制剂制备中一般加入小分子润滑剂填充抚平，如加入硬脂酸镁，硬脂酸镁结构式见图 5-8。

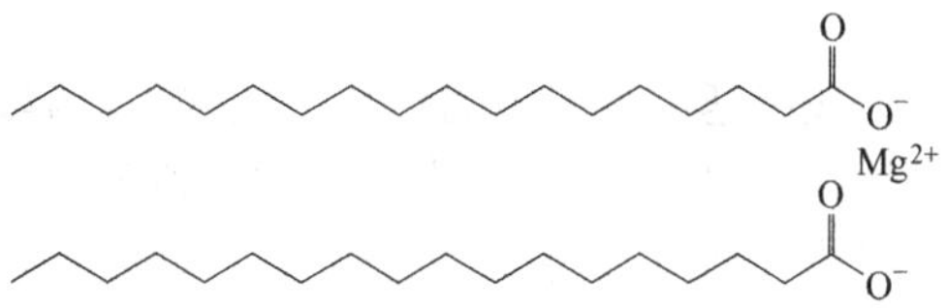

图 5-8　硬脂酸镁结构

如图 5-8 所示，硬脂酸镁具有两条平行排列的长碳链，使得分子与分子内部电子云呈现排斥状态，不易与其他分子产生分子间作用力，再加上分子量较小（591.24），硬脂酸镁分子能够嵌入到高分子颗粒表面的缝隙中，使颗粒表面平整，减少颗粒之间的摩擦力，增加颗粒的流动性，因此，硬脂酸镁是药物制剂中最常用的润滑剂。

五、片剂的崩解

（一）概述

片剂的崩解指促使片剂在胃肠道中迅速分解成小粒子的过程。由于药物颗粒被施加较大力压成片状，颗粒间孔隙率小，相互结合紧密，水不易渗透，即使易溶于水的药物在压成片后，其在水中溶解或崩解也需要一定的时间，因此，片剂中水难溶性药物的溶出过程便成为体内药物吸收的限速步骤。片剂的崩解一般是药物溶出的第一步，为使片剂迅速发挥疗效，除需要药物缓慢释放的口含片、舌下片、植入片、长效片等外，一般均需加入崩解剂。

（二）高分子崩解剂的作用机理

崩解剂的主要作用在于消除因黏合剂或由加压而产生的颗粒之间的结合力，增加颗粒在体液中的比表面积。片剂的崩解机理因制片所用原、辅料的性质不同而异，目前提出了以下几种崩解机理。

1. 毛细管作用机理

毛细管作用机理是指形成颗粒的高分子链之间有一定的分子间作用力，这种作用力使得分子链间形成毛细管状结构，如淀粉分子（见图 5-5），A 直链淀粉与 B 支链淀粉形成的颗粒具有毛细管状的结晶结构，遇水后，水能迅速地通过毛细管进入颗粒内部，与淀粉葡萄糖基元上的羟基结合，整个颗粒润湿后体积增大而促使片剂崩解。属于此类高分子崩解剂的有淀粉及其衍生物和纤维素类衍生物等。

2. 膨胀作用机理

高分子作为崩解剂，除了毛细管作用外，某些高分子可遇水膨胀而促使片剂崩解，如羧甲基淀粉钠、羧甲基纤维素钠等，其中，羧甲基淀粉钠结构见图 5-9。

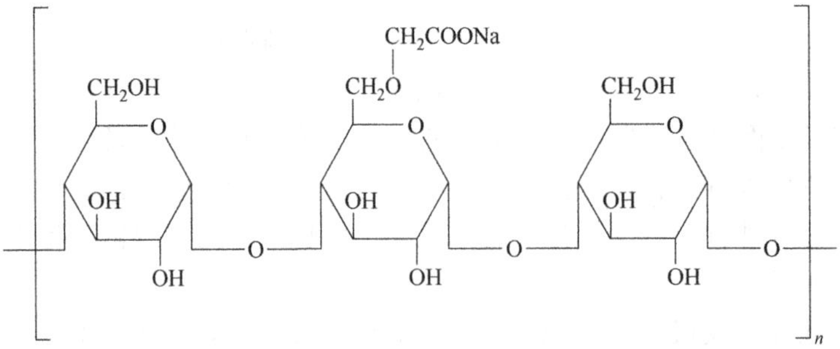

图 5-9　羧甲基淀粉钠结构

羧甲基淀粉钠中的钠离子遇水后，解离进入水中，暴露的羧基与水形成氢键，呈现三维立体结构，使得高分子自身体积迅速膨胀，将片剂中颗粒挤压开并迅速分散，达到崩解目的。一般这种崩解剂用外加法加入，以防制备颗粒时遇水高分子体积膨胀，难以恢复原有结构。其他崩解剂如羧甲基纤维素钠、淀粉等膨胀系数没有羧甲基淀粉钠高(遇水自身体积膨胀 300 倍)，因此，大多数片剂一般选用羧甲基淀粉钠作为崩解剂，如灵芝沙棘雪莲片[10]、来曲唑片[11]、西咪替丁片[12]等。

3. 酶解作用机理

利用有些酶对片剂中某些辅料有水解作用，将它们配制在同一片剂中，遇水即能迅速崩解，并且酶还可以降解辅料成小分子物质，便于吸收代谢，如淀粉与淀粉酶、纤维素类与纤维素酶、树胶与半纤维素酶、明胶与蛋白酶、蔗糖与转化酶及海藻酸盐类与角叉菜胶酶等。在制备片剂时，以淀粉浆作黏合剂，可将淀粉酶加入到干颗粒中，由此压制的片剂遇水即能崩解，且淀粉酶还使淀粉降解，进一步降低淀粉的黏合作用。但因酶降解导致生成应用机理不明确的小分子化合物时，则不宜推广使用该方法。

第二节　高分子药囊

药囊一般包括胶囊、微囊以及包合物，囊壳主要由高分子材料制备而成。常用的天然高分子囊壳材料有明胶、阿拉伯胶、白蛋白、淀粉、壳聚糖、海藻酸盐等；半合成高分子囊壳材料有甲基纤维素、乙基纤维素、羧甲基纤维素盐、羟丙甲纤维素等；合成高分子囊壳材料中可生物降解材料有聚乳酸、乳酸-羟基乙酸共聚物、聚氰基丙烯酸烷酯等，不可生物降解材料有聚酰胺、聚乙烯醇、聚丙烯酸树脂等。由此可见，药囊的制备离不开高分子材料的应用，本节就制备药囊所用高分子材料及形成原理进行阐述。

一、高分子药囊的形成

在药物制剂中，所制备的药囊对囊心物应有适宜的包裹率、溶解性、黏度、渗透性、吸湿性、稳定性及生物相容性。因此，高分子药囊材料应具备以下几个方面的性质。

（一）囊材的包裹性

药囊的形成，意味着囊心物应被包裹在内，如微囊是利用天然的或合成的高分子材料将固体或液体药物包嵌而成的药库型微型胶囊，粒径在 0.01~1μm、1~250μm 之间，囊心物可为油溶性、水溶性化合物或混合物，也可以是固体、液体或气体[13]。

对于高分子囊材来说，结构上应有一定的柔性链，当高分子单键内旋转时可以使分子在空间产生弯曲，进而产生不同形态构象将药物分子包裹在内。因大多数高分子主链主要以 C—C（或者 C—N、C—O、Si—O 等）单键连接而成，这些单键上的 σ 电子云分布呈轴对称，因此高分子在运动时 C—C 键可以绕轴旋转（称为内旋转），当单键进行内旋转时，引起电子云的改变，从而引起分子内部的热运动而导致高分子链的改变及弯曲构象变化，形成不规则卷曲的高分子链构象，不规则的卷曲进一步形成无规线团，最终成为不同大小的囊。

然而高分子的规律性结晶结构或者取代基的存在限制了这种内旋转，取代基团决定了内旋转势垒的大小，取代基体积越大，极性越强，内旋转势垒就越大，高分子柔性越小，弯曲的程度就越低；而主链越长，内旋转势垒就越小，柔性就越大，包裹的可能性就越大。由此可知，形成囊的大小与高分子碳链长度、取代基结构以及高分子分子量分布有关，另外取代度的大小决定了高分子的分子量大小及分子量的分布，进而限制了成囊的大小。高分子柔性链结构示意见图 5-10。

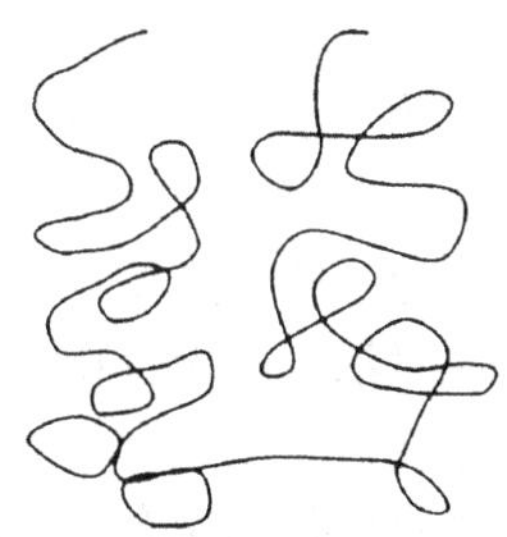

图 5-10　高分子柔性链结构

如有人利用吲哚美辛 [14]模型药物作为芯料，以再生丝素蛋白壳聚糖制成粒径为 31~42μm 的包药微囊；而采用明胶、阿拉伯胶为囊材进行沙棘油[15]微囊化时得到的微囊粒径则在 25~90μm之间。即不同大小及性质的药物分子及辅料形成的药囊粒径均有不同。

（二）囊材溶解性

药囊形成需所用囊材在包裹药物前呈现分子伸展状态，然后再将药物包裹其中，即首先需要不同结构的高分子材料和药物分子表面通过范德瓦耳斯力、氢键、疏水键力、水化力及立体化学构象力相互作用产生黏附。因此，囊材的溶解性直接影响了药囊的制备。

1. 高分子的溶解特征

高分子化合物的分子量较大，但其往往都是由特定的结构单元通过共价键多次重复连接而成，同一种高分子化合物的分子链所含的链节数并不相同，导致本身的结构、分子量也不同，因此相同的条件下高分子的理化性质（如溶解性）也有所不同。一般高分子溶解过程是先溶胀[2]，然后再溶解。这是因为溶剂分子能比较快地渗透进入高分子，但高分子向溶剂扩散却非常慢。溶剂分子渗入高聚物内部，使高聚物体积膨胀，可分为两个阶段。第一阶段即以分子形式分散到溶剂中形成均匀的高分子溶液。这部分聚合物形成聚合物溶液的依数性性质，即高分子形成溶液后，溶液冰点的降低、沸点的升高、渗透压的变化等只取决于溶液中高分子的数目。第二阶段为高分子中的交联部分不能溶解，只能继续溶胀，进而形成溶胀液体。在药物制剂中，经常遇到制备高分子溶液问题，由于高分子的溶解过程缓慢，所形成的液体一般为具有一定黏度的非牛顿流体。如具有羧基、羟基的明胶，以水为溶剂，工艺为先在冷水中与水形成氢键缓慢溶胀，而后溶解形成黏性透明液体。

2. 高分子溶度参数

高分子溶度参数[2]是体现高聚物溶胀的特征参数。物质的溶解过程是溶质分子与溶剂分子相互混合的过程。由于高分子的分子量大，在溶解过程中，分子表面的分子间作用力与分子内部的作用力是不同的，表现为放热或吸热两种行为，而放热或吸热则由分子内聚能变化导致。

在高分子溶解性质研究中，溶度参数数值定义为内聚能密度的平方根，内聚能密度即单位体积的内聚能。根据经典的 Hildebrand 理论，混合热 ΔH_{m} 为

$$\Delta H_{\mathrm{m}} \approx V_{12}(\delta_1-\delta_2)^2\varphi_1\varphi_2 \tag{5-6}$$

式中，V_{12} 为溶液的总体积，cm^3；δ 为溶度参数，$(J/cm^3)^{1/2}$；φ 为体积分数，下标 1 和 2 分别表示溶剂和溶质。

$$\delta_1=\left(\frac{\Delta E_1}{V_1}\right)^{1/2},\delta_2=\left(\frac{\Delta E_2}{V_1}\right)^{1/2} \tag{5-7}$$

式中，ΔE 为内聚能，J；V 为体积，cm^3。

非极性溶剂和溶质的相互混合程度取决于溶剂和溶质的溶度参数，如果二者数值接近，则满足自发溶解的条件，可作为选择适宜药物溶解溶剂的依据。

高分子的溶度参数一般用黏度法或溶胀度法测定。

黏度法是将聚合物溶解在各种溶度参数与聚合物相近的溶剂中，分别在同一浓度、同一温度下测定这些聚合物溶液的特性黏度。因聚合物在良溶剂中舒展最好时特性黏度最大，故把特性黏度作为聚合物的溶度参数，即高分子的溶度参数。

溶胀度法是在一定温度下，将交联度相同的高分子分别放在一系列溶度参数不同的溶剂中使其溶胀，测定平衡溶胀度。聚合物在溶剂中溶胀度不同，只有当溶剂的溶度参数与聚合物的溶度参数相等时，溶胀最好，溶胀度最大。因此，可把溶胀度最大的溶剂所对应的溶度参数作为该聚合物的溶度参数。表 5-1 和表 5-2 分别为常用药用高分子和溶剂的溶度参数。

从表 5-1 和表 5-2 看出，极性物质的溶度参数较大，而非极性物质的溶度参数较小，如聚丙烯酸甲酯作为包衣辅料时，可选用乙醇及乙酸乙酯的混合溶液为溶剂进行溶胀溶解后制成包衣液。

表 5-1　常用药用高分子的溶度参数

高分子	δ/（J/cm^3）$^{1/2}$	高分子	δ/（J/cm^3）$^{1/2}$
聚乙烯醇	25.8～29	聚丙烯酸甲酯	19.8～21.2
二醋酸纤维素	23.2	聚氯乙烯	19.4～19.8
聚甲基丙烯酸甲酯	23.1	聚丙烯	16.8～18.8
聚甲基丙烯酸乙酯	22.1	聚乙烯	16～16.6

表 5-2　常用溶剂的溶度参数

溶剂	δ/（J/cm^3）$^{1/2}$	溶剂	δ/（J/cm^3）$^{1/2}$	溶剂	δ/（J/cm^3）$^{1/2}$
水	47.4	醋酸	25.8	四氢呋喃	20.2
吡啶	40.3	DMF	24.7	环己酮	20.2
丙三醇	33.7	乙腈	24.3	乙酸乙酯	18.6
甲酸	27.6	异丁醇	23.9	三氯甲烷	19
乙二醇	27.4	正丁醇	23.3	四氯化碳	17.6
乙醇	26	丙酮	20.4	环己烷	16.8

（三）囊材的生物相容性

1. 囊材的生物相容性分类

囊材的生物相容性[16]是指材料在生物体内处于动态变化时，能耐受机体各系统作用而保持相对稳定，不被排斥和破坏的生物学特性，又称为生物适应性和生物可接受性。这里囊材泛指制备药囊所用辅料。

药物以制剂形式进入机体时接触的是机体细胞，因此，要求囊材必须具有生物相容性，其生物相容性分为组织相容性和血液相容性。

（1）组织相容性　组织相容性指的是材料与组织器官接触时，材料与组织之间应有一种亲和能力，但不能被组织侵蚀。组织相容性受材料两种特征尺度水平上的因素的影响：一是微观分子水平，这类影响主要表现为材料表面的化学组成、形态结构、电荷性质及其分布等等；二是宏观尺度水平，这类影响包括材料的物理力学性质、材料的宏观形态尺寸等，而且，这类宏观尺度上的效应比分子尺度上发生的化学效应更为重要。一般来说，分子量大、分布窄或有交联结构的材料，组织相容性较好。

（2）血液相容性　血液相容性指的是材料与血液直接接触时，与血液相互作用不引起凝血或血栓、不损伤血液组成和功能等的能力和性能。材料的表面如果吸附血浆蛋白，包括白蛋白、球蛋白、纤维蛋白原等，能引起血小板在材料表面黏附、聚集、变形，同时血液内一系列凝血因子被激活，引起血栓的形成；还可通过溶血、白细胞减少等细胞水平的变化，免疫成分的改变，补体的激活，以及血小板受体、二磷酸腺苷（ADP）和前列腺素的释放等来反映材料的血液相容性。

2. 囊材生物相容性的评价方法

囊材生物相容性的评价方法一般参照国际标准 ISO 10993 和中国标准 GB/T 1688，主要观察材料植入机体后与机体组织短期、长期接触后所引起的各种物理变化、化学变化以及机体反应等。外用制剂的生物相容性通常进行常规三项检测，包括体外的药用高分子囊材细胞毒性测试、皮肤刺激测试及致敏检测。但高分子囊材并不仅限于外用制剂，一般囊材生物相容性的试验方法有细胞毒性试验、遗传毒性和致癌试验、植入试验（皮下植入试验、骨内植入试验）、过敏试验等。

（1）细胞毒性试验　细胞毒性试验是指应用体外细胞培养的方法，检测材料或者其浸提液对细胞生长情况的影响，以此来评价材料对细胞的毒性。使用该法检测生物相容性快速、价廉、重复性好。细胞毒性与被测材料的量尤其是表面积有关，目前几乎所有的材料都必须检测是否具有细胞毒性，该方法已在国际上得到认可。

（2）遗传毒性和致癌试验　遗传毒性和致癌试验一般用 Ames 试验（污染物致突变性检测），这是一种由细菌介导的检测基因毒物的方法，也是检测基因突变最常用的方法。一般为斑点试验和平板掺入试验，即将材料浸泡液实验菌种进行阴阳对照的方法，但是 Ames 试验菌种的变异，使实验结果的假阴性率不断提高，为了对遗传毒性和致癌性作出准确科学的评价，一般同时还需要进行体外染色体畸变试验和微核试验以便相互补充。

（3）植入试验　囊材的植入试验包括皮下植入和骨内植入两种试验方法，是评价材料体内生物相容性和安全性的主要方法。该方法是通过将材料植入动物的合适部位（如皮下、肌肉），在一定时期内观察组织切片的变化。植入物周围形成纤维包膜，常被认为是材料与机体组织之间的理想反应，是提示材料生物相容性良好的一个重要指标。

皮下植入试验适用于评价长期与组织接触的材料对皮下组织的反应。材料与对照物分别植入到相同年龄、性别、种属动物的同一部位，实验周期为 4～12 周。术后定期对动物的生物反应进行评价，包括大体观察和组织病理学评价。在进行长期皮下植入时，主要评价植入物是否形成肿瘤、能否开发成新一代人工器官及生物材料。

骨内植入试验是在实验动物左右肢（一般选择股骨外侧或者胫骨内侧）的同一位置，一侧放置试验样本，另一侧放置对照样本，试验期内观察动物并记录异常表现，试验完毕后对植入体周围组织进行生物反应评价。

（4）过敏试验　过敏试验指在动物腹腔内注射一定剂量的材料（如高分子囊材浸提液），15min 内重点观察有无用爪搔鼻、打喷嚏、竖毛、抽搐、呼吸困难、尿便失禁、休克、死亡等反应。

二、药用高分子囊材

药用高分子形成的药囊主要包括胶囊及微囊，所用的大多数囊材为天然高分子材料，部分为合成、半合成高分子材料。

（一）根据来源分类

常用的药用高分子囊材按来源一般分为以下几类：

1. 天然药用高分子囊材

天然药用高分子囊材在体内具有良好的生物相容性和生物降解性，具有柔性链的天然药用高分子囊材有玉米朊、明胶、阿拉伯胶、白蛋白、淀粉、壳聚糖、丝素蛋白、海藻酸盐等。其中壳聚糖及其衍生物，性质不活泼，不与体液和体内组织产生异物反应，具有一定的安全性。如有人将丝素蛋白/壳聚糖/纳米羟基磷灰石支架制备盐酸万古霉素缓释微球，未见材料植入部位发生明显的炎症排斥反应[17]；有人对壳聚糖进行了一系列的动物毒性试验，结果发现壳聚糖具有很好的生物相容性和安全性，其降解产物对人体无毒，无溶血性、刺激性、热原性和致突变性[18]。因此，大多数天然高分子囊材具备安全性的特点，但对于蛋白质类高分子材料需注意其因个体差异引起的过敏反应。

2. 合成及半合成药用高分子囊材

合成及半合成药用高分子囊材多用作口服制剂的肠溶衣材料，例如全合成的肠溶衣材料聚丙烯酸树脂类、半合成的聚乳酸及其复合物类等。其中聚乳酸具有组织相容性好、容易降解、不对周围组织产生毒副作用、不引起强烈的排斥反应等特点，但聚乳酸的应用范围有限，大分子的聚乳酸刚性强，体内降解较慢，一般只适合与其他材料配合使用，如将聚乳酸与纳米羟基磷灰石复合，可有效改善聚乳酸植入体内后的酸性环境，有利于新生骨组织的生长。

（二）根据溶解性能分类

根据溶解性能，药用高分子囊材一般分为水溶性囊材及非水溶性囊材两类。

1. 水溶性囊材

水溶性囊材为天然来源的胶类、纤维素衍生物的盐、亲水性聚合物，如明胶、聚乙二醇、羧甲基纤维素钠等。此类高分子的结构特征明显在于结构中存在较多的氢键，如聚乙二醇结构（见图 5-11），分子末端的羟基跟水分子易形成氢键而使其溶胀于水。

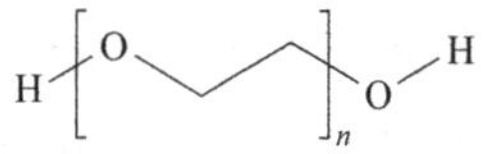

图 5-11　聚乙二醇结构

2. 非水溶性囊材

非水溶性囊材为水不溶性高分子聚合物、纤维素衍生物、类脂与蜡类等，如聚酰胺、醋酸纤维素、蜂蜡、邻苯二甲酸醋酸纤维素等。

此类囊材可利用其非水溶性溶胀于易挥发溶剂中，药物分散开后，将溶剂挥发后成囊。

三、药用高分子囊材的药学应用

（一）蛋白质类药囊

多肽及蛋白质类药物稳定性差、易被酶降解，口服给药的生物利用度低，但如将其包埋成微囊制剂，不仅能有效防止药物在体内很快被降解，还能够提高药物的稳定性。利用蛋白质类高分子材料包裹药物制备成囊主要是利用蛋白质分子所含氨基和羧基结构与水形成氢键溶胀，当外部环境如温度、盐的浓度等改变时发生凝聚而成囊，此类微囊粒径在 1~250μm 之间，但对于较小分子量的蛋白质能形成 0.1~1μm 范围的亚微囊或粒径在 10~100nm 之间的纳米囊。如可利用麦醇溶蛋白和玉米醇溶蛋白（平均分子量为 2.5 万~4.5 万）作为囊材进行高分子微囊的制备。麦醇溶蛋白结构如图 5-12 所示。

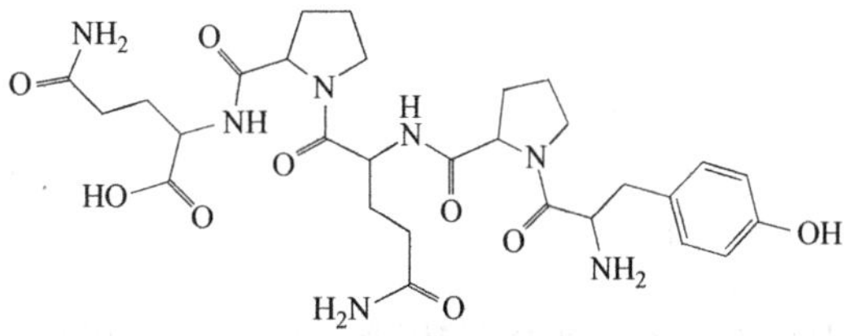

图 5-12　麦醇溶蛋白结构

由图 5-12 可知，麦醇溶蛋白结构中有较多疏水的氨基酸，包括人体必需的赖氨酸、精氨酸、组氨酸等，存在符合高分子 Flory 结构的 α 螺旋体和叶叔酋结构的 β 折叠片。麦醇溶蛋白结构中含有肽主链上羟基与亚氨基的氢键反应形成的 α 螺旋体以及棒状的分子结构形态和特殊的侧链，导致其具有独特的成膜性，且在特定浓度的醇水溶液中柔性链变成无规线团，有一定黏性。因此，含醇溶蛋白的溶剂蒸发后会成为一种透明、有光泽的薄膜，具有防潮、隔氧、抗紫外线、保香、阻油、防静电等特性，可在药物制剂中起保护药物稳定性的作用。目前其已成为生物相容性好的口服、黏膜微囊制剂囊材的首选辅料。如有人利用醇溶蛋白的成膜性，用涂膜粉碎法和喷雾干燥法制备了难溶性药物 5-氟尿嘧啶微囊[19]。

利用蛋白质的变性性质也能制备药囊，如用高电压静电法，制备牛血清白蛋白-海藻酸钙-壳聚糖微囊，能提高血清白蛋白的稳定性[20]；利用声化学法构筑的蛋白质载药微胶囊，生物相容性良好[21,22]；以原位聚合/自组装方法制得的白蛋白高分子巯基壳聚糖/黄芪油微胶囊、高分子/黄芪油微胶囊具有温敏性[23]；用膜乳化法制备单分散性的载药微囊[24]；还可用凝胶过滤等手段纯化麦醇溶蛋白后，在一定浓度的溶剂系统中制得吸收更快的蛋白分子微胶囊[25]。因此，醇溶蛋白不失为一种优良的药用高分子囊材。

（二）多糖类药囊

多糖类药囊材料主要指结构单元为单糖的胶类高分子。

1. 明胶胶囊

明胶是胶原蛋白的部分水解产物，分子量 50000～100000。明胶能用来制备胶囊壳是因为明胶胶原分子的结构是由三条多肽链相互缠绕所形成的螺旋体，该螺旋体具有柔性链，易成膜，能形成一定的固定形态。将胶原经过适当处理，原分子中的螺旋体结构能变性分解成具有一定分子量分布的多分散体系，该分散体系能使其在形成微囊时易受温度的影响，温度不同则囊径不同。明胶温度变化对微囊成品的影响如表 5-3 所示。

表 5-3　明胶温度变化对微囊成品的影响

温度/℃	微囊产率/%	微囊直径/μm	占比/%
40	74	5.5	34.7
45	95	5.5	33
60	68	5.5	65

由表中数据可看出，微囊的形成并不是温度越高越好，而是需要适宜的温度。

2. 阿拉伯胶胶囊

阿拉伯胶是阿拉伯半乳糖寡糖、多聚糖和蛋白糖的混合物，含有 4-*O*-甲基-D-葡糖醛酸、D-葡糖醛酸和 L-鼠李糖，其结构如图 5-13~图 5-15 所示。

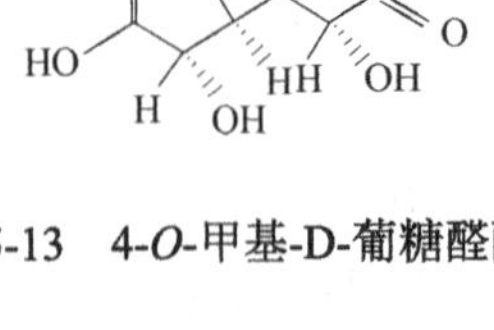

图 5-13　4-*O*-甲基-D-葡糖醛酸结构

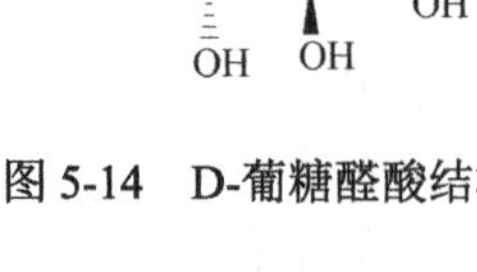

图 5-14　D-葡糖醛酸结构

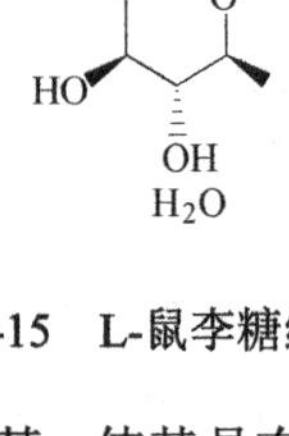

图 5-15　L-鼠李糖结构

由三种成分结构可看出，阿拉伯胶各组成成分的结构上均含有多个羟基，使其具有良好的水溶性和乳化性，适合于水包油型乳化体系，尤其对于中药挥发油等小分子脂溶性药物，具有良好的成膜特性，微囊化效率增加。

阿拉伯胶具备的葡萄糖单元较少，基本不产生热量，是良好的水溶性、生物相容性好的药用高分子囊材，如在叶黄素、姜黄素等药物微囊的研制中作为成膜剂[26,27]，在制剂工业化生产中一般是作为乳化剂、增稠剂、悬浮剂、黏合剂、成膜剂。

3. 海藻酸钠微囊

海藻酸钠是一种天然多糖，由聚 β-1,4-甘露糖醛酸与聚 α-1,4-L-古洛糖醛酸结合的线性高聚物，分子式为（$C_6H_7NaO_6$）$_{m+n}$，结构式如图 5-16 所示，分子量约 2.4×10^5。该品具有药物制剂辅料所需的稳定性、溶解性、黏性和安全性。

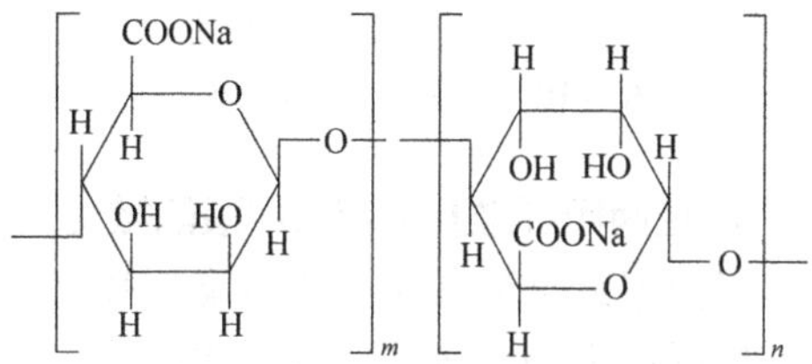

图 5-16　海藻酸钠结构

1881 年，英国化学家 E.C.Stanford 对褐色海藻中的海藻酸盐提取物进行科学研究，发现它的浓缩液具有形成凝胶和成膜的能力。基于此，他提出了几项工业化生产的申请。但是，海藻酸盐直到 50 年之后才进行大规模工业化生产。商业化生产始于 1927 年，现在全世界每年约生产 30000t，其中 30%用于食品工业，剩下的用于其他行业，如制药和牙科。

海藻酸由古洛糖醛酸与其立体异构体甘露糖醛酸两种结构单元构成，这两种结构单元以三种方式通过 α-1,4-糖苷键连接，形成一种无支链的线性嵌段共聚物，具有弯曲性质。当其葡萄糖 6 位上的羧基与钠离子结合成海藻酸钠时，具有遇水形成氢键、体积溶胀的特性。海藻酸钠具有温和的溶胶凝胶过程及良好的生物相容性，能形成凝胶，也具有一定的成膜性，能够作为释放或包埋药物的凝胶基质或微囊的囊材使用。如有人将壳聚糖-海藻酸钠制备成干酪乳杆菌微胶囊用于在水中预防草鱼的出血病，取得良好效果[28]，开辟了避免胃酸刺激的新型抗坏血酸的替代品研制路线。

（三）纤维素类药囊

1. 羧甲基纤维素钠微囊

羧甲基纤维素钠是经过化学改性得到的具有醚结构的天然纤维素衍生物，属阴离子型纤维素，简称 CMC-Na，结构见图 5-17。

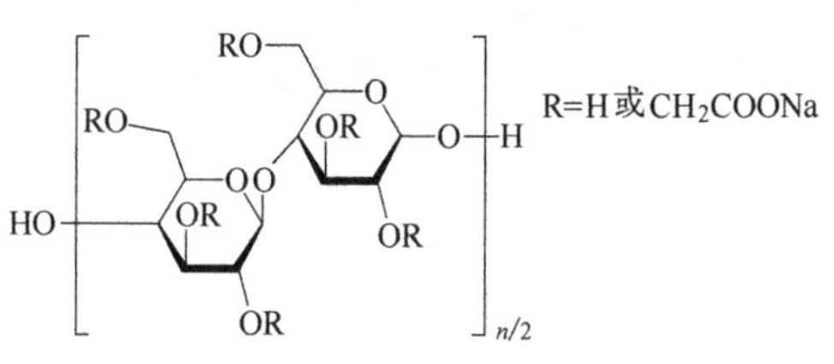

图 5-17　羧甲基纤维素钠结构

羧甲基纤维素钠分子中含有大量羟基，在分子链之间存在由氢键形成的强大分子间作用力，因此水溶性较差。部分羟基醚化后，降低了链间作用力，打乱了晶态的有序结构，羧甲基纤维素钠的水溶性增强，并且水溶液呈现一定的黏度，能与药物连接在一起形成微囊。但羧甲基纤维素钠自身存在强大氢键力，故不溶于水的趋势强。有人利用壳聚糖与羧甲基纤维素钠配合制备微囊壁材，发现壳聚糖的氨基阳离子和 CMC-Na 的羧基阴离子之间可发生静电相互作用，形成了壳聚糖-羧甲基纤维素钠复合物膜[29]。

2. 乙基纤维素微囊

乙基纤维素是纤维素的乙基醚，结构见图 5-18。

乙基纤维素也是以葡萄糖基元为单位的大分子纤维素，具有柔性链，能形成膜，为常用

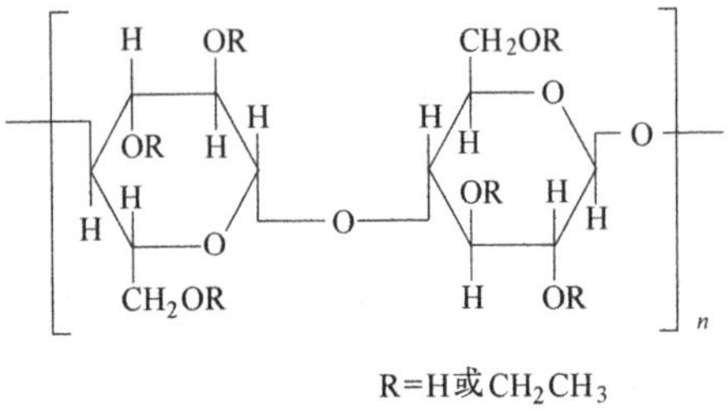

图 5-18　乙基纤维素结构

微囊囊材。由图 5-18 可看出，乙基纤维素结构中存在的羟基较少，水不溶性小于糖类结构物质，用作片剂黏合剂和薄膜包衣材料时需用有机溶剂溶解，也可用作骨架材料阻滞剂，制备多种类型的骨架型缓释片。如以乙基纤维素为囊材可制备化学药（头孢曲松[30]、阿司匹林[31]）、酶（超氧化物歧化酶[32]）、中药（沙棘油[33]）等不同种类药物的微囊。

3. 羟丙甲纤维素邻苯二甲酸酯微囊

羟丙甲纤维素邻苯二甲酸酯（HPMCP）是二十一世纪以来发展的新型肠溶包衣材料，为羟丙甲纤维素与邻苯二甲酸的单酯化物，含邻苯二甲酰基 21.0%～35.0%。邻苯二甲酸甲酯结构如图 5-19。

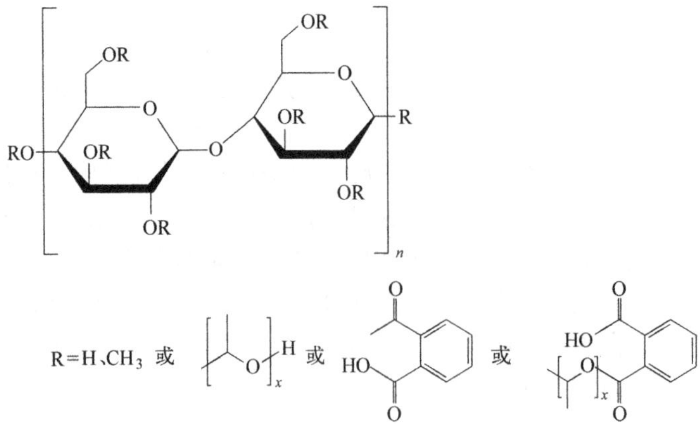

图 5-19　羟丙甲纤维素邻苯二甲酸酯结构

羟丙甲纤维素邻苯二甲酸酯既有羟丙甲纤维素在胃中溶胀于水的性质，又具有邻苯二甲酰基成酯可形成膜的特性，在弱酸或中性的肠环境中可溶解，已被纳入《中国药典》作为包衣材料和释放阻滞剂的药用辅料，最常用作肠溶包衣材料，或片剂和胶囊剂的骨架黏合剂。如采用超临界抗溶剂沉淀法制备的叶黄素/羟丙甲纤维素邻苯二甲酸酯纳米囊，保持了其生物活性[34]。

（四）高分子纳米囊

1. 纳米囊

纳米囊（Nanocapsule）是纳米级胶囊的简称，直径为 10～100nm，也是一种药物递送系统，分散度比微囊更强，通常是一种带乳光的分散体系，形似胶态离子的分子缔合物，表现为胶束状态。实际上前面叙述的载体材料大部分也能形成纳米囊，但纳米囊由于其粒径为纳米级，一般用于注射制剂，所要求的载体性质比一般囊材更加严格，如良好的生物相容性、生物降解性、定向性、细胞渗透性以及载药能力等，制备方法也更加严谨。制备纳米囊的囊材一般为天然高分子化合物，如明胶、白蛋白、玉米朊、人血清白蛋白、牛血清白蛋白、酪蛋白及纤维素类等具有无刺激性、能进行生物降解、自身结构具有柔性链特点的化合物。

2. 纳米囊的制备

纳米囊的制备方法与微型胶囊的单凝聚法类似，要求所用的药用高分子能将药物以分子级形式包裹，但药物的加入方式与微型胶囊有所不同，需先将药物分散，然后在高分子凝聚成细微颗粒时加入，使药物吸附于空囊中。主要有以下制备方法：

（1）胶束聚合法（micell polymerization method）　聚合物胶束是两亲性的高分子物质在水中自发形成的一种自组装结构。与小分子表面活性剂类似，当嵌段或接枝双亲聚合物在选择性溶剂中达成亲水与疏水作用间力的平衡时，可自组装形成核-壳型超分子有序结构（聚合物胶束）；也可通过聚合物分子设计、制备条件的调整，得到各种形态、结构和功能的聚合物胶束；还可将胶束进行核交联或壳交联，使其结构得到固定，有利于进一步的物理及化学改性及应用。

如有人在 2001 年申请的中国专利，即利用表面活性剂形成水包油（O/W）型乳液，蒸发除去有机溶剂，形成注入药物的聚合胶束溶液[35]。又如有人利用谷氨酸和赖氨酸进行缩合反应形成二聚体单体，然后与半胱氨酸得到混聚多肽骨架后制备纳米级仿生多肽载药系统，具有抗非特异性蛋白质吸附的功能[36]，还有益生菌[37]、部分抗癌药[38,39]等被制成胶束形式。

（2）乳化聚合法（emulsion polymerization method）　乳化聚合法一般指自乳化聚合，高分子自身头尾含有乳化基团，在外界条件（如酸性溶液中）下制得纳米囊，如自乳化药物传递系统，是由油相、非离子型表面活性剂和助表面活性剂组成的固体或液体制剂，其基本特征是可在胃肠道内或环境温度适宜（通常指体温 37℃）及温和搅拌的情况下自发乳化。

乳化聚合法简便可行，具有工业化前景，特别适用于多成分中药粉末的纳米囊制备，如有人以丙二醇单辛酸酯为油相、辛酸癸酸聚乙二醇甘油酯为表面活性剂、二乙二醇单乙基醚为助表面活性剂制备了中药厚朴粉自乳化释药系统，改善了厚朴有效成分的吸收状态[40]。另外中药挥发油、难溶性药物也可用自乳化方法制成纳米囊形式，如艳山姜挥发油[41]、阿立哌唑等难溶性药物纳米囊的制备[42]。

（3）界面聚合法（interfacial polymerization method）　界面聚合也叫界面缩聚，是指两种高反应性的单体分别溶于两种互不相溶的溶剂中，在两个液相的界面处进行不可逆的缩聚反应，它可使许多在高温下不稳定而不能采用熔融缩聚方法的单体顺利地进行缩聚反应，由此扩大了缩聚单体应用的范围。在药物制剂的制备过程中，界面聚合适宜于具有酰氨基、酯基等基团的高分子，针对性质不稳定、不溶于水的大分子，以及易溶于水但吸收过快的小分子药物，均可利用此法制成纳米囊。

如以生物相容性好的 α-氰基丙烯酸正乙酯为原料，采用界面聚合的方法制备得到含维生素 C 平均粒径为 280nm 的微囊粒子，可提高维生素 C 的稳定性[43]。界面缩聚也可用于农药微囊[44]的制备中。

界面缩聚法一般是将药物置于互不混溶的溶剂中，在含有表面活性剂的水溶液中制得纳米囊的方法。该工艺反应温度较低，过程设备简单，但溶剂消耗量较大，设备的利用率低，目前实验研究较多，工业化应用较少。

第三节　高分子溶液制剂

一、高分子溶液制剂概述

高分子溶液制剂根据分散质粒子的直径大小分为高分子溶液与高分子胶体溶液[45]，分散质粒子的直径小于 1nm 的为高分子溶液，分散质粒子的直径在 1～100nm（也有人认为在 1～1000nm）是高分子胶体溶液。以水为溶剂的高分子溶液剂，称为亲水性高分子溶液剂，或称胶浆剂；以非水溶剂制备的高分子溶液剂，称为非水性高分子溶液剂。

高分子溶液制剂为将药物溶解于高分子溶液中制成的均匀分散的液体制剂，在药剂学中应用广泛。几乎所有的剂型都与高分子溶液有关，如混悬液中的助悬剂，乳剂中的乳化剂，片剂的包衣材料，注射剂中的血浆代用品，以及微囊、软膏、栓剂及缓释制剂等都涉及高分子溶液。除去含高分子溶液相关制剂，高分子溶液本身也作为溶液剂型应用于临床，主要起维持血浆中正常的胶体渗透压、扩张血浆容量、提高血压、改善微血管循环作用，也用于抗休克、用高分子中的低分子溶胶离散红细胞凝集等。

（一）高分子溶液的溶解性及特点

1. 高分子溶液的溶解性

高分子的分子量大，难以溶解在溶剂中，而且由于溶液中高分子的尺寸大小与胶体粒子的大小相似，因此高分子溶液曾一度被错误地认为是一种胶体溶液，后来很多实验证明高分子溶液是处在热力学平衡状态的真溶液，而且是能用热力学函数来描述的分子分散的稳定体系[46]。非晶高分子的分子链段的堆砌比较松散，分子间的作用力弱，溶剂分子比较容易渗入非晶高分子内部，使其体积膨胀；而极性结晶高分子的晶区分子链堆砌紧密，溶剂分子不易渗入，一般能溶胀于极性溶剂中。

高分子以分子形式分散到溶剂中形成均匀的高分子溶液时，交联高分子只能溶胀，不能溶解，溶胀度随交联度的增加而减小。因此在一定程度上用极性相近原则来判定高分子的溶解度，即极性大的高聚物溶于极性大的溶剂，反之亦然。研究高分子稀溶液的性质可以得到高分子的分子量与分子量分布、高分子在溶液中的形态和尺寸大小以及高分子与溶剂分子间相互作用等重要参数。

在药用高分子溶液的应用过程中，一般通过比较高分子和溶剂的溶度参数 δ（高分子内聚能密度的平方根）来判断高分子与溶剂的相溶性，当高聚物和溶剂的溶度参数的差值较大时，高分子就不易溶解，而当高聚物与溶剂的溶度参数极为接近时，则高分子易溶于其中，这对形成稳定的药用基质具有重要的指导意义（见第一章相关内容）。

2. 高分子溶液的性质特点

参照高分子溶液的溶解性，一般高分子溶液是指具有亲水性的高分子溶液，如羧甲基纤维素钠、羟丙甲纤维素等，此类高分子溶液具有以下性质特点[47]。

（1）带电性质　大分子离子为阴离子者带负电荷，如海藻酸；为阳离子者带正电荷，如琼脂。两性高分子电解质具有等电点，如明胶类，其带电情况与介质的 pH 值有关。pH 值小于等电点时，带正电；反之，则带负电。复凝聚法形成微囊即利用明胶与阿拉伯胶形成带有相反电荷的胶体溶液凝聚而成。

（2）具有一定的渗透压　亲水性高分子溶液与相同物质的量浓度的低分子溶液比较，

表现出较高的渗透压，一般认为是高分子的亲水基团与水形成氢键，产生一定的渗透压。

（3）具有一定黏度　高分子溶液的黏度与分子量相关，一般高分子溶液的黏性在低浓度时与浓度无关，但高浓度时会随着分子质点的增加而增加，呈现聚合物的依数性性质。

（4）稳定性　能形成高分子溶液的高分子化合物与水分子有很强的亲和力，在分子周围形成一层水合膜，使得高分子溶液具有较好的稳定性。高分子微粒之间具有布朗运动，因此，与粗分散体系不同，高分子溶液属动力学稳定体系而沉降速度小，可稳定存在相当长时间而不发生沉淀。但该体系除具较强的布朗运动外，由于分散度高，高分子的比表面积与表面能大，具有分子合并降低表面能的自发趋势，故亦属热力学不稳定体系，常有聚结现象，致使高分子溶液在长期贮存过程中出现陈化现象。例如，利用卡波姆为凝胶基质时，存在与表面活性剂成团不稳定现象，其稳定性也易受电解质、脱水剂等外部条件的影响，如电解质可破坏其水化膜，使得溶解性能降低；加入脱水剂如乙醇、丙酮等，也可使其脱水析出，溶解性能降低。

线型高分子溶液在一定条件下能形成凝胶，如淀粉，可利用其高分子溶液中的单个质子对光线产生散射作用，从散射光强度的变化推知分散度的变化，以研究淀粉糊的稳定性。

3. 高分子溶液的形成

高分子溶液在合适的介质中能以分子状态自动分散成均匀的溶液，与低分子量物质的明显不同之处是要经过溶胀过程。高分子化合物的分子量很大，同一种高分子的分子链所含的链节数并不相同，导致本身的结构、分子量在不同部位具有不同的性质，因此，相同的条件下高分子溶解性质也有所不同。

高分子溶液的形成：溶剂分子慢慢进入卷曲成团的高分子化合物分子链空隙中，导致高分子化合物舒展开来，体积成倍甚至数十倍地增长，形成均相分散系。如一些分子量大的高分子药物（如蛋白质等）或者药用基质以分子状态分散在溶剂中形成单相分散体系，所用的溶剂常为水、乙醇，也有乙醚、丙酮、氯仿等非水溶剂，溶解在哪种溶剂中取决于高分子的分子外部基团是否与溶剂分子结构相似，如带有羟基等极性基团，与水分子形成一层水合膜，即能以分子形式分散到溶剂中形成均匀的高分子溶液。一般以溶液冰点的降低、沸点的升高、渗透压的变化等聚合物溶液依数性特征为指标进行判断。

但交联高分子的分子量大，形成单相分散体系只能在外围，溶解过程中，交联结构的高分子只能溶胀，溶质分子与溶剂分子相互混合使得分子与分子之间的相互作用在分子表面与内部的作用力不同，表现出放热和吸热的现象，导致分子内部内聚能变化，高分子溶度参数发生变化，交联高分子的缓慢溶胀使得形成高分子溶液的速度减慢，且以形成环绕溶剂分子的大的基团形式存在。

在药物制剂中，经常遇到此类制备高分子溶液的问题，由于高分子的溶解过程缓慢，溶液可形成具有一定黏度的胶体溶液。如药用高分子材料羟丙甲纤维素（HPMC）、海藻酸钠、卡波姆等，一般需要低温浸泡 12～24h 才能缓慢形成高分子溶液形式，如果进行加热则不能形成均匀溶液；蛋白质类、纤维素衍生物等高分子中含有较多的—OH、—COOH、—NH_2 等极性亲水基团，玉米朊分子中含—CH_3、—C_6H_5 等非极性基团，皆需进行与分子外部和进入内部的第二阶段水合作用，或者在半极性或非极性溶剂中形成具有一定黏度的胶体溶液。因此，制备高分子溶液时，需根据高分子的自身性质、溶剂性质进行综合平衡确定工艺条件。

（二）高分子溶液的胶凝性

高分子溶液的胶凝性指形成的高分子溶液具有一定的胶体溶液性质，这类溶液按胶粒与分散剂之间的亲和力强弱，分为亲水胶体溶液、疏水胶体溶液、气溶胶及触变胶溶液。

1. 亲水胶体溶液

当高分子的分散剂为水时，则形成亲水胶体，一般高分子以 1～500nm（也有人认为是 1～1000nm）大小的粒子均匀分散在液体分散溶剂中，形成的液体制剂属于胶体溶液型基质，其分散体系的质点一般在 1～100nm 之间。胶体化合物（如蛋白质及其他高分子化合物）的分子结构中如含有许多亲水基团，能与水分子发生作用，质点水化后以分子状态分散于水中，则形成亲水胶体溶液。

亲水胶体溶液的胶体状态跟形成胶体溶液的高分子性质有关，如明胶、琼脂等水溶液，在温热条件下为黏稠性流动的液体，但当温度降低时，呈链状分散的高分子形成网状结构，分散介质水被全部包含在网状结构之中，形成不流动的半固体状凝胶，失去水分后，成为干凝胶，干凝胶遇水又可以溶化形成亲水胶体溶液。

天然多糖类化合物一般能形成亲水胶体溶液，蛋白质类（如明胶及骨胶）、酶类（如胃蛋白酶、胰蛋白酶、溶菌酶、尿激酶等）以及部分合成类化合物（右旋糖酐、聚乙烯吡咯烷酮）等遇水后也能形成亲水胶体溶液。

中药药剂的制备以制备成亲水胶体溶液居多，且多以动物胶为主要基质，如骨胶等。过程是将药物与基质形成干凝胶形式，即将胶原产物溶解在水中，形成亲水胶体溶液，加入药物，再浓缩到一定浓度，放冷后形成凝胶，将凝胶切成片状晾干成干凝胶，使用时用温水浸泡成胶体溶液即可。但形成亲水胶体的高分子化合物，随着非极性基团数目的增多，胶体的亲水性能降低，对半极性溶剂及非极性溶剂的亲和力增加，胶体质点分散在这些溶剂中，这时形成的溶液不再是亲水胶体溶液，而称为高分子非水溶液，如玉米朊的乙醇溶液或丙酮溶液。

2. 疏水胶体溶液

药物制剂中疏水胶体溶液[48]又称疏液溶胶（lyophobic sols），也称溶胶剂，为由固体药物微粒（1～100nm 之间）分散在水中形成的非均匀状态的分散体系，属热力学不稳定系统，外观是透明的。

疏水胶体溶液中，微粒具有带相反电荷的吸附层和扩散层，称为双电层，微粒与水之间水化作用很弱，因此它们与水之间有较明显的界面，是一个微多相分散系统。由于其胶粒不能水化而主要靠粒子表面带相同电荷的互相排斥才免于凝结，因此具有聚结不稳定性。

药剂中常见疏水胶体溶液如下：

带正电荷的正胶体：金属氢氧化物（氢氧化铁、氢氧化铝等）、碱性染料（龙胆紫、亚甲蓝等）、汞溴红、血红素、酸性溶液中的蛋白质等。

带负电荷的负胶体：金属及金属硫化物、酸性染料（苋红、靛蓝等）、淀粉、西黄芪胶、羧甲基纤维素钠、碱性溶液中的蛋白质等。

在疏水胶体溶液的基质制备中，特别注意的是疏水胶粒只有在构成吸附层的吸附离子和部分异性离子存在时才能带电，具有一定程度的稳定性，若将疏水胶体溶液中少量电解质用透析法除去，胶粒失去电荷，胶体就产生凝结而沉淀。因此，胶体中必须有少量电解质的存在作稳定剂。一般向疏水胶体溶液中加入一定量亲水胶体溶液，使胶粒表面吸附一层亲水胶体，阻碍胶粒间的相互接触，增加了疏水胶体的稳定性，这种作用称为胶体的保护作用[49]。因此对于疏水溶胶形成溶胶剂则需加入亲水性高分子溶液，使得溶胶具有亲水胶体的性质而增加其稳定性，药物制剂中常用复合高分子材料以形成稳定的溶胶剂即此原理。

3. 气溶胶

气溶胶是以固体或液体为分散质（又称分散相）和气体为分散介质所形成的溶胶，并不属于溶液范畴，但近年来发现气溶胶的分散质为液体，特别是涉及人类健康的微生物气溶胶[50]引起了人们的注意。微生物气溶胶是一种特殊的气溶胶，是由悬浮于空气中的微生物所形成的胶体体系，包括病毒、细菌、真菌以及它们的副产物。病毒直径在 0.02～0.3μm，类病毒分子量在 0.5×10^5～1.2×10^5 范围，也属于大分子蛋白质，虽然只能在寄主细胞内繁殖，但在没有寄主细胞的条件下仍可附着在如呼吸道分泌物等液滴上形成病毒气溶胶，进而通过空气传播。这种传播方式给药物制剂的药物传递系统带来启发，如空气杀菌剂的运用。

近年来提出的新冠病毒传播途径之一可能为通过气溶胶[51]传播，飞沫混合在空气中，形成气溶胶，吸入后导致感染。密歇根大学研究发现吸入病毒颗粒的概率大于手指接触感染的概率[52]，说明形成气溶胶的用药形式，人体吸收会更快，这就为将药物制备成气溶胶制剂形式提供了很好的方向，尤其适用于哮喘病人及其他有呼吸道疾病的人群，如用腹腔加压气溶胶治疗结直肠癌，研究发现该方式能够更有效地治疗结直肠癌腹膜转移疾病[53]。

目前发现使用药物进行雾化吸入治疗时，运用气溶胶形式进行黏膜吸收是一种较有效的方式，如痰液黏稠难以咳出，可以加用糜蛋白酶[54]，糜蛋白酶为胰腺分泌的一种蛋白水解酶，结构见图 5-20。

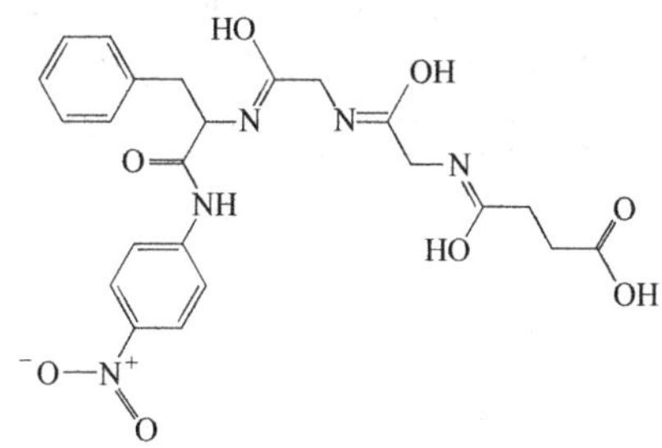

图 5-20　糜蛋白酶结构

糜蛋白酶结构含有多个羟基及酰胺类结构，容易与生理盐水形成溶液（气溶胶形式），使呼吸道以及肺部的脓液液化，从而更快地排出体外。高分子的溶胶剂性质对药剂学有着重要意义，如在制备溶胶剂过程中时常遇到往中药提取胶汁中加入少量明矾，使胶汁中微细的固体颗粒（粒径为 1～100nm 的尘土等杂质）沉淀除去；而具有特殊刺激性的银盐则可制成具有杀菌作用的气溶胶胶体蛋白银、氧化银、碘化银，降低其刺激性[55]。

4. 触变胶溶液

有少数胶体溶液，如硬脂酸铝分散于植物油中形成的胶体溶液，在一定温度下静置时，逐渐变为半固体状凝胶，当振摇时，又变成可流动的胶体溶液。胶体溶液的这种性质称为触变性，这种胶体称为触变胶，触变胶在混悬型滴眼液或注射液的概念中可能出现。

高分子触变胶溶液在高分子材料学上称为可逆性溶胶，为依时性非牛顿流体，分触变性流体和流凝性流体两种。绝大多数时间依赖性流体是触变性流体，触变性流体内的质点间形成的结构在流动时被破坏，停止流动时又恢复原结构，但结构破坏与恢复都不是立即完成的，需要一定的时间，表现为在一定温度下高分子溶液静置时逐渐变为半固体状凝胶，当振摇时，又变成可流动的胶体溶液，该类高分子性质可用于温敏性外用凝胶的制备。利用高分子溶液的胶凝性制备适宜于人的创伤部位的凝胶，如高分子溶液在常温下为液体状态，当应用于人体创伤部位时，在人体体温下，其黏度增加，形成溶胶剂而附着于创伤表面[56, 57]。

二、高分子溶液的制备与药学应用

（一）高分子溶液的制备

一般高分子溶液制法[58]比较简单，将高分子物质分散在溶剂中胶溶即得。但高分子物质的分子量较大，其胶溶与低分子物质的溶解又需经有限溶胀和无限溶胀两个溶胀过程，即水分子渗入到亲水溶胶化合物的空隙中，与亲水基团发生水化作用而使体积膨胀，使高分子空隙间充满了水分子时为有限溶胀，空隙间存在的水分子降低了分子间的作用力，溶胀过程继续进行，使得最后化合物完全分散在水中形成亲水溶胶，即无限溶胀过程，但无限溶胀过程往往很慢，常需加热、搅拌或者长时间放置才能完成。高分子溶液的制备方法则因各种高分子化合物在水中溶胀过程和速度不同而不同，一般分为以下几种方法。

1. 溶解法

溶解法工艺简便，将固体的高分子材料溶胀于水即可，如阿拉伯胶、胃蛋白酶胶溶过程较快，制备时将其撒在水面上，待其溶胀后轻轻搅拌即得到高分子溶液。

如遇明胶、琼脂等溶胀速度慢的产品，只需将其切成小块，在水中溶胀3～4h，再加热无限溶胀成高分子溶液即可。对于合成类或者半合成类药用高分子材料则根据其性质而定。如羧甲基纤维素钠（CMC-Na）在冷水或热水中均可溶解，通常加热使成溶液；甲基纤维素（MC）在冷水中较在热水中溶解度大（因加热破坏MC与水分子间形成的氢键），制备溶液时先将甲基纤维素分散在热水中，不断搅拌冷却得到澄清的溶液。

例：羧甲基纤维素钠胶浆剂制备：

[处方] 羧甲基纤维素钠	0.5g
琼脂	0.5g
糖精钠	0.05g
蒸馏水	适量
共制成	100ml

[制法] 取羧甲基纤维素钠分次加入热蒸馏水（约 40ml）中，轻轻搅拌使其溶解；另取剪碎的琼脂加蒸馏水（约 40ml）浸泡使其溶胀，加热煮沸数分钟，使琼脂溶解；两液合并，趁热过滤，再加入糖精钠、热蒸馏水至全量。搅匀，即得。

[注] 本品 pH 值 3～11 时稳定，氯化钠等盐类可降低其黏度。

2. 分散法

分散法即将药物的粗粒子分散成溶胶粒子大小范围的过程。首先高分子的溶解具有从溶胀阶段到溶解的特征，溶剂分子慢慢进入卷曲成团的高分子化合物分子链空隙中，当高分子化合物舒展时，分子表面的结构基团（如羟基等）与溶剂分子中的羟基形成氢键或产生范德瓦耳斯力等分子间作用力，在高分子与溶剂间形成一定的缝隙，当药物分子进入时则随着溶剂与高分子之间的分子作用力变化而分散开来。但并非所有的溶剂分子都能与高分子表面基团形成相互作用，有些需要使用混合溶剂、助溶剂、增溶剂等引入亲水基团，常用的助溶剂有苯甲酸钠、酰胺类化合物及某些无机盐等。

制备疏水胶体溶液常用的分散法包括机械分散法、胶溶法、超声分散法等。机械分散法多采用胶体磨进行制备；胶溶法为将聚集而成的粗粒子重新分散成溶胶粒子的方法；超声波分散法为采用超声波使粗粒分散成溶胶，如将白及胶制备成载药胶等[59, 60]。

3. 热溶法

热溶法与分散法的区别在于片状、块状的高分子冷水浸泡溶胀后并不完全溶解，需进一步加足量热水并加热使其胶溶，如明胶、琼脂等凝胶溶液的制备[61]。

4. 凝聚法

制备高分子溶液的凝聚法可分为物理凝聚法和化学凝聚法。物理凝聚法为通过改变分散介质，使溶解的药物在不良溶剂中析出微晶而制备溶胶。化学凝聚法则借助氧化、还原、水解及复分解等化学反应制备溶胶（如氢氧化铁溶胶）。

（二）高分子溶液的药学应用

高分子溶液因具有一定渗透压常作为血液的替代品。20 世纪 70 年代中期，美国研制出羟乙基淀粉注射液。中国协和医科大学、中国医学科学院输血及血液研究所，分别于 1958 年和 1967 年成功研究出右旋糖酐和羟乙基淀粉，并在国内迅速形成产业化，但目前被《中国药典》（2025 年版）收载的只有右旋糖酐[62]。

1. 羟乙基淀粉胶体溶液

天然淀粉不能被用作血浆代用品，因为天然淀粉性质不稳定且易被内源性淀粉酶水解，故而以羟乙基淀粉代替。羟乙基淀粉是支链淀粉的葡萄糖环经羟乙基化形成的高分子复合物，性质稳定，是一种天然多糖，平均分子量 13 万左右。

羟乙基淀粉结构见图 5-21。

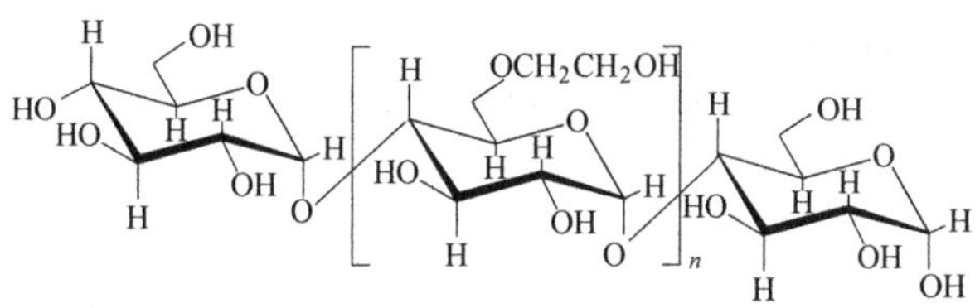

图 5-21　羟乙基淀粉结构

由结构图可看出，羟乙基淀粉不仅具有生物相容性好的葡萄糖结构，同时，羟乙基基团的存在增加了分子的位阻，使得其在体液中能够与水形成更多的氢键，黏度加大（不同取代度的羟乙基淀粉具有不同的黏度），具有一定的渗透压，一般称其为绿色的胶体溶液。羟乙基淀粉可以延长其在血管内的停留时间，进而延缓在血液中的分解和消除，具有扩充血容量的作用，用于治疗和预防与手术、创伤、感染、烧伤有关的血容量不足和休克。

在临床上，羟乙基淀粉常用作扩充血容量药物及高分子键合物药物载体，静脉给药后，可迅速增加血容量，能防止回流血容量减少引起的循环障碍造成的各器官血流量、氧供量减少而出现的器官功能衰竭[63, 64]。

羟乙基淀粉胶体溶液的制备一般用溶解法，如 706 代血浆为低分子羟乙基淀粉，利用溶解法将其制成无色或微黄色稍带黏性的澄明液体、显轻微乳光的静脉滴注药。

2. 海藻酸钠胶体溶液

海藻酸钠为海藻酸盐类的代表，是从海带中提取的天然多糖碳水化合物，分子式 $(C_6H_7NaO_6)_n$，具有药物制剂辅料所需的稳定性、溶解性、黏性和安全性。

（1）海藻酸钠结构及性质　海藻酸钠结构见图 5-22。

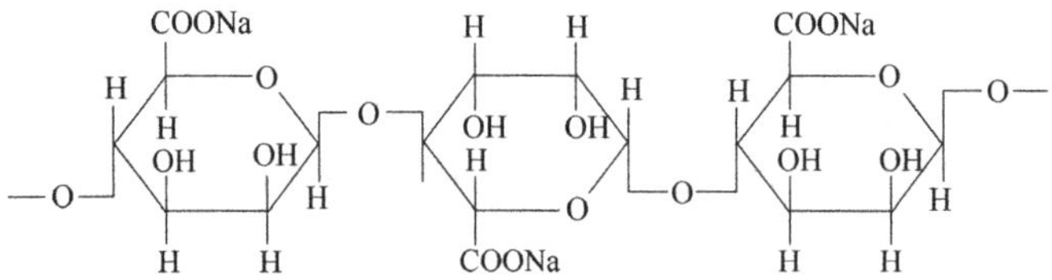

图 5-22　海藻酸钠分子结构

由结构可看出，海藻酸钠也为 α-1,4-糖苷键连接的多糖结构，是无支链的线性嵌段共聚物，这种线性嵌段共聚物结构呈现了海藻酸钠分子链的弯曲以及多羟基的特殊结构，类似于细胞外基质中的糖胺聚糖，具有其安全性及遇水易形成氢键的生物相容性。

（2）海藻酸钠的药学应用　海藻酸钠早在 1938 就已收录于《美国药典》，《中国药典》也已收载，其水溶液具有黏性，在 1%的蒸馏水溶液中的 pH 值约为 7.2，溶液在 pH5～9 时稳定，具有遇水易形成高分子溶液、失水后成膜的特点，药物制剂中常用作固体制剂的黏合剂，以及固、液体制剂的成膜剂及凝胶基质。如将海藻酸钠作为凝胶基质，与乙二醇壳聚糖反应生成自愈合水凝胶[65]。还有人利用海藻酸钠和魔芋葡甘聚糖形成高分子溶液后，采用冷冻干燥法制备了丁香酚缓释微胶囊，取得良好的释放效果[66]。

3. 右旋糖酐

（1）来源　右旋糖酐系蔗糖经肠膜明串珠菌发酵生成的高分子葡萄糖聚合物，经处理精制而得。由于聚合的葡萄糖分子数目不同，则生成右旋糖酐分子量不同。其分子量以重均分子量计算，《中国药典》收载的右旋糖酐型号为 20、40 及 70，分子量分别为 16000～24000、32000～42000、64000～76000[62]。

（2）结构与性质　右旋糖酐制备及结构见图 5-23。

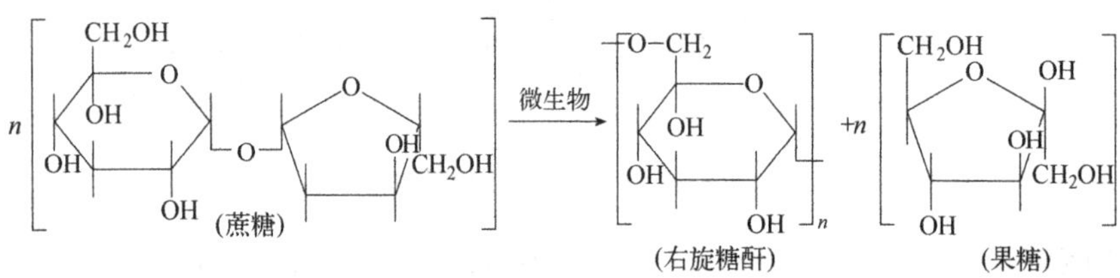

图 5-23　右旋糖酐的制备及结构

右旋糖酐为多糖类结构，分子量大，呈粉末状，白色，无臭，三种型号（右旋糖酐 20、40、70）均在热水中易溶，乙醇中不溶。

（3）药学应用　右旋糖酐[62]含有多个羟基，在水中易形成氢键，因此所形成的溶液均带有一定黏性，临床上常用中分子右旋糖酐作为血浆代用品，用于出血性休克、创伤性休克及烧伤性休克等治疗。

小分子的右旋糖酐，能改善微循环，预防或消除血管内红细胞聚集和血栓形成等，亦有扩充血容量作用，如右旋糖酐 20 与氯化钠形成注射剂，规定 10%大分子部分重均分子量不得大于 70000，10%小分子部分重均分子量不得小于 3500，则渗透压摩尔浓度在 265～325mOsmol/kg 之间。

中分子右旋糖酐包括右旋糖酐 40 及右旋糖酐 70，二者均能与葡萄糖形成无色、稍带黏性的澄明（有时显轻微乳光）的注射用液体。右旋糖酐 40 要求 10%大分子部分重均分子量不得大于 120000，10%小分子部分重均分子量不得小于 5000，渗透压摩尔浓度在 270～350mOsmol/kg 之间。右旋糖酐 70 则要求 10%大分子部分重均分子量不得大于 185000，10%小分子部分重均分子量不得小于 15000。所形成的注射剂 pH 值在 4.0～7.0 之间，用于各种休克所致的微循环障碍、弥漫性血管内凝血、心绞痛、急性心肌梗死及其他周围血管疾病等，目前还可将右旋糖酐与甘露醇制备复合制剂作为肾透析液应用。

第四节 药用高分子凝胶制剂

高分子凝胶制剂属于半固体制剂，在形成半固体制剂过程中，高分子因具有分子量大、性质稳定易形成凝胶剂的特点，成为凝胶剂制备的主要辅料。

一、药用高分子凝胶制剂概述

（一）概念

高分子凝胶[67]是高分子链经交联聚合而成的三维网络或互穿网络与溶剂（通常是水）组成的体系，主要指具有某些特殊性质的体系，如相变性质体系。而药用高分子凝胶制剂是指药物与能形成凝胶的高分子药用辅料（或者高分子药物）制成溶液、混悬或乳状液型的稠厚液体或半固体凝胶制剂。此类凝胶应符合药物应用的要求，如药物自身的质量不变，不影响药物含量的分析，凝胶结构与生物组织类似，呈现出一定的渗透压，当高分子凝胶因溶剂种类、盐浓度、pH、温度不同以及电刺激和光辐射不同而产生体积变化、相转变现象时，不影响药物的使用等等。两者的概念不同。目前形成药用高分子凝胶剂的功能材料，已经在药物控释、软骨支架构建、活性细胞封装等方面获得广泛应用。

（二）分类

高分子凝胶制剂的分类方式有多种，根据使用的溶剂不同分为高分子水凝胶与高分子油凝胶；根据用药后产生作用范围分为全身用和局部用凝胶剂；根据用药部位分为皮肤用、口腔用、眼用、鼻用、阴道用、直肠用凝胶剂[13]；按药物分散状态分为溶液型、混悬型、乳状液型凝胶剂。

高分子凝胶主要以水凝胶为主，一般利用高分子在水中溶胀形成高分子溶液进而转变为失去流动性的凝胶。而油凝胶[68]则是由添加到食用油中的胶凝剂制成的油结构体系，通过对疏水系统进行加热、剪切和冷却形成的由晶体颗粒、自组装纤维或聚合物包裹液体油的三维网络，近年来发展为一种油凝胶载药体系，有助于儿童吞咽。

（三）性质

高分子溶液的结构决定凝胶的触变性、溶胀性、脱水收缩性和透过性。

1. 触变性

高分子凝胶的触变性是指物理凝胶受外力作用（如振摇、搅拌或其他机械力）时，网状结构被破坏而变成流体，外部作用停止后，又恢复成半固体的凝胶与溶胶相互转化的过程。其原因是这些凝胶网状结构不稳定，振摇时容易破坏，静置后又重新形成。

2. 溶胀性

高分子凝胶的溶胀性是指凝胶吸收液体后自身体积明显增大的现象，是弹性凝胶的重要特性。凝胶的溶胀分为两个阶段：第一阶段是溶剂分子钻入凝胶中与大分子相互作用形成溶剂化层，此过程很快且伴有放热效应和体积收缩现象（指凝胶体积的增加比吸收的液体体积小）；第二阶段是液体分子的继续渗透，这时凝胶体积大大增加，可达干燥物质质量的几倍甚至几十倍。影响溶胀的主要因素有液体的性质、温度、电解质及 pH。

3. 脱水收缩性和透过性

凝胶脱水收缩性和透过性主要受凝胶的浓度、温度和电解质影响。不同的高分子在溶剂中都有一定温度下形成凝胶的临界浓度，分子形状越不对称，凝胶化临界浓度越小。低温有利于凝胶化，但对于高分子而言也有加热导致凝胶、低温变成溶液的特殊情况。例如泊洛沙姆凝胶，常温时为溶液状态，在体温时形成凝胶，可载药覆盖于烧伤、烫伤面。离子浓度的变化对凝胶的影响比较复杂，有促进作用，也有阻滞作用，其中阴离子起主要作用，当盐的浓度较大时，SO_4^{2-} 和 Cl^-一般加速凝胶，而 I^-和 SCN^-则有阻滞形成凝胶作用。高分子的这些性质导致了高分子凝胶性质的变化，为药用凝胶基质的形成提供了基础数据。

纳入《中国药典》（2025 年版）的凝胶制剂[62]主要为外用及黏膜制剂。目前，虽然有许多中药凝胶制剂在用，但未有品种纳入《中国药典》。

二、药用高分子凝胶制剂特点

药用高分子凝胶剂是指形成凝胶状的药物制剂。凝胶剂所形成的三维结构具有一定的空隙，能够结合不同性质的药物，并使其以拟定的路线达到释放目的。此类制剂具有生物相容性好、吸收起效快、生物利用度高、制备工艺简单、稳定性好等优势，部分药用凝胶剂还具有缓释、控释作用特点[69]。

药用高分子凝胶剂与其他功能高分子凝胶要求不同，带有医药用性质，因此，所用的材料必须在规定的药用辅料范围内，如药用高分子材料形成的凝胶应满足以下几点要求：

① 凝胶本身无毒，不致癌、不致畸，不引起人体细胞的突变和不良组织反应；

② 具有良好的生物或组织相容性，不引起中毒、溶血、凝血、发热和过敏等现象；

③ 具有与人体天然组织相适应的力学性能；

④ 针对不同的使用目的而具有特定的功能，如注射剂胶束、纳米微球等。

三、药用高分子凝胶制剂辅料

药用高分子凝胶制剂主要是将药用高分子在溶剂中溶胀形成溶液及凝胶，可用于创伤敷料、药物载体、角膜接触镜、形状记忆材料、组织工程支架材料及皮肤的保水功能材料等。制备凝胶剂的辅料包括天然药用高分子胶凝材料与合成药用高分子胶凝材料。

（一）天然药用高分子胶凝材料

天然药用高分子凝胶制剂的制备是利用天然高分子中具有的多个羟基与水以氢键形式形成具有良好生物相容性的凝胶基质，进而与药物形成理想的凝胶制剂。常用的天然药用高分子凝胶材料有淀粉、明胶、海藻酸钠（钙）、透明质酸、壳聚糖、聚乳酸、聚氨基酸、纤维素类，具体为天然的透明质酸（hyaluronic acid）、藻酸（alginic acid）、果胶（pectin）、角叉胶（carrageenan）、硫酸软骨素（chondroitin sulfate）、葡聚糖（dextran）及其硫酸盐、壳聚糖（chitosan）、羧甲基甲壳素（carboxymethyl chitin）、明胶（gelatin）、胶原蛋白（collagen）、血纤维蛋白（fibrin）、琼脂糖（agarose）等。

以海藻酸钠结构为例，见图 5-24。

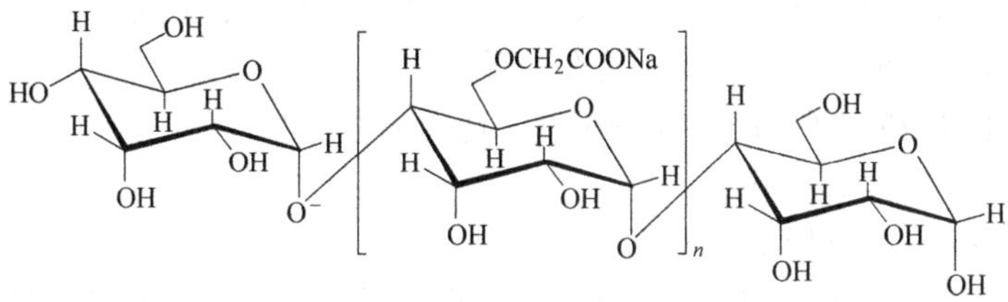

图 5-24　海藻酸钠结构

海藻酸钠以葡萄糖为基元，分子链上具有大量羟基及羧酸根，是一种聚阴离子电解质，能够与多种金属离子形成螯合配体，形成具有良好流动性的水凝胶。如制备盐酸小檗碱-海藻酸钙微球温敏凝胶时，Na^+被Ca^{2+}取代，瞬间凝胶化，生成海藻酸钙凝胶微球，该制剂中药物包载在温敏凝胶中，在酸性环境中可延缓药物的释放，防止突释，但 pH 升高时（如结肠部位）则迅速释放出大量药物，形成突释效果，可有效防止溃疡性结肠炎的发生和发展[69]。

近年来用钙离子替代的胶凝方式制备海藻酸钠水凝胶得到迅速发展，如以海藻酸钠为主要原料制备了仿生人工肌肉，海藻酸钠分子链中的葡萄糖嵌段与碘化钙中的Ca^{2+}相结合，使仿生人工肌肉中的空间结构由“二维”转变为“三维”，此时其峰值力密度、峰值力密度响应速度、弹性模量、屈服强度、离子通道均为最大值[70]。有研究表明可利用水溶性好的聚乙烯醇与海藻酸钠制备海藻酸钠/聚乙烯醇水凝胶敷料，力学性能良好，体外药物释放中呈现明显的活性氧响应性，为新型水凝胶伤口敷料的制备提供参考[71]。也可将海藻酸钠制备成注射用海藻酸钠水凝胶[72]，可作为止血制剂应用。由此可见，天然高分子凝胶的形成原理在于天然高分子结构上具有的羟基、羧基、氨基等基团易与水形成氢键，凝胶为三维结构。目前开发新的天然药用高分子胶凝材料扩展到海洋多糖藻类、天然小分子蛋白等领域。

（二）合成药用高分子胶凝材料

合成药用高分子水凝胶所用材料主要有聚乙二醇（PEG）及其与内酯、己内酯的嵌段共聚物，聚乳酸及其共聚物，羟乙基甲基丙烯酸酯均聚物，聚丙烯酸钠，以及天然多糖接枝共聚物等，也包括天然与合成药用高分子杂化水凝胶，即利用天然与合成的带相反电荷基团的药用高分子材料在水中进行物理交联，形成三维交联网络凝胶。按照药用高分子凝胶剂性质要求，常用的合成药用高分子胶凝材料有：

1. 卡波姆（Carbomer）

（1）来源与结构

卡波姆商品名为卡波普（Carbopol），是丙烯酸与烯丙基蔗糖或烯丙基季戊四醇交联的高分子聚合物，结构如图 5-25。

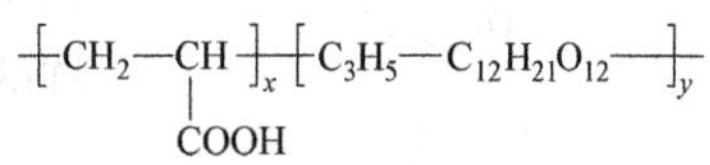

图 5-25　卡波姆结构

（2）性质及应用

《中国药典》（2025 年版）收载有卡波姆共聚物、卡波姆均聚物及卡波姆间聚物[62]，含羧酸基（—COOH）在

52%～68%之间，均能在水中溶胀，呈酸性，遇碱时羧基给予一个或两个以上羟基结合形成氢键，可形成生物黏附性很强的凝胶基质。卡波姆常用型号如下：

Carbopol 940：高黏度、高清澈度，适用于凝胶及膏霜；

Carbopol 941：低黏度、高清澈度，适用于凝胶及乳液；

Carbopol 934：局部给药系统，在高黏度时稳定，用于浓凝胶剂；

Carbopol 980：局部给药系统，结晶澄明凝胶剂；

Carbopol ETD 2020：低黏度、高清澈度，适用清澈凝胶；

Carbopol Ultrez 21：凝胶基质；

Carbopol Ultrez 20：外用凝胶基质。

卡波姆结构上带有羧基，显酸性，在中性至弱碱性时才有一定黏性，溶胀后形成的凝胶基质，具有无皮肤刺激性、无过敏反应、不易出现腐败变质现象等特点，但不能与酸性药物成分、电解质盐类等并存，适于制备眼用凝胶及治疗皮肤破损发炎凝胶剂，如用于负载槲皮素[73]、重组人表皮生长因子[74]等药物。

卡波姆凝胶的制备工艺简便易行，一般将卡波姆与增溶剂、表面活性剂等辅料与水常温下进行混合后，加入碱性物质（氢氧化钠）搅匀，放入防腐剂即得透明凝胶基质，再与药物形成凝胶剂。如有人选择 Carbopol 940 为基质，将咪唑类广谱抗真菌药物酮康唑制备成复方酮康唑凝胶外用制剂，所制备凝胶剂外观透明，均匀细腻，易于涂展，有望解决酮康唑有严重肝毒性并有首过效应的问题[75]。还有双氯芬酸钠凝胶剂的制备，首先将 Carbopol 940 溶于水充分溶胀，加入二乙醇胺制成凝胶基质，再将溶于水的丙二醇及乙醇的双氯芬酸钠、羟苯乙酯加入凝胶基质中，即得双氯芬酸钠透明状半固体凝胶。

2. 纤维素衍生物

部分纤维素衍生物类高分子可作为药用水凝胶基质，如羧甲基纤维素钠（CMC-Na）、甲基纤维素（MC）、羟丙甲纤维素（HPMC）等，典型的代表为羧甲基纤维素钠。

羧甲基纤维素（CMC）是由天然纤维素经过化学改性得到的一种水溶性纤维素醚，但水溶性不理想，其钠盐溶胀与水能形成凝胶。羧甲基纤维素钠的大分子链之间有一定的分子与分子的相互作用，易分散于水中形成三维结构的透明胶状溶液，随溶液的表观黏度上升，溶液继续增稠形成凝胶状物质。凝胶基质的制备工艺过程为将羧甲基纤维素钠与甘油研匀，加入热水溶胀形成凝胶。如有人利用羧甲基纤维素钠的增稠性质制备了奥沙普秦（OXP）凝胶剂，具体工艺为将 PEG-400、乙醇、甘油及氢氧化钠形成溶液，再加入 CMC-Na 后加氢氧化钠溶液形成凝胶[76]。

3. 其他合成高分子胶凝材料

其他合成高分子胶凝材料主要是指具有多个羟基结构的高分子材料，如聚乙烯醇、聚丙烯酸钠、聚乙烯吡咯烷酮（PVP）、甲壳素及其衍生物等，具有良好的水溶胀特性。

此类高分子制备凝胶时，除了水溶胀法还可利用带相反电荷离子基团，在水中进行物理方式的交联形成具有三维交联网络的复合凝胶，如蛋白质、聚乙二醇凝胶的形成，也可将药物制备成微乳液凝胶，即将药物微乳液加入凝胶基质中，如聚丙烯酸钠（见图 5-26）。

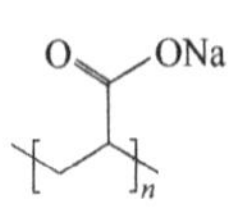

图 5-26 聚丙烯酸钠结构

聚丙烯酸钠结构上带有羧酸钠，进入水中羧酸钠解离，易与水形成氢键，附着在皮肤上，使皮肤的角质层细胞水化膨胀，药物的透皮吸收效果较好。其具有防腐、低污染、低毒性等特点，可作为制备外用中、西药凝胶（如利多卡因、丙胺卡因等药物）[77, 78]的理想基质。

四、高分子凝胶的形成

近年来，结构、性能各异的新型药用高分子水凝胶[79]，引起了人们的广泛注意，高分子凝胶的形成主要采用化学交联和物理交联两种方式，按照制备方法分为化学凝胶和物理凝胶。

（一）化学凝胶的形成

化学凝胶是指药用高分子通过自由基共聚反应、结构互补基团间化学反应以共价键形式连接形成网状结构的凝胶。这类化学键交联的凝胶不能熔融，也不能溶解，结构非常稳定，因此也称为不可逆凝胶。对于药用化学凝胶，凝胶内部具有固定的网状结构，含有大量液体，保持一定的渗透压，药物以多分子聚集分散于溶剂中，构成多相不均匀分散体系。药物的溶出、吸收一般不受该凝胶结构等因素的影响，以恒定的方式进行药物的释放，其中研究最多的为互穿网络结构凝胶。尽管化学凝胶大多符合药物的释放要求，但其在体内应用需要有明确的生理、药理方面的临床检验数据，目前应用于外用制剂研究居多。

（二）物理凝胶的形成

物理凝胶是指药用高分子材料通过物理作用力如荷电相反离子间相互作用、两亲性嵌段或接枝共聚物疏水缔合、氢键、链的缠绕等形成的凝胶。这种凝胶是非永久性的，通过加热可转变为溶液，所以也被称为假凝胶或热可逆凝胶。大多数医用凝胶为物理凝胶，物理凝胶的形成常见以下两种形式。

1. 大分子静电复合交联

物理凝胶的形成在于一些生物相容且可生物降解的水溶性聚电解质，特别是多糖类聚电解质与一些带相反电荷无机离子或聚离子之间的相互交联。有研究表明将聚阴离子葡聚糖硫酸盐溶液滴加到壳聚糖的酸性溶液中，借两种大分子静电复合交联作用，可形成生物相容性好的载药凝胶[80]，用于肝脏止血及再生的研究。

2. 两亲性嵌段或接枝共聚物缔合交联

大分子两亲性嵌段或接枝共聚物链上通常含有诸如—OH、—COOH、—NH_2等功能基团，这些基团不仅赋予聚合物良好的水溶性，而且可与一些结构互补的化合物发生分子间的吸附，如明胶、琼脂等在水中能借疏水缔合作用自组装形成类似于胶束和层状相等有序结构，在温热条件下呈现黏稠流动的胶体溶液状态，温度降低时则形成不流动的凝胶状态。

两亲性嵌段或接枝共聚物缔合交联形式还表现在以溶胶或溶液中的胶体粒子或高分子在一定条件下互相连接，形成空间网状结构，结构空隙中充满了作为分散介质的液体的这样一种特殊的分散体系，没有流动性，内部常含有大量液体，例如血凝胶、琼脂的含水量都可达99%以上。

五、药用高分子凝胶制剂分类

药用高分子凝胶剂按形态分类分为水凝胶与油凝胶，按用药部位及功能分类分为外用凝胶剂、黏膜凝胶剂及形状记忆水凝胶。

（一）根据形态分类

1. 水凝胶

药用功能水凝胶指形成的凝胶能保护药物不受环境（pH、酶等）影响并能够通过环境微弱的变化刺激结构改变，当体积膨胀或收缩时能控制药物释放的一类功能水凝胶，通常称为“智能水凝胶”（intelligent/smart hydrogels）。功能水凝胶材料主要指对温度、pH、电、光、磁及生物等具有敏感性的高分子材料。功能水凝胶广泛用于人造肌肉、酶和细胞固定化、生物分离、药物控制释放等领域[2]。功能水凝胶可分为温敏水凝胶、pH 敏感水凝胶、双重敏感水凝胶及葡萄糖类敏感水凝胶。

（1）温敏水凝胶　温敏水凝胶是指凝胶的体积能随温度变化而变化的高分子凝胶，分为热胀温度敏感型和热缩温度敏感型水凝胶。热胀温度敏感型水凝胶的体积在某一温度附近随温度升高而突然增加，这一温度叫作最高临界共溶温度（upper critical solution temperature，UCST）。UCST 以上大分子链亲水性增加，因水合而伸展，使水凝胶在 UCST 以上突然体积膨胀；热缩温度敏感型水凝胶则是随温度升高，大分子链疏水性增强，发生卷曲，水凝胶体积急剧下降，因此，这种水凝胶也叫反向温度敏感型水凝胶，体积发生突变的温度称为最低临界共溶温度（lower critical solution temperature，LCST）。

温敏水凝胶随环境温度的变化而发生可逆性体积变化的性质被应用于药物控制释放系统，主要是热缩温度敏感型水凝胶，这种水凝胶在 LCST 以上的突然收缩性质，在药物控制释放尤其是蛋白质类药物控制释放中具有很大的应用价值。

① 不可逆温敏水凝胶　不可逆温敏水凝胶是指化学法形成的共价交联水凝胶，主要有 *N*-取代丙烯酰胺类聚合物，这类聚合物的 LCST 在 25～32℃，与人体体温接近，如聚（*N*-异丙基丙烯酰胺）、聚（*N*，*N*-二乙基丙烯酰胺）、聚（*N*-异丙基丙烯酰胺）与聚乙二醇的接枝共聚物、*N*-异丙基丙烯酰胺与丙烯酸丁酯的共聚物等，通常用于制备水凝胶制剂、蛋白质、多肽类药物的控释制剂。

但此类单一高聚物形成的水凝胶在应用时通常会产生刺激性等不良反应，如泊洛沙姆 F127 形成凝胶的浓度最小是 16%，凝胶能引起眼部不适，如视物模糊等。为了解决这一问题，有人将泊洛沙姆与聚丙烯酸共价结合开发了智能的泊洛沙姆-聚丙烯酸接枝共聚物[81]，并对此形成的凝胶进行了研究，发现此类产品在较低的聚合物浓度下（1%～5%），在体温、pH7 时即能够形成凝胶，而且具有较好的黏弹性和生物黏附性，对视觉无影响，可以延长药物在眼部滞留时间；另外，此类凝胶还能把疏水性药物溶解到水介质中，作为脂溶性药物的有效传递体。但合成的高分子凝胶剂在使用过程中存在诸多问题，如乙烯基单体及交联剂等小分子具有很高的毒性，存在致癌致畸可能性，同时具有刺激性，且其在体内的代谢难以达到药用辅料要求，故目前只进行了实验室研究[82]。

② 可逆性温敏水凝胶　可逆性温敏水凝胶是指聚合物水溶液低温时呈现流动的溶胶态，温度上升时呈现凝胶态，而当温度再次降低时，则由凝胶态重新转为溶胶态，又称为热可逆水凝胶。这一体系能够在体内环境下很快形成凝胶，适用于对特定组织部位注射给药。该类凝胶材料有：聚异丙基丙烯酰胺与离子型聚合物（如聚丙烯酸）的接枝或嵌段共聚物、聚环氧乙烷（PEO）与聚环氧丙烷（PPO）嵌段共聚物及其衍生物、PEG 与聚乳酸（PLA）的嵌段共聚物等。

目前，《中国药典》收载温敏水凝胶代表产品是泊洛沙姆（poloxamer），泊洛沙姆自身的亲水结构使其具有热敏溶胶-凝胶转变特性，在较低温度时为液体，在接近人体温度时呈软凝胶状，形成的非化学交联型半固体凝胶，在肌肉或皮下可形成药物储库，使药物缓慢释放吸收。依据泊洛沙姆的结构和浓度，这类聚合物存在两个临界相转变温度，即溶液-凝胶转变温度和凝胶-溶液转变温度，在这两个温度之间其水溶液呈现凝胶状态。

利用泊洛沙姆的低温为水溶液状态的性质，将药物与其混溶，尤其是生物类药物，然后注入体内形成凝胶，从而实现控制药物释放同时保护药物活性的功能。如将泊洛沙姆 188（Pluronic F68）作为一种水包油乳化剂，所制备的普罗布考亚微乳剂物理性质稳定[83]。

（2）pH 敏感水凝胶　pH 敏感水凝胶是凝胶体积随环境 pH 值、离子强度变化而变化的高分子凝胶。一般来说，这类凝胶大分子网络中含有可解离成离子的基团，如酸性或碱性侧基，大分子的网络结构和电荷密度随介质 pH 值的变化以及网络中离子强度的变化可引起体积的变化，同时影响到凝胶的渗透压。形成此类凝胶的药用高分子材料主要有丙烯酸树脂类、部分蛋白质等，解离基团见表 5-4。

表 5-4　常用于 pH 敏感水凝胶的基团

阴离子	阳离子	
$—COO^-$	$—NH_3^+$	$—NRH_3^+$
$—OPO_3^-$	$—NR_2H^+$	$—NR_3^+$

① 碱性敏感水凝胶（阴离子型水凝胶）　碱性敏感水凝胶是指大分子侧链上含有在碱性介质中能够解离基团的水凝胶。在 pH 敏感水凝胶的体型大分子网络结构中，一般含有可离子化的酸性或碱性基团随着介质 pH 值改变，这些基团会发生电离，导致网络内大分子链段间氢键的断裂，静电斥力增加，从而在宏观上产生不连续的溶胀体积变化，显示出 pH 敏感性。

如丙烯酸（AA）类聚合物分子中的羧基基团进入水中时，分子中的平衡溶胀度随 pH 增大而增大。

聚丙烯酸（PAA）结构见图 5-27。

PAA　　PAA-Na

图 5-27　聚丙烯酸（钠）结构

聚丙烯酸结构中羧基基团的存在使得该大分子在水中显示一定的酸性，可与聚乙烯醇、聚乙二醇等含羟基多的化合物形成可逆络合物凝胶，或与壳聚糖等形成离子复合凝胶，具有较好的生物黏附性，能够较好地控制多肽及蛋白质药物的释放，可用来制备多肽及蛋白质的口服或黏膜制剂，呈现环境 pH 敏感的特点。

目前聚丙烯酸多被用于 pH 敏感水凝胶的基质材料，与其他材料如聚乙烯醇、羟丙甲纤维素、聚乙烯吡咯烷酮、聚乙二醇等形成混合体系制备缓控释制剂、巴布膏剂等。如用芳香偶氮类化合物交联的聚丙烯酸水凝胶作为结肠靶向给药系统，这种水凝胶在 pH1～3 时收缩，pH4.8～8.4 时溶胀，同时在结肠环境下（pH=7～8）偶氮键被结肠内微生物降解，交联网络被破坏。因此，该种水凝胶负载药物后，在胃里有很少的药物释放，但到肠内则水凝胶因羧基的离子化而膨胀，使药物释放，在结肠部位由于交联网络的破坏而使药物快速释放[84]。

pH 敏感水凝胶的工艺研究以合成方法较多，如以羧甲基壳聚糖和甲基丙烯酸（MAA）为 pH 敏感的功能性单体，以 *N,N*-二乙基丙烯酰胺为温度敏感的功能性单体，制备的凝胶显示出其在不同 pH 生理环境下的不同释药速率，在肠液中药物的释放达到理想状态[85]。

② 酸性敏感水凝胶（阳离子型水凝胶） 酸性敏感水凝胶由含有碱性基团的高分子形成，常用高分子材料的侧链上含有在酸性介质中能够解离的基团，如氨基等，形成的水凝胶体积随 pH 增大而降低，在 pK_a 附近时，平衡溶胀度发生突变，突变的 pH 范围取决于聚合物的结构以及聚合物与溶剂的相互作用。如交联壳聚糖-聚醚半互穿网络水凝胶，在平衡溶胀状态下，pH 响应性凝胶在 pH＜6 的酸性介质中，凝胶网络内氨基质子化，导致氨基与聚醚之间的氢键解离，凝胶明显溶胀，而在 pH7 的介质中溶胀度很小[86]。

酸性敏感水凝胶主要为在胃和小肠部位释放药物的控制释放制剂，如以丙烯酸、羟丙甲纤维素混合基质与胰岛素形成纳米载药凝胶，释药过程符合扩散-溶蚀动力学模型，在 pH7.4 偏中性环境中释放远远快于在 pH1.2 的胃液环境中，克服了胰岛素口服易受胃肠道 pH、酶系统、菌群代谢分解及肝首过效应等因素影响导致生物利用度差的缺点，呈现药物缓释效果显著的效应[87]。

（3）双重敏感水凝胶 双重敏感水凝胶指负载两种功能的水凝胶，如将 pH 敏单体和温敏单体通过形成氢键、范德瓦耳斯力等分子间作用力以及接枝或嵌段共聚合成方法形成的水凝胶，具有温度及 pH 双重敏感性，用于药物在体内的智能释放，一般常见于以下几种形式。

① 温度、pH 敏感水凝胶 对于温度、pH 敏感水凝胶研究较多的是用 pH 敏感性聚合物的单体与温敏性聚合物单体共聚，如以海藻酸钠（SA）为原料，*N*-异丙基丙烯酰胺（NIPAAm）为温敏单体，丙烯酸（AA）为 pH 敏单体，利用互穿聚合物网络（IPN）技术制备出一系列的温度、pH 双重敏感的半互穿网络 P（NIPAAm-co-AA）/SA 水凝胶，以盐酸多柔比星为目标药物，体外药物释放表现出明显的温度、pH 敏感性，同时具有良好的响应速度和恢复性[88]。

目前已有多种温度、pH 敏感水凝胶产品，其中温敏性材料有聚（*N*,*N*-二乙基丙烯酰胺）（PDEAM）、聚（*N*-乙基丙烯酰胺）（PEAM）、聚（*N*-环丙基丙烯酰胺）（PCPAM）、聚氧化乙烯（PEO）、聚丙烯酸羟丙酯、羟丙甲纤维素、羟丙基纤维素等，而 pH 敏感基团一般指具有羧基、氨基的化合物，如海藻酸钠、聚丙烯酸钠等，形成方法以 IPN 技术为主。IPN 有两种，一种是全互穿聚合物网络（full-IPN），是两种聚合物单体同时在体系中分别聚合并形成交联，两种聚合物网络互相交织互穿但无交联，只是存在次价键作用；另一种是在聚合物（A）的单体聚合体系中混入另一种高分子（B），B 分子链贯穿于聚合物 A 的交联网络中，构成半互穿聚合物网络（semi-IPN）。两种聚合物网络具有相对的独立性而又相互依赖，因此这种技术可以制得具有温度及 pH 双重敏感的 IPN 型水凝胶。

② 温度、光敏感水凝胶 温度、光敏感水凝胶通常称为光热敏感水凝胶，以热响应性 *N*-异丙基丙烯酰胺和光敏性分子合成的凝胶为主，如光二聚型基团、重氮与叠氮基团、丙烯乙酸基团等光敏性基团以及叶绿酸、重铬酸盐、芳香族叠氮与重氮化合物、有机卤素等感光性化合物，在光的刺激下，水凝胶内部构型发生变化，具有热、光敏感性能[89]。如通过将氧化的羟丙基纤维素与羧甲基壳聚糖交联[90]，得到可注射水凝胶，该水凝胶系统具有磁靶向和光热响应等多种功能，能在光热刺激下释放药物，实现光热疗法。光热疗法是一种新兴的光介导的消融癌细胞的方法，由于具有远程控制、副作用少的优势，被认为是一种很有前途的癌症治疗替代方法。因此，同时具备光热性和水凝胶优异特性的光热响应性水凝胶越来越广泛地应用于生物医学领域。

目前光热敏感水凝胶的研究多采用不同性质的高分子进行连接，如有人采用物理交联的方法用甘油磷酸钠和温敏材料壳聚糖制备了一种导电性、力学性能、生物相容性优异，并与神经组织有类似韧性导电的可注射水凝胶，辅助光热疗法在 808nm 激光照射下对小鼠乳腺癌的治疗取得了满意的效果[91]。

③ 温度、磁性水凝胶 1997 年，Jordan 等推动了磁流体热疗（magnetic fluid hyperthermia，MFH）技术的应用。磁流体是指经表面活性剂处理的磁性纳米粒子均匀分散在基液中形成的具有超顺磁性的胶体溶液，在交变磁场中磁流体会吸收磁场的能量而产热，用于肿瘤的热疗研究。该技术利用磁流体的流动性可以方便地在肿瘤组织注射给药或在外加磁场的作用下让磁流体在肿瘤组织富集。

在温敏性水凝胶的聚合物体系中加入磁性粒子（Fe_3O_4）或者磁流体，形成的复合水凝胶具有磁性及热敏感性。如在 Fe_3O_4 磁流体存在下，将 *N*-异丙基丙烯酰胺（NIPAAm）与硅烷化试剂（SBA）采用水凝胶吸附和自由基原位聚合，形成一种双功能混合凝胶［SBA-15/Fe_3O_4/P（NIPAAm）］，该凝胶以阿替洛尔为模型药物，在交变磁场作用下对药物释放呈现磁分离特性和热敏特性。2005 年，德国进行的人体磁流体热疗技术治疗中，采用的是德国 MagForce 纳米科技公司生产的以 Fe_3O_4 为内核、氨基硅烷为包裹涂层的磁性纳米粒（直径 15nm）[92]。治疗过程中，在体外施加交变磁场即可使体内的水凝胶升温，撤去交变磁场时恢复原状，因此可以在体外对体内温敏水凝胶进行控制，进而控制药物的释放。

还有研究以混旋丙交酯、乙交酯、PEG 为原料，制备了 PLGA-PEG-PLGA 嵌段共聚物温敏水凝胶，加入磁流体形成具有磁性的胶体溶液，以目标药物曲克芦丁为体外释放考察指标，发现新型磁性温敏 PLGA-PEG-PLGA 水凝胶可作为载体，通过体外交变磁场实现药物的脉冲式释放[93]。

④ 温度、离子刺激响应水凝胶 温度、离子刺激响应水凝胶是一类对温度、离子强度做出相应物理性能、化学性能、空间结构及形状变化的水凝胶。刺激响应水凝胶在组织工程支架、药物递送载体、伤口敷料、人工肌肉等生物医学领域的实际应用往往受限于其较差的力学性能。如有研究发现，用温敏性［聚（*N*-异丙基丙烯酰胺）］和pH 敏感性（壳聚糖）水凝胶材料，通过结合纳米粒子和离子交联，制备出双交联温敏性水凝胶，具有优异拉伸及压缩强度、高弹性模量及高韧性等良好力学性能[94]。

⑤ pH、离子刺激响应水凝胶 pH、离子刺激响应水凝胶的形成同样由对 pH 敏感及离子刺激敏感的高分子化合物复合而成，如用壳聚糖与聚丙烯酸形成的水凝胶是一种对 pH 及离子刺激敏感的多功能水凝胶传感器，以壳聚糖（CS）及聚丙烯酸（PAA）为原料，与聚乙烯吡咯烷酮（PVP）形成聚电解质复合物的载药凝胶，可作为胃靶点特异性控释等给药系统的适宜基质[95]。

（4）葡萄糖类敏感水凝胶 葡萄糖敏感水凝胶主要指利用凝胶的性质，控制胰岛素释放的凝胶体系。

① 固定葡萄糖氧化酶的pH 敏感膜体系 固定葡萄糖氧化酶的pH 敏感膜体系是指将葡萄糖氧化酶和胰岛素包埋在聚水凝胶中，当体系所处的环境中葡萄糖浓度升高时，葡萄糖扩散到凝胶中与葡萄糖氧化酶发生反应生成葡萄糖酸，引起水凝胶的溶胀，促使胰岛素从凝胶中释放。介质中的葡萄糖浓度越大，溶胀度越大，胰岛素的释放就越快。

② 刀豆球蛋白固定化体系 近年来人们开发出一种含有葡萄糖单元的聚合物，利用刀豆球蛋白（Con A）与葡萄糖之间较强的相互作用形成聚合物凝胶，这种聚合物为非共价交联结构。当环境葡萄糖浓度增大时，游离的葡萄糖与 Con A 结合，破坏了聚合物凝胶间的物

理交联结构，聚合物可随环境葡萄糖浓度变化而发生溶液-凝胶变化，控制胰岛素的释放速率。如用聚甲基丙烯酸羟乙酯为囊材制备的微囊，当葡萄糖浓度增大时，葡萄糖扩散进入囊内，置换出与刀豆球蛋白结合的葡萄糖基胰岛素，经囊膜扩散到环境中使血糖降低，当环境中葡萄糖含量降低，进入囊内的葡萄糖减少，则停止葡萄糖基胰岛素的释放。

2. 油凝胶

油凝胶是一种超分子凝胶，是将液态油脂限制或固定在一个热可逆的、三维的网络结构中，最终得到三维网络和其中植物油共存的热可逆体系[96]。油凝胶是一种具有特定的结构性和功能性的类固体软材料，植物甾醇、卵磷脂、硬脂酸以及各种天然蜡等可作为形成油凝胶的高分子材料。近年来，随着外用凝胶剂的发展，高分子油凝胶进入人们的视线，随着研究的深入，人们发现可采用不同方法制备油凝胶，根据其制备机理不同，分为天然油（动植物油）凝胶及聚合物油凝胶。

（1）天然油凝胶　外用制剂中，动植物油通常作为膏剂基质使用，且与饱和烃如凡士林等混合使用。大多数的动植物油脂中常常含有不饱和脂肪酸、磷脂、生育酚、植物甾醇和活性蛋白等不饱和结构功能性成分[97]，在生产和运用过程中易氧化导致药物制剂的性质不稳定，甚至产生有毒有害的物质[98]，因此，提高动植物油稳定性且不改变原有结构、性质的研究成为重点。

植物油凝胶是一种热可逆的黏弹性液体状或半固体状的三维网络体系[99]，是一种有机凝胶。它由植物油与少量小分子（例如天然蜡、合成蜡等）有机凝胶因子组成，这些有机凝胶因子可以通过自组装或者结晶的方式捕集液体油形成多种形态（如带状、纤维状）的结构，继而形成三维网络结构，阻止了亲脂性液体的流动，使植物油整个体系凝胶化，为形成药用基质的稳定性提供了有利的条件。

相对于固态脂肪，植物油是含大量不饱和脂肪酸的液态油，其所含营养素及其功能使得人们希望将其固化作为固态脂肪的替代物。虽然现在已经研究出不同方法来固化植物油，如氢化（通过在不饱和双键、三键加氢使其熔点升高而固化）、酯化（即在甘油分子间或分子内酯化脂肪酸根）及分馏（通过色谱法、摩擦结晶或湿法萃取将液态油脂和固态油脂分离开）。

（2）聚合物油凝胶　聚合物油凝胶主要指以高分子为凝胶因子、固化植物油为基质的凝胶体系，常用的高分子包括天然高分子纤维素、淀粉、明胶[100]。但部分聚合物因分子量巨大，分子难以分散于水中，以植物油为基质油的聚合物凝胶目前主要是乙基纤维素油凝胶[101-104]。

（二）根据用药部位及功能分类

根据用药部位及功能分类，药用高分子凝胶制剂主要分为外用凝胶剂、黏膜凝胶剂，以及形状记忆水凝胶等。

1. 外用凝胶剂

外用凝胶剂主要指皮肤接触类药物制剂，但对于烧、烫伤，皮肤、黏膜与组织细胞破坏并存状态，外用皮肤凝胶剂与黏膜吸收凝胶要求一致，需严格控制刺激性、pH 等。《中国药典》（2025 年版）收载的外用凝胶制剂有过氧苯甲酰、聚维酮碘等消毒凝胶制剂，也有人表皮生长因子凝胶等皮肤与黏膜共同吸收制剂。

外用凝胶剂种类较少，应用的凝胶基质高分子材料主要有卡波姆、聚丙烯酸钠、饱和脂肪烃等。凝胶制剂因存在三维网络结构，药物可通过骨架通道均匀释放，一般优于乳膏剂，尤其适用于中药制剂中成分比较复杂、药物分子量大小不均的情况。如以卡波姆为主要基质制备的复方银杏凝胶剂与净螨痤疮膏的作用效果进行比较，应用 40 天后，复方银杏凝胶剂有效率为 95.0%，净螨痤疮膏为 77.5%[105]；盐酸特比萘芬凝胶剂治疗各种癣的效果也均优于盐酸特比萘芬乳膏[106]。由于皮肤烧烫伤创面、残余创面、供皮区创面及慢性溃疡创面等并不平整，需要药物能均匀涂抹、覆盖在创面上，因此要求要有弯曲高分子链形成的含药均匀凝胶，凝胶的三维结构很好地解决了药物均匀度的问题。如卡波姆人表皮生长因子凝胶，用来辅助重组人表皮生长因子滴眼液治疗白内障术后干眼症[107, 108]，因为眼接触部位面积小，人表皮生长因子用量又少，所用凝胶中的药物含量是否均匀尤其重要。

如利用壳聚糖的天然碱性多糖性质（稳定，无毒，无刺激，可生物降解，具有良好的生物相容性和抗菌、消炎、止血、促进溃疡面愈合功能等），将其与卡波姆制成治疗银屑病的他扎罗汀凝胶外用凝胶基质，不影响主药他扎罗汀紫外法含量的测定，且分析方法简便易行[109]。

《中国药典》（2025 年版）收载的牛碱性成纤维细胞生长因子凝胶、外用人粒细胞巨噬细胞刺激因子凝胶均以高分子作为凝胶基质，应用于烧伤创面（包括浅Ⅱ度、深Ⅱ度、肉芽创面）、慢性创面（包括慢性肉芽创面、溃疡和褥疮等）和新鲜创面（包括外伤、手术伤等）的治疗。

2. 黏膜凝胶剂

黏膜制剂指药物与适宜的载体材料制成供人体黏膜吸收，起局部或全身作用的制剂。黏膜凝胶剂以原位凝胶（以溶液状态给药后，能在用药部位立即发生相转变，由液态转化为非化学交联半固体凝胶）为主，高分子形成的物理凝胶即原位凝胶。

药用高分子黏膜凝胶剂按应用部位分为口腔黏膜凝胶、鼻用凝胶、眼用凝胶、阴道用凝胶、直肠凝胶。

（1）口腔黏膜凝胶[110]　口腔黏膜可分泌黏液，主要成分是水、黏蛋白，以及少量的脂质、无机盐和游离蛋白质等，当制剂与黏膜接触时，吸收黏液中的水分发生溶胀，依靠机械结合力、静电引力、范德瓦耳斯力或氢键、共价键作用等与黏膜持久地紧密黏合在一起。因此，口腔黏膜黏附制剂是以生物黏附材料为药物载体，通过高分子的生物黏附作用长时间附着于黏膜发挥疗效的药物制剂，具有起效快、低酶活性、对口腔黏膜无病理损伤和刺激作用及给药方便的特点，制剂形式有贴剂、凝胶剂、片剂等。近年来，随着新型医用高分子材料和制备工艺的发展，口腔黏膜黏附给药剂型已广泛应用于心血管药物、止痛剂、镇静剂、激素、糖尿病药物等方面，《中国药典》（2025 年版）收录了甲硝唑、他扎罗汀等凝胶制剂。

药物口腔黏膜吸收除了受药物的自身结构、分子量大小及其油/水分配系数的影响外，同时受凝胶基质的性质、分子量大小等因素的影响。常用的生物黏附高分子材料有天然和合成两类。天然的生物黏附材料有明胶、果胶、西黄蓍胶、阿拉伯胶、海藻酸钠等；合成的生物黏附材料有聚丙烯酸类［聚卡波非、卡波姆等］、纤维素及其衍生物［羧甲基纤维素钠（CMC-Na）、羟丙甲纤维素（HPMC）、羟丙基纤维素（HPC）、聚乙烯吡咯烷酮（PVP）］等。

目前，大量的生物黏附制剂新剂型被应用于临床，如采用羟丙甲纤维素为生物黏附材料制备的盐酸米诺环素口腔黏附片，其黏附时间长达 12～24h，具有缓释效果[111]；利用聚乙烯醇制备的替硝唑口腔凝胶剂[112]，载药量大、起效快速且在口腔滞留时间长，疗效明显提高；莫西菌素泊洛沙姆注射用缓释凝胶制剂，在藏羊体内血药浓度变化显示其具有明显的长效缓释作用[113]。

（2）鼻用凝胶　鼻用凝胶主要用于鼻腔黏膜给药，包含嗅区黏膜和呼吸区黏膜两个给药部位[114]。鼻腔各处均由黏膜覆盖，黏膜内有丰富的血管，鼻腔动脉血管主要来自颈内动脉系统的上颌动脉，当药物通过鼻黏膜进入体内血液循环后，能迅速吸收起效，可避免肝脏的首过效应。

鼻用凝胶所用胶凝材料同口腔黏膜凝胶所用材料一致，如聚丙烯酸钠、羧甲基纤维素钠，以及羟丙甲纤维素等药用高分子材料，但此类高分子材料在鼻黏膜停留时间较其他鼻用制剂长，鼻腔黏膜表面积大小会影响药物吸收，因此要注意药物吸收的个体差异。

药用高分子鼻用凝胶制剂具有广阔的应用前景，如复方氯麻鼻用凝胶剂（瑞利敏）以药用高分子材料卡波姆 934P 为基质，抗过敏效果明显[115]；而复方莫昔沙星凝胶滴鼻剂的制备则以甲基纤维素为主要的高分子基质材料，取得满意的治疗效果[116]。

（3）眼用凝胶　传统眼用制剂有滴眼液、眼膏、眼部注射剂等，因泪液及眨眼等保护机制会冲走部分药物，故需多次给药来维持药物浓度。将药物制成眼用凝胶形式，可利用其高黏度，延长药物眼内滞留时间，减少药物流失，从而提高生物利用度。但眼用凝胶对所用药用高分子材料的自身性质要求更加严格，既要具有能够耐受灭菌消毒而不影响药物含量测定的性质，又需要满足对眼刺激性小、渗透压符合规定等要求。有人利用卡波姆 940 辅以甘油、氯化钠、羟苯乙酯等制备出更昔洛韦眼用凝胶[117]；用卡波姆为基质制备复方更昔洛韦氢化可的松琥珀酸钠鼻用凝胶剂[118]，以及用羟丙甲纤维素制备的牛磺酸脱氧胆酸眼用原位凝胶等制剂，表明卡波姆、羟丙甲纤维素均为对人体黏膜刺激性小且形成水凝胶后药物释放达到释药要求的黏膜用药用高分子辅料[119]。

（4）阴道用凝胶　阴道用制剂属于腔道给药形式，除止痒用凝胶外，阴道用凝胶 pH 约 6.2～7.4，多为亲水性凝胶。应用于阴道的水凝胶辅料主要为黏着性聚合物，有壳聚糖、羧甲基纤维素钠、卡波姆等高分子材料，如制备甲硝唑、克林霉素等抗生素凝胶制剂，也可用于雌激素凝胶的制备。

（5）直肠凝胶　直肠壁组成由里至外为黏膜、黏膜下层、肌层及外膜，其中，黏膜层有较多的小静脉，黏膜下层为疏松结缔组织，含丰富的静脉血管。直肠部血管直接连接上腔静脉及下腔静脉，具有很强的吸收功能。因此当直肠给药时，药物通过肠黏膜被吸收后，经三条传输途径进入体内：一是经由直肠中静脉、下静脉和肛门静脉直接吸收进入体循环，不经过肝脏可避免首过效应，提高血药浓度；二是由直肠上静脉经门静脉进入肝脏，代谢后再参与体循环；三是直肠淋巴系统吸收部分药物，当直肠凝胶剂给药时，其生物黏附性提高了药物的生物利用度。

直肠分泌液 pH 约 7.4～8.4，制备直肠凝胶时应选用在中性或者碱性条件下能形成凝胶的药用高分子材料，如泊洛沙姆、卡波姆、壳聚糖、海藻酸钠、聚（*N*-异丙基丙烯酰胺）、交联 PLGA 嵌段共聚物等，婴幼儿用药需特别注意其过敏性。目前，已研发出多种小儿直肠用凝胶剂，如小儿哮喘直肠凝胶剂[120]、黄龙汤凝胶剂[121]，分别使用丙烯酸树脂、卡波姆 940 为凝胶基质，效果较好。

3. 形状记忆水凝胶

形状记忆水凝胶[122, 123]是近年来发展的一种功能性高分子材料，具有形状记忆效应、高含水量以及良好的生物相容性等优点，其较高强度的三维多孔结构为细胞黏附、生长和迁移提供了良好的类组织微环境。形状记忆行为是一种刺激响应表现形式，固定的临时形状经外界刺激后由于水凝胶体积的膨胀或收缩，进而诱导形状恢复，完成形状记忆过程。刺激响应水凝胶材料是在传统水凝胶材料中引入能对离子、氧化还原、光照等因素产生响应行为的一种智能高分子材料，所制备的水凝胶根据响应行为不同，分为化学物质刺激、pH 刺激及光刺激响应水凝胶。形状记忆水凝胶在医用支架、手术缝合线等医用材料领域有着巨大的应用价值。

如采用冷冻-解冻方法制备得到一种具有形状记忆功能的新型水凝胶材料。在该材料中，微纤化纤维素通过氢键与海藻酸钠结合，增强了水凝胶网络的力学性能，铁离子与海藻酸钠的羧基官能团配位，以共价键方式与水凝胶网络骨架稳定相连，进一步增强水凝胶网络骨架的力学性能，该材料可以用于识别五倍子酸[124]。

海藻酸钠天然多糖结构上具有的羧基与二价金属离子如 Ca^{2+} 、Ba^{2+} 和 Fe^{2+} 等易形成物理交联，所制备的交联聚合物具有良好的生物相容性、可降解性、弱力学性能等特点。如将制备的海藻酸钠金属络合物与聚乙烯醇水溶液通过多次冷冻-解冻实现氢键与结晶的物理交联，制备了刺激响应型水凝胶，该水凝胶结构侧链上含有大量羟基，可实现生物相容性、亲水性和力学性能增强等[125, 126]多重目的。以盐酸四环素为药物模型制备的海藻酸钠/聚乙烯醇水凝胶离子响应形状记忆凝胶，在碱性条件下 10 h 盐酸四环素释药率可接近 100%，而酸性条件下释药率仅为 55%，充分显示了该复合水凝胶作为载体在不同 pH 环境下具备药物控释作用，同时也证实海藻酸钠是制备医用与药用智能水凝胶首选材料之一。

形状记忆水凝胶的逐渐固化引申出其他应用，如尽可能地模拟自然血管的细胞外基质的成分、三维结构、生理功能及力学性能用于设计和制造血管组织工程支架材料。

（1）医用支架材料　医用支架材料主要是指能与组织活体细胞结合并能植入生物体的不同组织，并具备替代组织功能的材料，包括人工骨支架材料、神经组织工程支架材料、组织工程皮肤支架材料。

① 人工骨支架材料　早期的人工骨支架材料是非生物降解型，如高聚物（碳素纤维、涤纶、特氟隆）、金属材料（不锈钢、钴基合金、钛合金）、生物惰性陶瓷（氧化铝、氧化锌、碳化硅）、生物活性陶瓷（生物玻璃、羟基磷灰石、磷酸钙）等，这些材料的特点是机械强度高（耐磨、耐疲劳、不变形等）、生物惰性（耐酸碱、耐老化、不降解），但存在需二次手术去除的问题。理想骨组织支架材料，其孔径最好与正常骨单位的大小相近（人骨单位的平均大小约为 223μm），在维持一定的外形和机械强度的前提下，通常要求骨组织工程支架材料的孔隙率应尽可能高，同时孔间具备连通孔隙，这样有利于细胞的黏附和生长，促进人工骨材料内部的长入，利于营养成分的运输和代谢产物的排出。

新型的形状记忆凝胶填补了现有骨科用材料的缺陷，当形状记忆凝胶通过微导管植入体内，到达正确位置后，通过温度控制恢复其原始设定形状以达到医用支架的目的。目前这类材料有纤维蛋白凝胶、胶原凝胶、聚乳酸、聚醇酸及其共聚体、聚乳酸和聚羟基酸类、琼脂糖、壳聚糖和透明质酸等多糖类高分子材料。如有人将丝素蛋白加热成水溶液，加入冷水下溶胀的琼脂糖，形成形态成分均匀的凝胶水溶液，配合琼脂糖的多孔性和易塑形性及丝素蛋白生物相容性、细胞亲和性、柔韧性和抗拉伸强度力学性能，制备出了各方面性能优越的新型骨组织工程支架材料[127]。还可采用冷冻干燥和化学接枝法合成丝素蛋白/纳米羟基磷灰石/透明质酸复合支架[128]。

② 神经组织工程支架材料　神经的恢复需有足够的生长空间，即神经组织工程支架材料要能提供所需的三维空间，须保证神经导管具有合适的强度、硬度和弹性，使神经具有再生的通道及理想的外层强度，为毛细血管和纤维组织长入提供营养。因此，神经修复所用支架材料要求为：外层为强度大、降解速率慢的可降解材料，内层为具有细胞生长活性的降解材料。目前研究和使用的用于神经修复的内层材料多为大分子胶原和多糖类材料。

目前，神经组织工程支架以聚羟基乙酸（PGA）纤维支架应用较多。如有人将聚羟基乙酸纤维支架作为一种组织工程化周围神经桥接物，用于构建组织工程软骨，以纤维粘连蛋白包埋的 PGA 支架具有良好的亲水性，显著增强细胞合成细胞外基质的能力[129]。

③ 组织工程皮肤支架材料　组织工程皮肤支架材料需具有良好的生物相容性、可降解性、胞界面黏附性及一定的空间三维网络结构。常用作组织工程皮肤支架材料的有部分天然高分子材料，如甲壳素、壳聚糖、海藻酸盐、胶原蛋白、葡聚糖、透明质酸、明胶、琼脂等，但天然高分子材料虽然来源广泛，但存在力学性能较差、抗原性消除不确定、降解速率不宜控制等问题，引入部分有良好的生物相容性、可控的降解速率以及力学性能优良的聚合物（如聚乳酸、聚氨酯、聚羟基乙酸）等与其合用，取得良好的效果。如角膜组织工程支架材料，天然材料用胶原、角膜基质壳聚糖以及它们的复合物与合成材料聚羟基乙酸、合成胶原等，所形成的角膜有一定的透明性、屈光力，对光线散射作用小。

（2）手术缝合线[130]　目前形状记忆材料的研发方向是手术缝合线，即利用高分子蛋白的生物相容性、细胞亲和性、良好的柔韧性和抗拉伸强度等力学性能，形成凝胶涂抹伤口或嵌入可吸收缝合线。在外科手术中应用编织型蚕丝缝合线时，较为常见的是在缝合线表面负载抗菌涂层，如以聚己内酯（PCL）为药物载体，联合抗菌剂磺胺甲噁唑（SMZ）制备抗菌溶液，将其浸涂在蚕丝缝合线上，涂层溶液黏度较大，可促使抗菌性药物嵌入编织缝合线的表面，抗菌效果可维持至术后四天左右[131]。还可用聚氨酯的形状记忆效应与小檗碱制备兼具形状记忆效应、药物释放、抗菌活性的“智能”手术缝合线，利用伤口温度的变化从室温上升到 37℃时，形状记忆效应被激活，手术缝合线逐渐恢复到初始形状，使创口紧密贴合在一起，但聚氨酯的应用需注意其是否为药用高分子。

理想的组织工程血管支架材料还应具有一定的顺应性。目前，该类材料应用较多的是胶原蛋白或明胶包埋的或表面处理的可降解材料的无纺网，例如聚乳酸、聚羟基酸和多肽等的无纺布或无纺网等。

尽管医用高分子水凝胶在药物控释、软骨支架构建、活性细胞封装等方面的应用前景越来越受到人们的关注，但由于凝胶的载药量及药物渗透能力的限制，目前凝胶剂临床上仍多是外用局部治疗制剂，用于全身性治疗的药物凝胶剂产品数量较少，还有一部分凝胶剂作为医疗器械使用[132]。此外，现有凝胶剂基质材料数量非常有限，可选择范围小，因此，对药用凝胶剂研究工作的广度与深度亟待进一步加强，期待更多的药用凝胶剂产品研发成功。

思考题

1. 固体制剂的流动性能涉及高分子哪些性质？
2. 药用高分子的晶型结构与药物的分散有何关系？
3. 药用高分子能形成凝胶的机理是什么？

参考文献

[1] 卢红斌，杨玉良.填充聚合物的熔体流变学［J］.高分子通报，2001（06）：18-26.

[2] 姚日生. 药用高分子材料［M］.3 版. 化学工业出版社，2018.

[3] E 马西威兹 DE 奇切林三世，CM 莱尔. 生物黏附药物传输系统：基本原理、新方法及其进展［M］. 孙志杰，译.北京：化学工业出版社，2006.

［4］ Huang Y B，Leobandung W，Foss A，et al. Molecular aspects of muco-and bioadhesion：tethered structures and site-specific surfaces［J］. Journal of Controlled Release，2000，65（1/2）：63-71.
［5］ 陈敏，孙萍，宿洁，等. 蛋白多肽类药物新型给药系统的研究进展［J］. 中国药学杂志，2022，57（15）：1232-1240.
［6］ Geraghty P B，Attwood D，Collett J H，et al. An investigation of the parameters influencing the bioadhesive properties of Myverol 18–99/water gels［J］. Biomaterials，1997，18（1）：63-67.
［7］ Glantz P O J，Arnebrant T，Nylander T，et al. Bioadhesion：a phenomenon with multiple dimensions［J］. Acta Odontologica Scandinavica，1999，57（5）：238-241.
［8］ Panday R，Breault R，Shadle L J. Dynamic modeling of the circulating fluidized bed riser［J］. Powder Technology，2016，291：522-535.
［9］ 华幼卿，金日光. 高分子物理［M］. 4 版.北京：化学工业出版社，2013.
［10］ 任立焕，刘磊，王鹤，等. 灵芝沙棘雪莲片制备工艺研究［J］. 食品科技，2020，45（05）：91-95.
［11］ 周晔，王天瑶，琚冬冬，等.羧甲基淀粉钠工艺对片剂崩解性能的影响［J］.化工管理，2024（02）：156-159.
［12］ 王伟民. 西咪替丁片的制备工艺及对溶出度的影响［J］. 衡阳师范学院学报，2018，39（06）：66-69.
［13］ 方亮. 药剂学［M］. 9 版.北京：人民卫生出版社，2023.
［14］ 张幼珠，雷晓英，王新波，等. 再生丝素蛋白-壳聚糖包药微囊的质量研究［J］.东华大学学报（自然科学版），2003，29（05）：117-121.
［15］ 葛寒英. 沙棘油的微囊化技术［J］. 东北林业大学学报，2005，33（05）：115-116.
［16］ 李瑞，王青山. 生物材料生物相容性的评价方法和发展趋势［J］. 中国组织工程研究与临床康复，2011，15（29）：5471-5474.
［17］ 李兴屿，周杰，李沙沙，等. 缓释万古霉素三维支架修复兔感染性骨软骨缺损［J］. 中国组织工程研究，2024，28（22）：3509-3516.
［18］ Aspden T J，Mason J D T，Jones N S，et al. Chitosan as a nasal delivery system：the effect of chitosan solutions on *in vitro* and *in vivo* mucociliary transport rates in human turbinates and volunteers［J］. Journal of Pharmaceutical Sciences，1997，86（4）：509-513.
［19］ 郭立华，陈野，李秀明，等. 玉米醇溶蛋白微胶囊的制备及缓释性能［J］. 食品研究与开发，2013，34（04）：61-64.
［20］ 陆丽芳，魏刚，高建成，等. 高电压静电成囊技术制备牛血清白蛋白微囊的探索［J］. 中国医药工业杂志，2004，35（06）：21-24.
［21］ 郭生伟，王鑫，薛敏，等. 声化学法制备巯基壳聚糖/黄芪油微胶囊［J］. 材料导报，2022，36（06）：191-195.
［22］ 杜晓玉. 多功能载药丙氨酸类微有机凝胶的声化学法制备及其靶向/控释性能研究［D］. 青岛：青岛大学，2019.
［23］ 张林森，齐浩彤，侯秀良，等. 基于分子阻隔的丙交酯聚合原位自组装制备聚乳酸纳米球的方法研究［J］. 应用化工，2022，51（04）：1042-1045.
［24］ 张尚前，周先泰，覃秋宜，等. SPG 膜乳化法制备槲皮素缓释微球的工艺优化与表征及体外释放研究［J］. 医药导报，2021，40（04）：502-508.

[25] 赵天瑜，唐荣，金雨楠，等. 负载白藜芦醇的大麦醇溶蛋白/海藻酸丙二醇酯复合纳米颗粒的制备及表征［J］. 中国食品学报，2023，23（09）：89-98.

[26] 张笑颖，徐建中，高伟. 叶黄素微囊粉制备及体外溶出度研究［J］. 中国食品添加剂，2023，34（12）：175-180.

[27] 罗晓莉，高彦祥. 姜黄素及其微胶囊化技术研究进展［J］. 中国食品添加剂，2023，34（05）：315-330.

[28] 常尢. 壳聚糖-海藻酸钠微胶囊递送口服干酪乳杆菌表达 $VP56_{310-500}$ 疫苗预防草鱼出血病研究［D］. 武汉：华中农业大学，2023.

[29] 邢秀丽. 壳聚糖与羧甲基纤维素钠的复凝聚及其微囊的制备［D］. 哈尔滨：黑龙江大学，2013.

[30] 余育才，陈道静，郭俐麟，等. 头孢曲松微囊制备工艺研究［J］. 中国处方药，2019，17（05）：36-37.

[31] 王建筑，郝吉福，李菲，等. 乳化-溶剂挥发法制备阿司匹林乙基纤维素微囊［J］. 西北药学杂志，2013，28（02）：188-191.

[32] 赵有玺，冀颐之，张慧娟，等. 超氧化物歧化酶微胶囊的制备及微囊结构的表征［J］. 安徽农业科学，2014，42（12）：3483-3485.

[33] 姜维，李思维，白甫，等. 沙棘油乙基纤维素微囊的制备及热稳定性实验研究［J］. 现代中药研究与实践，2011，25（06）：56-58.

[34] 金鹤阳，夏菲，江翠兰，等. 超临界流体抗溶剂法制备叶黄素/羟丙甲纤维素邻苯二甲酸酯纳米微胶囊 ［J］. 中国化学工程学报（英文版），2009，28（04）：672-677.

[35] 横山昌幸，本泽荣一，小川泰亮. 其中注入药物的聚合胶束的生产方法及聚合胶束组合物：CN1307866A［P］. 2001-08-15.

[36] 薛伟利. 基于两性离子多肽的靶向纳米药物研究［D］. 杭州：浙江大学，2020.

[37] 谢松志. 益生菌作为药物靶向递送和控释载体的研究［D］. 成都：西南交通大学，2019.

[38] 王鑫. 多功能紫杉醇靶向聚合胶束的研究［D］. 沈阳：辽宁中医药大学，2019.

[39] 杨芳. 用低聚合度纤维素制备 β-糖苷葡聚糖基胶束聚集体及其作为抗癌药物载体释放行为的研究［D］. 天津：河北工业大学，2017.

[40] 王萌. 和厚朴酚自乳化释药系统的制备与药动学评价［J］. 西北药学杂志，2023，38（05）：84-91.

[41] 吴朝花，何丽，肖婷，等. 艳山姜挥发油自乳化释药系统的毒性及对 Caco-2 细胞单层细胞旁转运与 P-糖蛋白的影响［J］. 中草药，2023，54（11）：3568-3577.

[42] 曹桑博，王敏，谢鹏. 阿立哌唑自乳化释药系统的制备与质量评价［J］. 药物评价研究，2023，46（03）：571-577.

[43] 章苏宁，郭奕光，张健，等. 含维生素 C 纳米粒子的制备及性能研究［J］. 日用化学工业，2008，38（05）：308-312.

[44] 曹海潮. 界面层介导的两亲分子调控载药微囊柔性改善与叶面互作效能的机制［D］. 泰安：山东农业大学，2023.

[45] 周建平. 药剂学 ［M］. 北京：化学工业出版社，2004.

[46] 王彪. 自洽场理论对物理缔合高分子溶液的相分离及凝胶化转变的研究［D］.长春：吉林大学，2007.

[47] 袁超平，鲁圣军. 天然高分子溶液流变性研究进展［J］. 广东化工，2017，44（09）：132-137.

[48] 王鸿辰. 药物的胶体性质和疗效的关系［J］. 国外医学 药学分册，1982，9（01）：1-7.

[49] 张雪飞，文秀云，林拴宝. 药物制剂技术［M］. 广州：世界图书出版广东有限公司，2020.

［50］ 毛节泰，张军华，王美华. 中国大气气溶胶研究综述［J］. 气象学报，2002，60（5）：625-634.

［51］ 席周慧. 相对封闭环境内新型冠状病毒肺炎传播动态研究［D］. 青岛：青岛大学，2023.

［52］ 韩鹏宇，郑慧芳，滕艳霞，等. 传染病气溶胶经呼吸途径传播的研究进展［J］.中国人兽共患病学报，2023，39（02）：153-160.

［53］ 曹洪涛，王腾飞，吴勇，等. 腹腔加压气溶胶化疗治疗结直肠癌腹膜转移研究进展［J］. 中国肿瘤临床，2023，50（14）：740-745.

［54］ 邓翠贞. 不同药物雾化吸入辅助治疗肺部感染的临床效果研究［J］. 实用心脑肺血管病杂志，2008，16（05）：1-2.

［55］ 尹鲁生，盛伟城. 弱蛋白银制备方法的改进［J］. 中国药学杂志，1993，28（08）：481-482.

［56］ 马君义，蔺彦斌，蒋严妃，等. 阿拉伯胶溶液的流动性、触变性和动态黏弹性分析［J］.食品工业科技，2013，34（19）：77-79.

［57］ 牛小中，宋勇，李振雷. 酵母重组胶原蛋白创伤凝胶敷料联合壳聚糖痔疮抗菌凝胶对痔疮术后患者的应用效果分析［J］. 中国社区医师，2023，39（08）：46-48.

［58］ 孙蕾. 半刚性共轭高分子溶液相行为研究［D］.合肥：中国科学技术大学，2019.

［59］ 陈慧芬. 明胶/白芨胶载药敷料治疗压疮效果观察［J］. 护理学杂志，2009，24（10）：20-21.

［60］ 赵长永，李道兵. 白芨胶、明胶海绵、MPH 在肾穿刺通道中止血作用的对比研究［J］. 江西医药，2022，57（11）：1735-1738+1742.

［61］ 刘嘉琪. 改性明胶水凝胶的制备及在葡萄糖体外诊断芯片的应用［D］. 北京：北京石油化工学院，2021.

［62］ 国家药典委员会. 中华人民共和国药典［M］. 2025 年版.四部. 中国医药科技出版社，2025.

［63］ 贾佳佳，刘瑞琦，皮桐昊，等. 羟乙基淀粉作为高分子键合物药物载体的研究进展［J］. 中国药剂学杂志（网络版），2023，21（04）：214-220.

［64］ 郭晓丽，葛衡江，刘怀琼. 羟乙基淀粉（200/0.5）对血液流变学的影响［J］. 中华麻醉学杂志，2001，21（07）：21-24.

［65］ 徐文静，梁建荣，曲萌菲，等. 乙二醇壳聚糖自愈合水凝胶的制备及性能［J］.材料工程，2023，51（11）：144-150.

［66］ 王帅，杨顺贺，杨紫姗，等. 响应面法优化丁香酚缓释微胶囊的制备［J］. 食品科技，2023，48（10）：234-242.

［67］ 王晓波. 药物运释系统［M］. 北京：中国医药科技出版社，2007.

［68］ Kirtane A R，Karavasili C，Wahane A，et al. Development of oil-based gels as versatile drug delivery systems for pediatric applications［J］. Science Advances，2022，8（21）：eabm8478.

［69］ 唐杰. 载盐酸小檗碱-海藻酸钙微球的温敏凝胶直肠给药治疗溃疡性结肠炎的研究［D］. 天津：天津中医药大学，2022.

［70］ 王思永. 海藻酸钙凝胶基仿生人工肌肉的输出力性能提升及机理研究［D］. 吉林：东北电力大学，2023.

［71］ 芮金州，彭虎红，关怡新，等. 活性氧响应海藻酸钠/聚乙烯醇水凝胶敷料的制备及性能［J］. 化学反应工程与工艺，2022，38（05）：438-445.

［72］ 陈小芳，郑国爽，李茂源，等. 可注射海藻酸钠水凝胶的制备及应用［J］. 中国组织工程研究，2024，28（05）：789-794.

［73］ 王强，徐永林，刁岩. 卡波姆981添加量对槲皮素微乳凝胶流变学和体外释放特性的影响［J］. 西华师范大学学报（自然科学版），2023（11）：1-8.

［74］ 吴哲，董南，尚利晓.rhEGF 联合卡波姆眼用凝胶治疗白内障超声乳化吸除术后干眼症的效果分析［J］.中国现代医药杂志，2022，24（05）：55-57.

［75］ 洪涛，张倩，康鲁平，等. 复方酮康唑凝胶剂的制备［J］. 中国医院药学杂志，2007，27（1）：106-108.

［76］ 吴雪梅，黄显，王蕴，等. 奥沙普秦凝胶剂的制备及处方筛选［J］. 中国医院药学杂志，2007，27（03）：355-358.

［77］ 李莉，顾相帅，乔芳霞，等. 外用中药复方凝胶贴剂基质的优化［J］. 中国医药工业杂志，2023，54（04）：584-590.

［78］ 黄雅倩. 利多卡因-丙胺卡因凝胶贴膏的药学研究及体内外评价［D］.长沙：中南大学，2022.

［79］ 王轶，张黎明. 医用高分子水凝胶的设计与合成［J］. 功能高分子学报，2004，17（2）：331-334.

［80］ 吴庆远. 壳聚糖-葡聚糖水凝胶负载IL-6用于肝脏止血及再生的研究［D］. 长春：吉林大学，2023.

［81］ 马文狄. 泊洛沙姆-聚丙烯酸接枝共聚物原位凝胶的研究［D］. 沈阳：沈阳药科大学，2007.

［82］ 常广涛，俞麟，丁建东. 用于药物释放和组织修复的可注射性水凝胶［J］. 中国医疗器械信息，2006，12（03）：4-8.

［83］ 秦雪，王成港，任晓文. 普罗布考亚微乳剂的制备［J］. 中国医药工业杂志，2012，43（05）：356-359.

［84］ 马丽微. pH/温度敏感的水凝胶粒子/微球的制备、表征及其在药物缓释中的应用［D］. 兰州：兰州大学，2010.

［85］ 季兴敏. 环境敏感水凝胶的溶胀动力学理论及药物释放动力学研究［D］. 武汉：武汉理工大学，2007.

［86］ 徐佳佳. PAA复合纳米凝胶及其负载胰岛素的制备与性能研究［D］. 合肥：合肥工业大学，2012.

［87］ 吴才亮. 温度/pH双重敏感水凝胶的制备及其性能的研究［D］. 贵阳：贵州大学，2022.

［88］ Yang Y，Zhang Y，Xie S，et al. Hydrogel-derived luminescent scaffolds for biomedical applications［J］.Materials Chemistry Frontiers.2021，5（9）：3524-3548.

［89］ Ma H，Yu G，Cheng J，et al. Desigh of an injectable magnetic hydrogel based on the tumor microenvironment for multimodal synergistic cancer therapy［J］.Biomacromolecules.2023，24（2）：868-885.

［90］ 王琦，王馨竹，姜增誉，等. 可注射导电水凝胶聚吡咯-壳聚糖对慢性心肌梗死后心脏功能长期改善［J］. 实用医学杂志，2023，39（13）：1606-1613.

［91］ Tan W，Chen S，Xu Y，et al. Temperature-sensitive nanocarbon hydrogel for photothermal therapy of tumors［J］. International Journal of Nanomedicine，2023，18：6137-6151.

［92］ de Sousa A，de Souza K C，da Silva Leite P M S，et al. A dual-functional［SBA-15/Fe_3O_4/P（*N*-iPAAm）］hybrid system as a potential nanoplatform for biomedical application［J］. Journal of Nanomaterials，2014，2014（1）：293624.

［93］ 魏亚超. 磁性温敏水凝胶的制备和应用［D］. 张家口：河北北方学院，2011.

［94］ 谷恒. 离子交联高强度刺激响应水凝胶的制备与性能研究［D］. 广州：华南理工大学，2019.

［95］ Jin S P，Liu M Z，Chen S L，et al. A drug-loaded gel based on polyelectrolyte complexes of poly（acrylic acid）with poly（vinylpyrrolidone）and chitosan［J］. Materials Chemistry and Physics，2010，123

（2/3）：463-470.
［96］ 李增福，肖巍，王琼，等. 自组装小分子有机凝胶剂研究进展［J］. 江西化工，2008，24（02）：23-27.
［97］ 王鹏，王静怡，范越，等. 基于大数据可视化分析植物油凝胶研究现状及发展趋势［J］. 食品工业科技，2023，44（19）：460-470.
［98］ Rogers M A. Novel structuring strategies for unsaturated fats—meeting the zero-trans，zero-saturated fat challenge：a review［J］. Food Res Int，2009，42（7）：747-753.
［99］ Delshadi R，Bahrami A，Tafti A G，et al. Micro and nano-encapsulation of vegetable and essential oils to develop functional food products with improved nutritional profiles［J］. Tre Food Sci Technol，2020，104：72-83.
［100］ 柯翔宇，崔梦楠，高彦祥，等. 简述油凝胶及其在食品中的应用［J］. 食品科技，2019，44（10）：110-115.
［101］ 孟宗，李陆茵，李兴伟，等. 植物蜡及液态植物油构建油凝胶的物性研究［J］.中国油脂，2019，44（11）：17-22.
［102］ Meng Z，Li L Y，Li X W，et al. Physical properties of vegetable waxes and liquid vegetable oils for constructing oleogels［J］. China Fats and Oils，2019，44（11）：17-22.
［103］ Ojijo N K O，Neeman I，Eger S，et al. Effects of monoglyceride content，cooling rate and shear on the rheological properties of olive oil/monoglyceride gel networks［J］. Journal of the Science of Food and Agriculture，2004，84（12）：1585-1593.
［104］ Mohammad R I S，Md Saifullah，Sulafa B H H，et al.Micro and nanoencapsulated naturalproducts in yogurt：anemerging trend to achievemultifunctional benefits inproduct quality and humanhealth［J］.Food Hydrocolloids，2024（154）：110124.
［105］ 李劲鸿. 复方银杏凝胶剂的研制及临床应用［J］. 中国药师，2006，9（10）：917-918.
［106］ 张灼锐，蔡怿，李腾蛟. 盐酸特比萘芬凝胶的研制及临床疗效观察［J］. 中外医疗，2009，28（19）：105.
［107］ 王娟，金书红. 卡波姆凝胶辅助重组人表皮生长因子滴眼液治疗白内障术后干眼症 39 例疗效分析［J］. 药品评价，2023，20（01）：102-105
［108］ 张增春，崔龙江，王李理. 卡波姆凝胶联合重组人表皮生长因子滴眼液对白内障术后干眼症患者泪液动力学的影响［J］. 慢性病学杂志，2022，23（12）：1778-1781.
［109］ 张爱军，邹晶，刺宝平，等. 他扎罗汀壳聚糖凝胶的制备与质量标准研究［J］. 中国药业，2006，15（12）：28-29.
［110］ 戴亦晖，王小虹，戴晓东. 口腔黏膜黏附制剂的研究应用［J］. 临床军医杂志，2008，36（03）：448-450.
［111］ 张燕梅，叶国健，牛亚伟，等. 盐酸米诺环素口腔黏附片的制备与体外考察［J］. 中国抗生素杂志，2015，40（06）：433-438.
［112］ 郭玉峰，赵民生，曹秀虹. 替硝唑口腔凝胶剂的制备及临床应用［J］. 药学实践杂志，2005，23（04）：211-212.
［113］ 余承波.莫西菌素凝胶临床疗效及靶动物安全性试验［D］.合肥：安徽农业大学，2022.
［114］ 王光亮，聂利华，焦海山. 人体解剖生理学［M］. 2 版.北京：化学工业出版社，2021:196.
［115］ 马萍，刘丽宏，辛艳茹，等. 氯麻鼻用凝胶剂的制备和质量控制［J］. 解放军药学学报，2007，

23（02）：140-142.

［116］ 刁丹，张瑛，赵宝玲. 复方莫昔沙星凝胶滴鼻液的制备及临床应用［J］. 江西医药，2009，44（05）：496-498.

［117］ 曹春英，赵雪丽. 更昔洛韦眼用凝胶的制备及其质量控制［J］. 中国医药导报，2008，5（21）：36-37.

［118］ 朱铁梁，戴学文，王姿婧，等. 复方更昔洛韦氢化可的松琥珀酸钠鼻用凝胶剂制备及质量控制［J］. 武警后勤学院学报（医学版），2016，25（01）：32-36.

［119］ Ni X M，Guo Q，Zou Y Q，et al. Preparation and characterization of bear bile-loaded pH sensitive in-situ gel eye drops for ocular drug delivery［J］. Iranian Journal of Basic Medical Sciences，2020，23（7）：922-929.

［120］ 冯怡，史芝英，徐莲英. 小儿哮喘直肠凝胶剂的研制：凝胶剂中辅料及促渗剂的选择［J］. 中国实验方剂学杂志，2001，7（02）：7-11.

［121］ 杨萌. 黄龙汤的凝胶剂制备工艺及质量标准研究［D］. 长春：吉林农业大学，2021.

［122］ Zhang K，Zhao Z，Huang J，et al. Self-recoverable semi-crystalline hydrogels with thermomechanics and shape memory performance［J］. Science China Materials，2019，62（4）：586-596.

［123］ Segiet D，Raidt T，Özdem H，et al. Thermo-/moisture-responsive shape-memory effect of poly（2-ethyl-2-oxazoline）networks［J］. Journal of Polymer Science Part B：Polymer Physics，2019，57（16）：1053-1061.

［124］ 代天卫，杨德超，刘丰祎. 一种形状记忆水凝胶材料的制备及其应用［J］. 云南化工，2021，48（01）：26-28.

［125］ 伏钰，陈丽，周莉，等. 聚乙烯醇/纳米羟基磷灰石/丝素蛋白复合水凝胶的制备及其性能研究［J］. 化学研究与应用，2019，31（4）：684-689.

［126］ 乔瑶雨，李超，闻静，等. CO_2致孔的海藻酸钠水凝胶对BSA的可控释放［J］. 化学研究与应用，2021，33（8）：1425-1432.

［127］ 马宏. 基于丝素蛋白/琼脂糖复合支架材料的骨组织工程应用研究［D］. 武汉：华中科技大学，2011.

［128］ 南晓茹. 丝素蛋白/纳米羟基磷灰石/透明质酸复合支架的制备及性能研究［D］. 太原：山西医科大学，2021.

［129］ 孙晋客，刘锋，范卫民. 不同材料包埋的PGA支架对软骨细胞体外培养的影响［J］. 江苏医药，2006，32（07）：642-644.

［130］ 杨鑫，张昕，潘志娟. 天然高聚物基手术缝合线的研究现状［J］. 丝绸，2023，60（03）：1-7.

［131］ Pethile S，Chen X J，Hou D D，et al. Effect of changing coating process parameters in the preparation of antimicrobial-coated silk sutures：An in vitro study［J］. Fibers and Polymers，2014，15（8）：1589-1595.

［132］ 王朝，黄绳武. 凝胶剂研究进展［J］. 医药导报，2010，29（2）：223-228.

第六章
药用高分子包装材料

药品的包装是指容纳和保护药品的所有包装组件的总和。在评价一种药物时，必须确定此药物使用的包装能在整个使用期内保持药物的效果、纯度、一致性等。随着世界人口老龄化进程的加快，社会医疗保障体系也得到不断完善，我国医药行业成为各产业中发展最快的产业之一[1]，总产值从 1978 年至今增长超过了 500 倍。医药行业的发展离不开药品，而接触药品的包装材料和容器被认为是药品保障质量的重要组成部分之一，也被称作药品的“第二生命”。我国药品包装主要经历了三个阶段：纸质包装、玻璃瓶包装发展至现代的塑料瓶包装。玻璃、天然草板纸等材料的药品包装形式单调、笨重，且天然草板纸包装材料的外部成分具有不确定性，易导致药物包装后性质的不稳定性。近年来，药物的包装以体轻、不易破碎、易加工成型、价廉的药用高分子包装材料为主，如药物的铝塑包装、塑料软包装、纸塑包装等均为高分子复合材料，使得药品包装业焕然一新。但高分子材料由于其分子量的不确定性、成分结构性质的复杂变化，以及包装材料的生产过程中不可避免地引入添加剂、小分子单体等微量物质，在与药品接触时易引起药物性质及制剂形式的改变，因此药用高分子包装材料的生产、使用需符合药用材料的要求。

第一节　药用高分子包装材料概述

一、药品包装材料法规与分类

（一）药品包装材料的法规内容

药品不同于其他商品，它是直接关系到人生命健康的物质。在药品的包装中，由于药物本身具有一定的理化性质，直接接触药物的包装形式必须符合药用要求，为此，各个国家都制定了关于药品包装的法律法规，《中华人民共和国药品管理法》[2]中涉及药品包装的规定包括以下内容：

① 直接接触药品的包装材料和容器，应当符合药用要求，符合保障人体健康、安全的标准。

② 药品包装应当适合药品质量要求，方便储存、运输和医疗使用。

③ 在每件包装上，应当注明品名、产地、日期、供货单位，并附有质量合格的标志。即药品包装应当按照规定印有或者贴有标签并附有说明书。

④ 禁止使用未按照规定审评、审批的包装材料和容器。

由以上规定可看出，药品的包装材料需符合药用要求，与药物一样需经过各项药理、毒理等试验后符合安全性要求方可使用。

（二）药品包装材料分类

药品包装材料一般分为原料药包装材料和药物制剂包装材料。

1. 原料药包装材料

对原料药包装材料的要求较少，与原料药直接接触的包装材料，只要不影响原料药性质、自身性质稳定即可。

2. 药物制剂包装材料

因药物制剂为直接用于人体的形式，药物的剂型不同，所用的辅料不同，因此对不同剂型的药品包装材料要求也不同。

药物制剂包装材料分为三类：单剂量包装材料、内包装材料和外包装材料。

单剂量包装材料指对药物制剂按照用途和给药方法对药物成品进行分剂量包装的过程中使用的材料，如颗粒剂所用的小包装袋，注射剂的玻璃安瓿瓶，片剂、胶囊的泡罩式铝塑材料等。内包装材料为直接接触药品的包装材料，指将数个或数十个样品装于一个容器或材料内的过程中用到的材料，如数粒成品片剂或胶囊的铝塑包装材料、塑料瓶等。外包装材料为将已完成内包装的药品装入箱中或袋、桶和罐等容器中的过程用到的材料，进行外包装的目的是便于药品的贮存和运输。因此，用于药品包装的高分子材料必须按照药品内包装形式进行安全、稳定性试验，保障药品在使用期内有效，形状包装材料须为含柔性链、在一定温度下能弯曲成型的紧密结构的高分子材料，具有相应的气密性、透明性等性质。

（三）各国对药品包装材料的规定

药品包装的目的是防止药品的污染与混淆，以及保证药品的稳定性，每个国家都有自己的药品包装管理制度，对于药物制剂的包装要求均较严格。

1. 我国

我国现行执行的药物制剂包装要求为 2019 年发布的《中华人民共和国药品管理法》中第四章第四十八、四十九条的药品包装要求，执行 2024 年公告的《中华人民共和国药品管理法实施条例》。内容强调药用材料需在整个使用期内保持其药效、纯度、一致性，具体内容见 2015 年发布的 130 项直接接触药品的包装材料和容器的国家标准。

2. 美国

美国对人体使用产品的材料安全性要求严格，规定药物制剂的包装要求较为具体，例如：防止直接接触药物的容器与栓塞带来杂物与微生物；在装填和分包包装工序中防止交叉污染（其他药品粉尘混入）；防止包装作业中发生标志混淆；防止标志错误（如印刷、打印差错）；包装成品需进行检验；等等。

3. 日本

日本将药用包装材料直接列入了《日本药事法》中，明确规定了药品包装容器、直接接触容器、包装材料、内袋、外部容器、外部包装材料、附加说明书、封口等内容的要求。

二、药品包装材料的性能

（一）包装材料的一般性能

包装材料[3]是指用于制造包装容器和构成产品包装的材料的总称。目前种类包括木材、纸与纸板、玻璃陶瓷品、金属、塑料、纤维织物等。其中纸与纸板、玻璃、塑料、金属包装材料已成为包装工业的四大材料支柱。包装材料的性能通常表现在以下几个方面。

1. 内容物保护性

内容物保护性包括阻隔性（如阻水、阻气、阻水蒸气、阻光、阻芳香味、阻臭味、隔热等）、力学性（如耐压、耐震动、耐冲击、耐撕裂、抗拉伸、耐针刺等）、稳定性（如耐药品、耐热、耐寒、耐老化、耐尺寸蠕变等）。

2. 安全性

包装材料的安全性包括卫生性（如防渗透、防微生物影响、防虫、防尘、防腐、无毒害性等）和操作安全性。

3. 加工适应性

加工适应性包括机械适应性（如抗拉强度、硬度、挺度、撕裂强度等）、印刷适应性（如耐磨性、相容性、印刷精度等）和封合性（如热封温度、热合压力、时间等）。

4. 便利性

包装材料的便利性包括流通便利性、贮运的方便性和消费便利性（如启封的方便性、开封后的保存性、再利用性等）。

5. 商品性及经济性

商品性及经济性包括展示说明性、经济性和标准化，特别是药品的包装，涉及人的生命质量，标准更加严格。

6. 资源特性及废弃物处理性

主要指包装材料的来源稳定性和回收再利用性（包括特殊药品废弃物的回收，如放射性药品、麻醉药品等特殊药品的包装材料的回收）。

（二）药品包装材料的特殊性能

药品包装材料直接影响到生命安全，因此，药品的包装材料需具有以下特殊性能。

1. 药品包装材料的安全性

药品包装材料的安全性是指直接与药品接触的包装材料需能保证药品稳定，因为这直接影响用药安全。即要求药品包装材料在包装药品期间能够保证药品的质量及药效的稳定性。选择安全性良好的药品包装材料，可避免药品包装材料导致的药品失效甚至产生严重的毒副作用等问题。因此选择药品包装用的高分子材料时，必须与药品的理化性质、保护方法及销售要求相结合，筛选出无毒、与药品不发生反应、保护药品不受环境条件的影响以及能适应一般高速包装机械要求的安全性材料。

目前直接接触药品的药用高分子包装材料[4]主要包括聚乙烯类、聚丙烯类、聚酯复合膜袋及橡胶类等，可用作如输液瓶、滴眼剂瓶、口服液体用瓶及注射剂用橡胶塞和盖等。人们发现其中含有氯、溴卤素元素的聚乙烯类高分子包装材料在使用中存在一定的安全风险，聚氯乙烯/聚偏二氯乙烯固体药用复合硬片、聚氯乙烯/低密度聚乙烯固体药用复合硬片、药用氯化丁基橡胶塞及药用溴化丁基橡胶塞等逐渐禁止使用。

药品包装材料的安全性体现在药用高分子的生产、使用过程中，即控制高分子材料的质量以保证生产具有防潮、防尘、阻气、隔氧、保香、避光等功能的基材，提高力学性能，使其具有优良的抗拉强度，耐磨损、耐撕裂、耐折断、耐冲击、耐穿刺、质轻、易携带、易开启、使用方便且费用低等特点。

药品包装材料的安全性也包括内外包装的标签和使用说明书等材料的安全性。以染料的使用为例，所印刷的染料除保证清晰醒目外，还需要不受照明、通风、温度和湿度等环境条件的影响，如液体注射剂的非 PVC 软包装，需印刷醒目字样，如果染料影响了包装材料的性质，则有可能渗透至包装材料内进而引起药物性质的改变。

药品包装材料，尤其是直接接触药品的包装材料直接影响用药的安全性，如高分子材料合成过程中添加的增塑剂等往往能引起药物活性成分的迁移、吸附，甚至发生化学反应，导致药品失效，有时还会产生严重的毒副作用。包装材料的不适宜影响用药安全性，甚至酿成事故的例子屡见不鲜，因此，在为药品选择包装材料之前必须检验证实该材料适用于预期用途，必须充分评价其对药品稳定性的影响，评定在长期的贮藏过程中药物在不同环境条件下（如温度、湿度、光线等）的稳定性与有效性。

安全用药依据《国家药包材标准》[5]对药用包装材料进行评价。生物学评价放在首位，因我国对于高分子材料的生产以化工企业居多，生物学评价指标一项并不在标准检查范围内，因此并不能保证药用包装材料的细胞毒性检查一定符合药用标准，如有人对市场上用于注射、体内滞留等制剂中使用的对人体安全风险较高的聚丙烯粒料等二十三种药用高分子材料进行细胞毒性反应试验[6]，结果只有 14 个样品显示阴性，仅占 61%。因此，药用包装材料须于应用前进行毒理学安全性风险评估，才能降低其使用风险。

2. 药品包装材料的适用性

药品包装材料的适用性是指根据不同药品性质，选择相适应的药品包装材料以及包装设计。药品包装材料是否适用直接影响着药品的整体质量。药用包装材料包括各类药物剂型包装材料，如储血和输血材料、外包装材料及其在体内长期滞留的设备或替代品等材料。由于绝大部分药用包装材料中存在的一些小分子物质是生物相容性不确定因素，可能对人体安全造成较大危害，因此药品包装材料的适用性选择，充分体现了保护药品质量的重要性。

（1）生物相容性　药用包装材料的生物相容性可以被理解为相对生物相容性，因为不同药物包装材料的生物相容性要求不同。材料的生物相容性是作为药品包材的前提，如果材料不具有生物相容性则无论潜在性能如何，都不能使用。值得注意的是，如果材料为人类所使用，则在临床使用之前，必须将适当的生物相容性数据存档。

（2）可用性　为了避免药品包装材料的临床风险，我国药品监督管理局出台了药品包装材料的标准，尤其是直接接触药品的包装材料，使得药品包装材料具有生物材料可用性。

药用高分子包装材料不仅要具备材料的安全性，同时要具备一些适用包装的力学性能，如刚度或柔韧性、耐热性、耐化学性和介电性能等。例如，用于高压灭菌消毒时的高分子材料需考虑其耐热性，用于软包装时，则考虑其柔韧性。

（3）加工适宜性　对于药品包装材料的要求除了符合包装性能和生物相容性要求外，还需要考虑其加工适宜性，即将该包装材料加工成所需的最终形状的适宜工艺条件是否可行。对于包装用高分子材料，主要根据其自身性质进行最终形状的确定。

（4）不同制剂形式的包装适应性　市面上有着诸多不同形式的药品包装材料，适合不同制剂形式的药品选择使用，高分子材料包装[7]主要以固体制剂包装及液体制剂包装为代表。

① 固体制剂的包装　口服固体制剂是预防、治疗用药品使用最广泛、用量最多的一类制剂，按照剂型类别可分为片剂、胶囊剂、颗粒剂、散剂等，具有药品稳定性好、生产成本较低、服用与携带方便等优点。药物质量的好坏固然受制于药品本身的理化性能，但药品的包装材料对药物的稳定性同样起着至关重要的影响。药品包装材料、容器组成配方、所选择的原辅料及工艺的不同，会对药品功能产生较大的影响，不恰当的材料能引起活性成分的迁移吸附，甚至发生化学反应，使药物失效，有的还会产生严重的副作用[8]。近年来，随着医

药领域相关政策的推行，对药品成本和质量的要求更高，药品包装行业也面临着新的挑战。《国家食品药品监督管理总局关于发布 YBB 00032005—2015〈钠钙玻璃输液瓶〉等 130 项直接接触药品的包装材料和容器国家标准的公告》（2015 年第 164 号）规定的药用高分子包装材料有：

YBB00112002 口服固体药用聚丙烯瓶

YBB00122002 口服固体药用高密度聚乙烯瓶

YBB00172002 聚酯/铝/聚乙烯药品包装用复合膜、袋

YBB00182002 聚酯/低密度聚乙烯药品包装用复合膜、袋

YBB00192002 双向拉伸聚丙烯/低密度聚乙烯药品包装用复合膜袋

YBB00242002 聚酰胺/铝/氟乙烯冷冲压成型固体药用复合硬片

YBB00252005 聚乙烯/铝/聚乙烯复合药用膏管（新标准）

YBB00262002 口服固体药用聚酯瓶

YBB00172004 固体药用低密度聚乙烯防潮组合瓶盖

YBB00192004 双向拉伸聚丙烯/真空镀铝流延聚丙烯药品包装用复合膜、袋

YBB00202104 玻璃纸/铝/聚乙烯药品包装用复合膜、袋

YBB00222004 口服制剂用硅橡胶胶塞、垫片

YBB00252004 胶囊用明胶

YBB00052005 注射用无菌粉末用卤化丁基橡胶塞

YBB00072005 药用低密度聚乙烯膜、袋

由以上材料可看出固体制剂常用高分子原材料主要有聚乙烯、聚丙烯及聚酯三大类。

a. 聚乙烯。聚乙烯具有无毒、卫生及柔韧性好的特点，加工成型的耐寒性、耐磨性、阻湿性较好，阻味性、耐油性、耐热性、印刷性较差。根据结构性质不同，聚乙烯可分为低密度聚乙烯和高密度聚乙烯，高密度聚乙烯的性能优于低密度聚乙烯，可用作大部分固体药物塑料包装瓶的主要原料。

b. 聚丙烯。聚丙烯无毒、无味、无色、无臭，化学性质稳定，耐多种有机溶剂和酸碱腐蚀，力学性能强韧、耐冲击性能好，耐热性高，特别适用于制作需要高温消毒灭菌塑料瓶，缺点为耐寒性、印刷性差。

c. 聚酯。聚酯通常指饱和线性热塑性聚酯（聚对苯二甲酸乙二醇酯，PET），质轻、透明、安全、卫生，耐低温性能较好，无毒，化学稳定性高，耐冲击性强，对氧气、水汽和气味的阻隔性能好，有利于延长药品的储存，缺点是不能热封且易带静电。

这三种材料显示出由高分子材料制成的药用包装材料对固体制剂包装防护所具有的优势：质轻、柔韧性强、不易破损、易于封口、携带方便、美观、价格低廉，且耐水蒸气渗透性、密封性能优良。为改善合成高分子材料的性能，在制备过程中常需使用小分子的添加剂，如生产塑料瓶时常用增塑剂邻苯二甲酸酯（DBP）、环氧树脂（epoxy resin）等，可以增强塑料产品的柔韧性，便于加工，但使用过量时材料中小分子物质会有残余，可能引起人体内分泌失调、影响男性生殖能力和促使女性早熟等[9]，故不宜用于芳香性、油脂性、易挥发及易氧化药物的包装。有人研究不同药用包装材料对小儿氨酚黄那敏颗粒质量的影响，发现只有聚酯/镀铝聚酯/聚丙烯可应用于该药物颗粒的包装[10]。

② 液体制剂的包装　液体制剂的溶剂不仅仅是水，还会用到油、小分子有机溶剂及乙醇、高分子溶液等。例如一些含有矿物油、植物油的液体制剂或者一些油溶性的溶剂及外用

酊剂不宜用聚乙烯塑料瓶盛装，因为油溶性的溶剂易将聚乙烯中的乙烯单体等小分子物质溶出，对人体具有潜在的危害性。

a. 液体制剂常用包材。液体制剂所用包装材料主要有玻璃、塑料两种材质，该公告中液体制剂所用药用高分子材料有：

YBB00012002 低密度聚乙烯输液瓶

YBB00022002 聚丙烯输液瓶

YBB00062002 低密度聚乙烯药用滴眼剂瓶

YBB00072002 聚丙烯药用滴眼剂瓶

YBB00082002 口服液体药用聚丙烯瓶

YBB00092002 口服液体药用高密度聚乙烯瓶

YBB00102002 口服液体药用聚酯瓶

YBB00722004 预灌封注射器用氯化丁基橡胶活塞

YBB00822004 预灌封注射器用溴化丁基橡胶活塞

YBB00102004 预灌封注射器用聚异戊二烯橡胶针头护帽

YBB00152004 笔式注射器用氯化丁基橡胶活塞和垫片

YBB00162004 笔式注射器用溴化丁基橡胶活塞和垫片

YBB00222004 口服制剂用硅橡胶胶塞、垫片

YBB00232004 药用合成聚异戊二烯垫片

YBB00242004 塑料输液容器用聚丙烯组合盖

YBB00042005 注射液用卤化丁基橡胶塞

YBB00052005 注射用无菌粉末用卤化丁基橡胶塞

上述液体制剂用高分子包装材料主要由聚乙烯类、聚丙烯类、聚酯类及橡胶类组成，其中，输液包装所采用的聚丙烯（PP）材料容器、聚乙烯（PE）材料容器及非 PVC 软袋，极大冲击了输液玻璃容器市场，但受许多药物性质的影响，玻璃容器仍占有一定的市场。

b. 高分子药包材应用范例

应用一：聚烯烃多层共挤膜

聚烯烃多层共挤膜，统称非 PVC 软包装，是二十世纪末发展起来的新型液体制剂包装材料，它是由多层聚烯材料同时熔融交联共挤出形成，不需使用黏合剂。目前较为流行的聚烯烃多层共挤膜多为三层结构，其内层、中层、外层分别由不同材料组成，有以下几种类型。第一种是内层、中层采用聚丙烯与不同比例的弹性材料混合，使得内层无毒、惰性，具有良好的热封性能和弹性，外层为机械强度较高的聚酯或聚丙烯材料，表面经处理后文字印刷较为清晰。第二种是内层采用聚丙烯与苯乙烯-乙烯-丁烯-苯乙烯（SEBS）共聚物的混合材料，中层采用 SEBS，更增加了膜材的抗渗透性和弹性，外层采用聚丙烯材料。此类复合膜更安全、有效，符合药用和环保要求。第三种为外层为聚酯层，光滑，耐高温并且有一定的强度，中间层为聚乙烯层，具有良好的弹性，可阻止水蒸气的渗透，内层为聚丙烯层，由改良的聚丙烯组成，是软包装的密封层，具有优良的密封强度、弹性，薄膜具有良好的稳定性，多层聚合物由连接层连接，使薄膜保持结构的完整性。

如 Clear-flex 复合膜软输液袋[11]由聚乙烯（内层）、聚酰胺（中层）、聚丙烯（外层）三层膜热合而成，特点为材料坚韧透明，质轻，可在 121℃消毒，透气性和透水性极低，不含氯化物和任何增塑剂，生产自动化程度较高，其制袋、印字、灌装、封口可在同一生产线上

完成，使用时可吊挂，也可借患者自重进行输液（如患者躺着将其压在肩下），可完全自行收缩，输液时不用扎空气针，为真正的封闭输液，可避免输液环境对药液的污染，适合大多数药物的包装，如大输液的常规输液、透析液以及甲硝唑、环丙沙星、氨基酸、血浆代用品、脂肪乳等输液，是一种理想的包装材料。

应用二：EVA 基复合膜软包装[12]

乙烯-醋酸乙烯共聚物（ethylene-vinyl acetate copolymer，EVA）一般根据其中醋酸乙烯含量的不同，分为 EVA 树脂、EVA 橡胶和 EVA 乳液，医药中常用的材料为 EVA 树脂。

EVA 树脂是继高密度聚乙烯（HDPE）、低密度聚乙烯（LDPE）、线型低密度聚乙烯（LLDPE）之后的第四大乙烯衍生共聚物，成分为乙烯-醋酸乙烯共聚物，分子式为 $(C_2H_4)_x(C_4H_6O_2)_y$，分子量为 10000～30000，具有密闭泡孔结构、不吸水、不防潮、耐腐蚀及抗菌、无毒、无味、无污染特点，加工时无接头，且易于进行热压、剪裁、涂胶、贴合，所形成的复合膜软包装具有防震动缓冲性能、耐严寒和暴晒、隔音等性能。

与聚乙烯相比，EVA 由于在分子链中引入了醋酸乙烯单体，醋酸乙烯（VA）含量在 5%～40%，提高了聚合物的支化度，降低了结晶度，所以 EVA 树脂在较宽的温度范围内具有良好的柔软性、抗冲击性能、耐环境应力开裂性能、光学性能、耐低温及无毒等特性[13,14]。

目前日本、美国和德国等国大的制药厂已开始利用 EVA 基复合膜软包装材料作为液体制剂的包装用塑料瓶，具有透明性、柔韧性、耐低温、耐老化等优点。

三、药品包装材料应用案例：聚对苯二甲酸乙二醇酯

聚对苯二甲酸乙二醇酯（polyethylene terephthalate，PET 或 PEIT），是对苯二甲酸与乙二醇的缩聚物，称为热塑性聚酯，或饱和聚酯。1946 年，英国授权了第一个制备 PET 的专利，1949 年英国 ICI 公司完成中试，但美国杜邦公司购买了该专利，并于 1953 年建立了生产装置，在世界最先实现工业化生产。

PET 具有良好的耐油、耐脂肪、耐稀酸稀碱等大多数溶剂、耐高低温等性能，还具有气体和水蒸气渗透率低、透明度高、阻挡紫外线、无毒、无味的优点，且 PET 瓶质轻、成型容易且瓶体牢固，具有较高气密性、耐压性、透明度，可满足药品包装的特殊存储要求，适用于需要长时间保存的药品。

PET 原料不仅是一种无害树脂，而且还是一种不含任何添加剂的纯粹树脂，通过了包括美国、欧洲和日本在内的相当严格的药品、食品卫生法的检验，被认为是一种合格并安全的药品和食品包装材料。以 PET 为主要原料制成的口服液体制剂药用塑料瓶无论从外观、光泽，还是理化性能和质量保证方面都是目前最理想的包装产品之一。

第二节　药用高分子包装材料分类

对任何一种产品而言，其包装的目的在于对产品从装卸、运输、贮存以至用户使用的全过程进行保护。药品包装与一般物品的包装不同，还受到药物固有性质的制约，即必须确保药品的效能和安全卫生。因此，药品包装是维持药物性质和药品正确使用的保障，合格的药品包装应具备密封、稳定、轻便、美观、规格适宜，以及包装标识规范、合理、清晰等特点，满足药品流通、贮存、应用各环节的要求。

药品的高分子包装材料可按功能或按性能加工分类。

一、按功能分类

药品的高分子包装材料按功能可分为内包装、中包装及外包装材料。

（一）药品的内包装高分子材料

内包装是直接接触药品的包装，是影响药品质量的首要因素， 药品的内包装材料一般包括玻璃、金属筒（软管）、塑料等，要求其具有良好的密闭性、防潮性、透视性，且价格具有经济价值优势。近年来新出现的药用高分子内包装材料，由于其良好的安全性及易成型能够满足药品包装的要求而广泛应用于片剂、液体制剂、固体制剂、软膏等各种剂型的包装中。中国颁布的《直接接触药品的包装材料和容器标准汇编》中收载了常用的药品内包装高分子材料，主要有：

1. 聚乙烯类

聚乙烯（PE）类通常按其密度可分为低密度聚乙烯（LDPE）、中密度聚乙烯（MDPE）、高密度聚乙烯（HDPE）。按聚合压力可分为高压聚乙烯、中压聚乙烯和低压聚乙烯，以及根据结构特征而命名的线型低密度聚乙烯（LLDPE）。其特点为：无毒、卫生、价廉、半透明状、不同程度的柔韧性、良好的耐化学性能、防潮、防水、耐寒以及好的加工成型性，可以进行挤出、吹塑、中空吹塑和注塑成型加工，制成管、膜、瓶等中空容器、瓦楞包装板材等，为一种优良的药物和医疗器具高分子包装材料，但具有不阻气（氧气、二氧化碳、蒸汽）性质。低密度聚乙烯常用于制造包装薄膜、片材等，高密度聚乙烯用作包装容器，线型低密度聚乙烯常用于制造包装膜。

作为药用内包装材料，该类产品有低密度聚乙烯的输液瓶、滴眼剂瓶、防潮复合瓶盖，高密度聚乙烯的口服液体制剂瓶、固体制剂包装，聚酯与聚乙烯结合形成的药品包装用复合膜、袋，以及聚乙烯中间加铝压成型的固体药用复合硬片、膏管等。

2. 聚丙烯类

聚丙烯（PP）类高分子材料是无色无毒的可燃性树脂，分子量为10000～50000，密度小，具有无毒、无味，透明度高，力学性能强，抗摩擦性、抗化学腐蚀性、防潮性、成膜性好的特点，可以进行挤出、中空吹塑和注塑成型，制成管、膜、瓶等中空容器和瓦楞包装板材等，可用于输液、固体制剂、药用滴眼剂及口服液体制剂，但印刷性不佳，且有一定的透气性（氧气）。

3. 聚碳酸酯

聚碳酸酯（polycarbonate，PC）是聚酯类化合物代表，是一类主链上含有碳酸酯基团的聚合物的总称，具有线型分子链结构，分子中碳酸基团与其他基团交替排列，这些基团可以是芳香族，也可以是脂肪族，或者两者皆有。根据酯基的结构可分为脂肪族、芳香族、脂肪族-芳香族等多种类型。目前仅有芳香族聚碳酸酯获得了工业化生产。

聚碳酸酯耐弱酸、弱碱，耐中性油，不耐紫外光，不耐强碱，具有良好的透明性、较高的玻璃化转变温度等优点，且无毒，气体透过性低，对稀酸、稀碱及一般有机溶剂比较稳定。具有阻燃性、抗氧化性，可作特殊容器使用，如注射器、小瓶等，可重复消毒和使用。

PC 薄膜广泛用于医药包装，可用于具有医疗用途的杯、筒、瓶以及牙科器械、药品容器、手术器械、膜式换向器等，甚至还可用作人工肾、人工肺等人工脏器。改性的 PC 耐高能辐射杀菌，耐蒸煮和烘烤消毒，可用于采血标本器具、血液充氧器、外科手术器械、肾透析器等。但 PC 耐水解性差，不能用于重复经受高压蒸汽的制品，如注射剂包装后产品的灭菌等。

直接接触药品包装的聚酯类材料有口服液体药用聚酯瓶、聚酯/铝/聚乙烯药品包装用复合膜（袋）、聚酯/低密度聚乙烯药品包装用复合膜（袋）及口服固体药用聚酯瓶。

4. 橡胶类

在医药包装中用作瓶装密封的材料主要是橡胶类材料。橡胶类材料分为天然橡胶、丁基橡胶、丙烯酸酯橡胶，天然橡胶中包括天然橡胶及其衍生物。

（1）天然橡胶　天然橡胶的利用起源于 15 世纪，主要来源于巴西橡胶树。天然橡胶的耐候性、耐臭氧性、耐油性、耐溶剂性、耐燃烧性等比较差，但加工性、黏合性、混合性等良好。天然橡胶的主要成分是橡胶烃，它是由异戊二烯链段组成的天然高分子化合物，其结构见图 6-1。

其中，n 值约为 10000 左右，分子量为 3×10^4～3×10^7。

天然橡胶具有强度大，橡胶弹性好，抗撕裂强度好，耐磨、耐寒及绝缘性好等优点，但同时具有耐臭氧性、耐热老化性、耐光性、耐溶剂性、耐热性等（90℃）性能差，气密性不强，具有自燃性以及略带有臭气的缺点。天然橡胶作为药用包装材料应用时因容易受到污染，不能满足药品包装的要求，逐渐被淘汰［中国国药管注（2000）462 号文，规定所有药用胶塞（包括输液、口服液等各剂型用胶塞）于 2004 年底前一律停止使用普通天然胶塞］。

（2）丁基橡胶　丁基橡胶为改性后的橡胶，目前以丁基橡胶为主材的橡胶塞逐渐占领医药密封包装市场。丁基橡胶是异丁烯和少量异戊二烯的共聚物，为白色或暗灰色透明性弹体。其结构式见图 6-2。

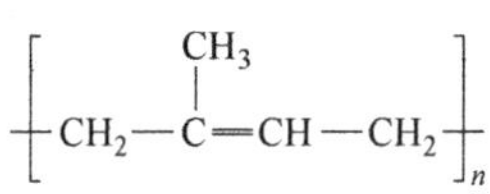

图 6-1　天然橡胶异戊二烯链段结构

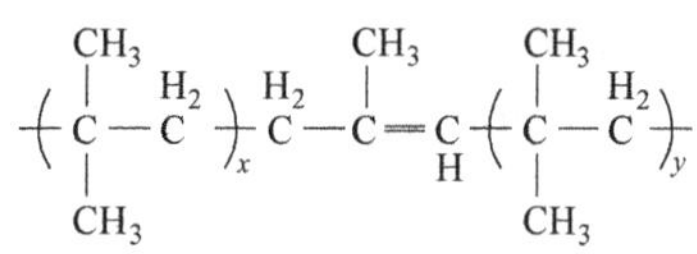

图 6-2　丁基橡胶结构

丁基橡胶具有优良的气密性和水密性，它对空气的透过率仅为天然橡胶的 1/7、丁苯橡胶的 1/5，而对蒸汽的透过率则为天然橡胶的 1/200、丁苯橡胶的 1/140。同时其具有良好的化学稳定性和热稳定性，耐热性、耐候性和耐臭氧氧化性均较强，但共混性较差。

1943 年，美国埃索化学公司首先实现了丁基橡胶的工业化生产。此后，加拿大、法国、苏联等也相继实现了丁基橡胶的工业化生产。由于丁基橡胶化学稳定性优于天然橡胶，对人体有害杂质的含量低于天然橡胶，而且气密性好，能延长药品的保质期，所以，天然橡胶在制药工业的产品包装中的应用逐渐被丁基橡胶所代替。

为改善丁基橡胶共混性差的缺陷，1960 年后出现了卤化丁基橡胶，这种橡胶是将丁基橡胶溶于烷烃或环烷烃中，在搅拌下进行卤化反应制得，溴含量约 2%或氯含量 1.1%～1.3%，分别称溴化丁基橡胶和氯化丁基橡胶。丁基橡胶卤化后，与其他橡胶的共混性和硫化性能均有所改善，同时密封性也有所提高，适用于制作瓶塞的内密封层。目前，中国医药行业所用的瓶塞密封橡胶均为卤化丁基橡胶，称为医用瓶塞，包括预灌封注射器用氯化丁基橡胶活塞、预灌封注射器用溴化丁基橡胶活塞、笔式注射器用氯化丁基橡胶活塞和垫片、笔式注射器用溴化丁基橡胶活塞和垫片以及注射用无菌粉末用卤化丁基橡胶塞。

卤化丁基橡胶所加的填充剂有白炭黑、滑石粉、碳酸钙及陶土[15]，这些填充剂增加了丁基橡胶的气密性、耐热性、耐臭氧性、耐老化、耐化学药品及电绝缘性能，是包装材料的优良选择。目前所用的药用丁基橡胶牌号主要有 Exxon1066、2211、2244 及 Bayer1045、1240 等。

（3）丙烯酸酯橡胶 丙烯酸酯橡胶[16]（ACM）是以丙烯酸酯为主单体经共聚而得的弹性体，其主链为饱和碳链，侧基为极性酯基，结构见图 6-3。

丙烯酸酯橡胶具有耐热（≥150℃）、耐有机溶剂、耐臭氧、耐热氧老化和光老化等特点，作为包装材料可确保药品的效能、安全、卫生，防止由于吸潮、漏气和光照而引起的分解变质。

丙烯酸酯橡胶的丙烯酸酯主体结构决定了该类橡胶对生物体的安全性，其性能符合制药工业中所用的高温耐油密封制品的要求。

5. 聚对苯二甲酸乙二醇酯

聚对苯二甲酸乙二醇酯（PET），是由对苯二甲酸二甲酯与乙二醇酯交换或以对苯二甲酸与乙二醇酯合成对苯二甲酸双羟乙酯，再进行缩聚反应制得。结构示意图见图 6-4。

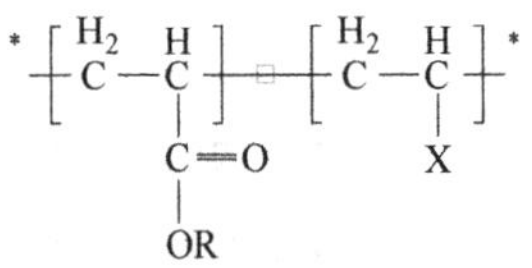

图 6-3 丙烯酸酯橡胶分子结构

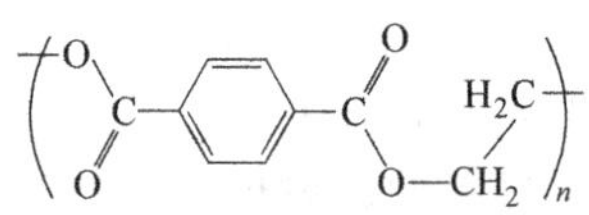

图 6-4 聚对苯二甲酸乙二醇酯结构

PET 是一种聚对苯二甲酸类塑料，属结晶型饱和聚酯，为乳白色或浅黄色、高度结晶的聚合物，表面平滑有光泽，分子量为 16000～20000，强度大，高耐热性（255～265℃）、可纺性强，耐光、耐腐蚀性好，耐磨性好，吸水性低，可以制作各类食品、药品、无毒无菌的包装容器和薄膜[17]。

6. 聚异戊二烯类

聚异戊二烯（polyisoprene, PI）是异戊二烯 （2-甲基-1,3-丁二烯）的聚合物，有 4 种立构规整结构，见图 6-5。

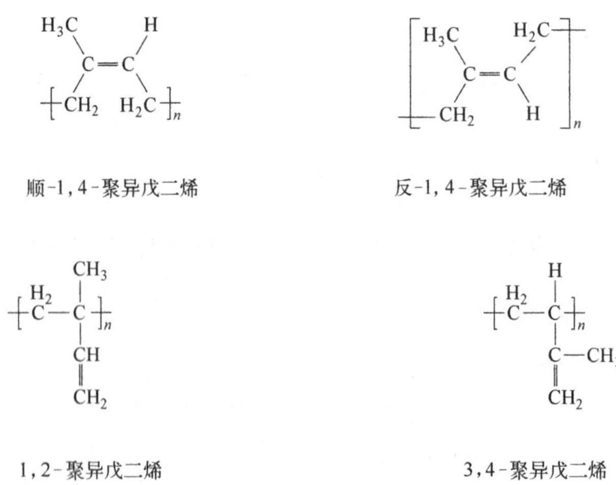

图 6-5 聚异戊二烯结构

1,2-聚异戊二烯和 3,4-聚异戊二烯结构又各有全同和间同两种立体异构体。医药行业常用具有柔性链的顺-1,4-聚异戊二烯，又称“天然乳胶”，用于制作避孕套、乳胶枕等，还可作为直接接触药品的包装材料，如预灌封注射器用聚异戊二烯橡胶针头护帽及药用合成聚异戊二烯垫片等。

7. 天然胶类

天然胶类主要指天然高分子材料中的明胶、西黄蓍胶等。具有分子量大及天然安全特性，常用于药品的内包装。

如部分水解明胶的胶原分子，分子量分散，多由三条多肽链相互缠绕形成螺旋体组成，柔性多肽链以及链上的亲水和疏水基团形成的三维结构膜易形成固定结构，分子量分散的多肽链均能够在体内降解，安全性好，故多用于药品的内包装，如糖衣片的内层包衣、口服制剂的胶囊壳等。

（二）药品的中包装高分子材料

药品的中、外包装高分子材料比较接近，仅包装用途有所不同。

1. 药品的中包装容器

直接接触药品的中包装高分子材料除了要求其为药用高分子材料外，还要求具有一定密封性。所制备的包装容器按密封性能可分为密闭容器、气密容器及密封容器材料。

（1）密闭容器　密闭容器用于防止固体异物侵入，所用材料主要为纤维制品，包括棉、麻、丝、毛等天然纤维和以人造纤维、合成纤维制成的织品。

（2）气密容器　药用气密容器用于防止气体、固体异物、液体的进入，所用材料为常用的塑料类高分子材料，特别是聚乙烯、聚氯乙烯、聚丙烯以及聚酯。

（3）密封容器　密封容器主要指在药品的贮存过程中，在药品内包装外防止气体、微生物侵入的包装容器，玻璃容器居多，但对于高分子材料密封容器而言，主要由密封性高的工程塑料组成，如聚酰胺酯类。

2. 药品的中包装高分子材料分类

（1）聚酰胺类　聚酰胺（polyamide，PA）类高分子是分子主链上含有重复酰胺基团（—CONH—）的一系列聚合物，俗称尼龙（Nylon），是热塑性树脂总称，包括脂肪族 PA、脂肪-芳香族 PA 和芳香族 PA。

PA 由美国 DuPont 公司最先开发，于 1939 年实现工业化。由于其为具有酰胺基团的长碳链，溶胀于水可形成具有特殊三层膜结构的合成膜。该膜无色、无毒且具有良好透明度和光泽性，是一种理想的药物包装材料，但价格昂贵。PA 具有的特点为韧性强、使用温度范围宽（-60～150℃）、阻隔性强（氧气、二氧化碳以及香味）、耐油、耐稀酸和碱，一般用于手术缝合线，根据其特有的强韧性特点分为锦纶、丙纶、涤纶缝合线。

（2）纤维类　中包装常用蜡纸、玻璃纸作为包装材料。药用蜡纸为涂布食品级石蜡或硬脂酸等而成，玻璃纸又称纤维素膜，具有质地紧密、无色透明等特点，多用于外皮包装或纸盒的开窗包装，一般纤维类中包装玻璃纸与其他材料复合使用，如在其上涂防潮材料，制成防潮玻璃纸，也可涂蜡，制成蜡纸，蜡纸具有防潮、防止气味渗透等特性，也可作为防潮纸用于中药制剂如蜜丸等的内包装。

（三）药品的外包装高分子材料

药品的高分子外包装材料主要是指便于贮运的高分子材料，通常可分为塑料、橡胶和纤维材料。目前药品的外包装高分子材料主要指塑料及纤维。

1. 塑料

塑料包装材料是最近几十年迅速发展起来的一种新型包装材料，大部分以薄膜、片材、中空容器及其他制品的形式广泛应用于医药包装领域。药品外包装高分子材料为塑料及以塑料为主的复合材料，一般包括聚乙烯类、聚丙烯类、聚碳酸酯（PC）以及聚对苯二甲酸乙二醇酯（PET）等材料。此类包装材料包装牢固、质轻、耐腐蚀、透明美观、携带方便、适用性广、应用灵活，具有传统包装材料所不具备的优异性能。

（1）聚苯乙烯（PS）　药品的外包装材料不与药品直接接触，需要具有一定的硬度、耐磨、耐腐蚀等性质，因此，安全性要求弱于内包装材料。聚苯乙烯是一种硬而透明、无味的树脂，容易着色，价格低廉，耐热性、耐有机溶剂差，质硬而性脆，具有较高的水蒸气可透性及较高的氧渗透性。聚苯乙烯作为药品内包装瓶已被淘汰，仅作为外包装应用材料。

（2）聚氯乙烯（PVC）　虽然 PVC 已限制用于直接接触药品的内包装，但与聚乙烯膜相比，其优势在于透明度、光泽性优良，强度大且具有一定的柔软性，气体阻隔性好（如二氧化碳气体），表面印刷效果好，广泛用于药品的外包装。如聚氯乙烯可制造透明硬质包装容器，加入增塑剂可制造薄膜。

2. 橡胶

橡胶是有机高分子弹性化合物，弹性温度范围宽（-50～150℃）。还具有良好的疲劳强度、电绝缘性、耐化学腐蚀性以及耐热性，是除塑料外的又一种常用药品包装与贮运材料。

药品外包装材料所用橡胶范围较广，包括通用合成橡胶（合成异戊二烯橡胶）、特种合成橡胶系列（丙烯酸酯橡胶）及塑料系列橡胶（乙烯-醋酸乙烯酯橡胶、氯化聚乙烯、聚异丁烯、丁基橡胶、聚酯橡胶等）。

3. 纤维

纤维属于天然药用高分子材料，纺织纤维的直径为几微米至几十微米，长度超过25mm，分子中柔性链特点明显，该独特的结构使其具有一定的柔韧性和天然安全性，目前常用于制药行业的外包装中。

纤维可分为两大类：一类是天然纤维，如棉花、羊毛、蚕丝和麻等；另一类是化学纤维，即用天然合成高分子化合物经化学加工而制得的纤维。化学纤维按原料来源可分为人造纤维与合成纤维。人造纤维是以天然高聚物为原料，经过化学处理与机械加工而制得的纤维，其中，以含有纤维素的物质（如棉短绒等）为原料的称为纤维素纤维，以蛋白质为原料的称为再生蛋白质纤维。合成纤维是由合成高分子经加工而成的纤维。

药物制剂生产中，几乎所有的中包装和外包装均采用天然纤维制品中的纸包装材料。如牛皮箱纸板具有较高的耐折性、耐破性和抗压性，多用于药品的包装纸箱。

二、按性能加工分类

属于高性能加工类别的药品包装材料主要是指工程塑料。工程塑料由具有一系列分子量的同源聚合物的混合物组成，具有高分子材料的高性能加工性质，可替代金属作药品包装材料，如聚碳酸酯、聚甲醛（POM）、聚四氟乙烯（PTFE）和聚苯硫醚（PPS）等[18]。参照各国药典，符合标准的药用塑料分述如下。

（一）丙烯腈-丁二烯-苯乙烯（ABS）

丙烯腈-丁二烯-苯乙烯为三元共聚物，由苯乙烯-丙烯腈（SAN）和丁二烯合成橡胶制成，能对其进行简单的外表消毒处理，具有一定的硬度和韧性，表面光洁度好，通常可制成较厚的板材和组件，一般用于制剂车间控制区域的电子仪表材料等，如冻干制剂车间的差示热分析检测仪。

（二）丙烯酸树脂

丙烯酸树脂是一种重要的可塑性高分子材料，除作为肠溶包衣材料外，因其具有较好的透明性、化学稳定性和耐候性、易染色、易加工、外观优美等特点，也应用于药品的外包装及医疗器械，是应用最早的医疗器械材料之一。如亚克力（有机玻璃）即属于丙烯酸树脂类材料，化学名称为聚甲基丙烯酸甲酯，可用于建造可清晰观察的高压医疗装备。因商业级丙烯酸树脂可能含有紫外线抑制剂，主要用于不适合临床使用的化学品包装。

（三）聚氯乙烯

聚氯乙烯（polyvinyl chloride，PVC）有刚性和柔性两种形式，聚氯乙烯原作为软包装材料用于包装药品，但由于其含有氯元素，目前仅限用于外包装。

（四）聚碳酸酯

聚碳酸酯（polycarbonate，PC），是分子链中含有碳酸酯基的高分子聚合物，根据酯基的结构可分为脂肪族、芳香族、脂肪族-芳香族等多种类型。

聚碳酸酯是一种非常坚韧的透明塑料，具有良好的硬度和刚性，其商品名为 Lexan。聚碳酸酯应用于原型医疗设备，具有高冲击强度、水透明性、耐温范围广、良好的耐磨性的特点，但通过辐射灭菌易变色、力学性能较低，限制了其在药品包装方面的应用。

（五）聚丙烯

聚丙烯（polypropylene，PP）[19]，是丙烯通过加聚反应而成的聚合物，是一种性能优良的热塑性合成树脂。其性状为无色半透明的热塑性轻质通用塑料，具有耐化学性、耐热性、电绝缘性、高强度力学性能和良好的耐磨加工性能等，广泛应用于医疗器械的生产及药品的包装。

（六）聚乙烯

聚乙烯（polyethylene，PE）[20]是乙烯单体经聚合反应制得的一种热塑性树脂，无臭，无毒，手感似蜡，具有优良的耐低温性能（−100℃），化学稳定性好，因聚合物分子内通过碳-碳单键相连，能耐大多数酸碱的侵蚀（不耐具有氧化性质的酸）。常温下不溶于一般溶剂，吸水性弱，电绝缘性优良，是药品包装和加工中常用的材料。

目前，分子量 150 万以上的超高分子量聚乙烯（ultra-high molecular weight polyethylene，UHMWPE）引起普遍关注。它是一种无支链的线性聚合物，具有高耐磨性、低摩擦系数、自润滑性、稳定性好、在极低温度下（−259℃）仍能保持高性能等优势。其具有生物相容性好的特点，不会引起过敏，已应用于临床，如牙托材料、医用移植物、整形缝合材料、医用手套及外用包装材料等，也可用于骨科，是全髋关节置换术中髋臼杯及全膝关节置换术中胫骨平台组件中最常见的材料。医用级聚乙烯由 Westlake Plastics 公司以商品名 Lennite® 销售。

（七）聚酰胺类

聚酰胺类也可作为一种力学性能优良的药品外包装热塑性材料，但如果加工过程中加入填充剂，如 Hydlar 是一种高性能的尼龙，若采用 Kevlar 纤维增强，则这种填充和纤维增强塑料通常不符合 FDA 标准[21]。

（八）聚四氟乙烯

聚四氟乙烯（polytetrafluoroethylene，PTFE）[22]，俗称“塑料王”，是一种以四氟乙烯作为单体聚合制得的高分子聚合物，化学式为$(C_2F_4)_n$，耐热、耐寒性优良，可在-180～260℃长期使用，几乎不溶于所有的溶剂，一般用于液体制剂的包装，如输液瓶口的隔离膜。在2017年10月27日世界卫生组织国际癌症研究机构公布的致癌物清单中，聚四氟乙烯出现在3类致癌物中。

（九）聚醚酰亚胺

聚醚酰亚胺（polyetherimide，PEI）[23]是一种无定形超级工程塑料，具有耐高温、抗化学性、阻燃、高强度、高刚性等特点，可广泛应用于耐高温照明设备、软性线路板（FPCB）、液体输送设备及医疗设备等，耐水解性优良，常用作医疗外科手术器械的手柄、托盘、夹具、假肢、医用灯反射镜和牙科用具。

（十）聚醚醚酮

聚醚醚酮（polyetheretherketone，PEEK）[24]是在主链结构中含有一个酮键和两个醚键的重复单元所构成的高聚物，属特种高分子材料，具有耐高温、耐化学药品腐蚀以及出色的耐磨性和抗动态疲劳性，可与玻璃纤维或碳纤维复合制备增强材料。这种材料在医疗器械领域（作为人工骨修复骨缺损）有大量的应用。

PEEK的强耐水解性使其可在134℃下经受3000次循环高压灭菌，无毒、质轻、耐腐蚀，是与人体骨骼最接近的材料，为植入级和医用级聚合物，也可用于灭菌要求高、需反复使用的手术和牙科设备以及包装模型的制备。

（十一）聚砜

聚砜（polysulfone，PSF或PSU）是分子主链中含有砜基（—SO_2—）和亚芳基的热塑性树脂。聚砜对无机酸、碱和盐溶液具有很强的耐受性，另外还具有耐水解、无毒、耐高温蒸汽消毒、高透明、尺寸稳定性好等特点，可用于手术工具盘、喷雾器、流体控制器、心脏阀、起搏器、防毒面具、牙托等。医用级聚砜具有生物惰性，已通过数个国家的医药、食品领域的有关规范，可用于原料药的包装以及代替在药物制剂生产中使用的不锈钢制品，如物料桶等。

（十二）热固性材料

热固性材料包括多种材料，用于药品外包装的分述如下。

1. 热塑性硫化橡胶

热塑性硫化橡胶（thermoplastic vulcanizate，TPV），主要指苯乙烯类弹性体，具有热塑、耐油及耐磨性质，应用于注射器针头、蠕动管、密封条和垫圈等。

2. 有机硅

有机硅（silicone）[25]即有机硅化合物，是指含有Si—C键且至少有一个有机基团是直接与硅原子相连的化合物，习惯上也常把那些通过氧、硫、氮等原子将有机基团与硅原子相连接的化合物当作有机硅化合物。参与生物体新陈代谢的有机硅一般以硅酸酯或者硅醚的形式存在[26]，其中，以硅氧键（—Si—O—Si—）为骨架组成的聚硅氧烷兼备了无机材料与有机材料的性能，具有耐高低温、电气绝缘、耐氧化稳定性、耐腐蚀、无毒无味以及生理惰性等优异特性，广泛应用于食品、医疗等行业，一般作为医疗器械行业的管材、密封件和假肢及其包装使用。

3. 聚异戊二烯

聚异戊二烯（polyisoprene，PI）是天然橡胶的主要成分，最初由玛雅人和阿兹特克人发现。人工合成的聚异戊二烯由齐格勒-纳塔乙烯基聚合而成。

4. 丁腈

丁腈（nitrile）是橡胶手套中乳胶的常用替代品，也是药品包装常用材料。它是由丙烯腈、丁二烯和羧酸组成的三元共聚物，具有柔性链结构，没有潜在的过敏性乳胶蛋白单体以及具有优异的耐油脂性能。其常用于医用手套，以及医用产品的安全包装材料。

5. 乳胶

乳胶（latex）是一种天然蛋白质，来自生长在东南亚多雨高原地区的橡胶树的树液，天然蛋白质以及柔软成膜的特性使其在医药行业应用广泛，如可制做手术手套、避孕套和其他屏障装置以及包装材料。

6. 固定成型的高性能材料

（1）膨体聚四氟乙烯　目前医疗领域常用于成型的高性能工程塑料是膨体聚四氟乙烯（EPTFE）[27]。它是一种新型的医用高分子材料，由聚四氟乙烯树脂经拉伸等特殊加工方法制成。其为白色，具有良好的生物相容性、血液相容性、耐生物老化、无毒、无致癌、无致敏等特点，富有弹性和柔韧性，适用于液体制剂的密封包装和运输，也可用于制造人造血管、心脏补片等医用制品。

（2）聚乙烯类材料　聚乙烯类材料也属于热固性塑料，高密度聚乙烯纤维、聚乙烯膜均具有厚度薄、质量轻、不易变形、柔软平滑、抗撕裂、防潮、弹性大等特点，比传统的布料更适用于药品的包装，尤其是热封袋和外壳。

第三节　药用高分子包装材料的评价

药用包装材料要求是无毒的，但目前常用的高分子包装材料以塑料为主，在制备过程中某些高分子化合物中残留的单体、引发剂、催化剂以及在加工过程中加入的某些添加剂有可能在药物使用时产生副作用，因此药用包装材料质量标准的制定至关重要。

一、药用包装材料质量标准

目前药用包装材料质量现行标准为直接接触药品包装材料（简称“药包材”）生产质量管理体系标准 ISO 15378，目的是使直接接触药品的包装材料在供应过程保持质量，帮助管理药包材的设计、研发、制造及供应环节，注重药包材的风险管理、可追溯性及安全性，避免污染、交叉污染/混淆及人为差错。该标准属于 ISO 9001 质量管理体系，是根据在药包材中应用的特殊要求，由国际标准化组织制定。它充分考虑了药包材生产企业的行业特殊性和产品质量安全的高要求，适用于世界各地任何规模的组织和机构遵照执行。

药用包装材料质量标准 ISO 15378 主要内容分为六大类十一小类。

（一）药用包装材料的六大类

药用包装材料主要从材料来源分为以下六大类：

①玻璃；②橡胶；③塑料；④金属；⑤铝；⑥①～⑤各材料的任意组合。

其中，分类②、③、⑥含药用高分子材料在内。

（二）药用包装材料的十一小类

药用包装材料主要从应用途径分类：

①输液瓶（袋、膜及配件）；②安瓿；③药用（注射剂、口服或者外用剂型）瓶（管、盖）；④药用胶塞；⑤药用预灌封注射器；⑥药用滴眼（鼻、耳）剂瓶（管）；⑦药用硬片（膜）；⑧药用铝箔；⑨药用软膏管（盒）；⑩药用喷（气）雾剂泵（阀门、罐、筒）；⑪药用干燥剂。

从该分类来看，药用高分子包装材料贯穿于各种药物制剂的包装。

二、药用高分子包装材料的应用包装形式

药品包装的形式十分丰富，它是囊括药物产品从其生产时起直到被应用时所涉及的保护产品、方便运输、促进销售、按一定技术方法而采用的容器、材料及辅助物等的总称[28,29]。包装形式随使用的药用高分子材料性质不同而不同，如包装袋要求所用药用高分子包装材料具备对高速自动包装机械的适应性好、有较低的热黏结温度等性质，一般选用高密度聚乙烯、聚丙烯、聚氯乙烯等防潮性能好、具有柔性链拉伸强度高的材料。在高分子药用包装材料中，塑料类合成药用高分子材料占主导地位，具有质轻、不易破碎、易加工成型、价廉等优点，其对药品的包装形式可分为以下几种。

（一）复合药袋

单层药袋如聚乙烯和聚丙烯薄膜的气密性、透明度不够理想，印刷性能不好，聚偏二氯乙烯（PVDC）的单层药袋聚酯薄膜性能虽好，却不能热合成袋，且价格高，所以近年来开发了由两种或两种以上聚合物制备的多层复合薄膜药袋，这种药袋的基本材料以纸、铝箔、尼龙、聚酯、拉伸聚丙烯等高熔点热塑性材料或非塑性材料为外层，以未拉伸聚丙烯、聚乙烯等低熔点热塑性材料为内层。其制备方法与单层药膜类似，仅在制膜后采用了黏结手段或热熔涂布工艺使各薄膜复合在一起或者吹塑成复合膜。

（二）泡罩包装

药品泡罩包装又称水泡眼包装，即将产品封合在用透明塑料薄片形成的泡罩与底板（用纸板、塑料薄膜或薄片、铝箔或它们的复合材料制成）之间的一种包装方式，在 20 世纪 50 年代末由德国发明并推广应用于片剂和胶囊包装，改变了当时使用玻璃瓶、塑料瓶等分装药片服用不便、包装生产线投资大等缺点。泡罩包装药品分剂量装填在塑料“水泡眼”内，复合以铝塑材料，使用时挤压“水泡”，药品即穿破铝塑，故有人称它为发泡式或压穿式包装。它给患者提供了单次剂量包装，便于携带和保存，密封性好，经济且方便。

泡罩包装常用高分子材料有聚氯乙烯、聚乙烯、聚苯乙烯、聚丙烯等。铝塑材料通常是铝箔与聚氯乙烯、聚丙烯等的复合薄膜。泡罩的加工包括塑片熔融、成膜、真空抽吸成泡、药品填充和铝塑热合等工艺过程，通常这几步在吸塑包装成型机械上连续进行。安全的泡罩包装与一般泡罩包装的不同之处是铝箔外层涂有韧性很强的聚酯材料，按压药品时，有涂层的铝箔不破裂，要想取出药片，必须从单个泡罩包装的某一未热合角上撕去铝箔，从泡罩中取出药片。

（三）中空包装

中空包装不同于真空包装，真空包装也称减压包装，是将包装容器内的空气全部抽出密封，维持袋内空气稀少低氧状态，而中空包装指采用注射吹塑或挤出吹塑方法在一定形状模具上制得的瓶、罐、管、桶、盒等常压包装形式，内部存留空气，多用于药品、胶囊、软膏、液体药剂的分装，具有柔性链的高分子材料占据优势，常用的聚合物材料有高（低）压聚乙烯、聚丙烯、聚氯乙烯、聚苯乙烯等。安全的中空包装或防偷换包装主要是利用其特殊性能形成塑料帽盖及其接口，例如按压螺旋、挤压旋转、制约环、保险环、易碎盖等。

（四）特殊包装

药品的特殊包装形式主要指防止儿童打开误用药物的安全包装或防止药品被偷换的安全包装。秉承药品包装的密封性、防潮等要求，综合考虑高分子材料的薄膜性能、包装适应性、对包装机械的适应性等性质，采用各种先进的封缄技术，如压敏胶带、变色黏合剂、热收缩薄膜。高分子材料是此类特殊包装材料的最佳选择，一般有高密度聚乙烯、聚丙烯等。

三、药用高分子包装材料的测试与评价

（一）药用高分子包装材料的测试与评价通用要求

药品的包装及其他材料（以下简称药包材）指的是直接与药品接触的包装材料和容器，即药品生产企业生产的药品和医疗机构配制的制剂所使用的直接与药品接触的包装材料和容器。作为药物产品的一部分[30]，这些药包材本身的质量、安全性、适应性、稳定性、功能性、保护性和便利性以及药包材与药物之间的相容性对药品质量有着十分重要的影响，导致药包材的质量测试与评价也至关重要。

1. 药包材的分类

（1）按材质分类　药包材可分为塑料类、金属类、玻璃类、陶瓷类和其他类（如纸、干燥剂）等，也可以由两种或两种以上的材料复合或组合而成（如复合膜、铝塑组合盖等）。

① 塑料类药包材　常用的塑料类药包材包括药用低密度聚乙烯滴眼剂瓶、口服固体药用高密度聚乙烯瓶、聚丙烯输液瓶等。

② 玻璃类药包材　常用的玻璃类药包材有钠钙玻璃输液瓶、低硼硅玻璃安瓿、中硼硅管制注射剂瓶等。

③ 橡胶类药包材　常用的橡胶类药包材有注射液用氯化丁基橡胶塞、药用合成聚异戊二烯垫片、口服液体药用硅橡胶垫片等。

④ 金属类药包材　常用的金属类药包材有药用铝箔、铁制的清凉油盒等。

（2）按用途和形制分类　按用途和形制药包材可分为输液瓶（袋、膜及配件）、安瓿、药用（注射剂、口服或者外用剂型）瓶（管、盖）、药用胶塞、药用预灌封注射器、药用滴眼（鼻、耳）剂瓶、药用硬片膜、药用铝箔、药用软膏管（盒）、药用喷（气）雾剂泵（阀门、罐、筒）、药用干燥剂等。

（3）按药包材风险程度分类　不同用途的药包材存在一定的风险程度，一般按照药包材与药物制剂发生相互作用分类，分为最高可能性类、较高可能性类及较低可能性类。最高可能性的主要指吸入气雾剂及喷雾剂、注射液、冲洗剂、注射用无菌粉末及植入剂型。较高可能性

类主要指眼用液体制剂、鼻吸入气雾剂及喷雾剂、半固体外用制剂（软膏剂、凝胶剂及膜剂等）剂型。较低可能性类则主要指外用和口服液体制剂、栓剂及固体制剂等制剂剂型。

2. 对药包材的药学应用要求

① 药包材的原料需经过物理、化学性能和生物安全性评估。

② 药包材的原料具有一定的机械强度，化学性质稳定，对人体无生物学意义上的毒害。

③ 药包材的生产环境、工艺流程需与所包装制剂的生产条件相适应，如空气洁净度、微生物限度等。

④ 药包材具有所包装药物的有效期内的质量稳定性，不得使用不能确保药品质量和国家公布淘汰的药包材，以及可能存在安全隐患的药包材。

3. 药包材的质量标准

药包材的质量标准是建立在经主管部门确认的生产条件、生产工艺以及原材料牌号、来源等基础上，按照所用材料的性质、产品结构特性、所包装药物的要求和临床使用要求制定试验方法和设置技术指标，是为保证所包装药品的质量而制定的技术要求。药包材质量标准分为方法标准和产品标准。

由于高分子材料性质的复杂性以及药品的安全性、适应性、稳定性、功能性、保护性和便利性的要求，所制定的标准一般根据实际情况考虑药包材自身的安全性、药包材的性质，在制剂规格范围内确定药包材的规格，并根据制剂要求、使用方式制定相应的质量控制项目，进而制定药包材的质量标准。

药包材产品标准考察内容主要包括三部分：

（1）物理性能考察　药包材产品物理性能标准主要考察影响产品使用的物理参数、力学性能及功能性指标，例如，材料的确认（鉴别），即确认材料的特性、材料来源的一致性；橡胶类制品的穿刺力、穿刺落屑；塑料及复合膜类制品的密封性和阻隔性能等。

物理性能的检测项目要根据标准的检验规则确定抽样方案，并对检测结果进行判断。

（2）化学性能考察　药包材产品化学性能标准主要考察影响产品性能、质量和使用的化学指标，如检查材料在各种溶剂（如水、乙醇和正己烷）中的浸出物（主要检查有害物质、低分子量物质、未反应物、制作时带入物质、添加剂等）、还原性物质、重金属、蒸发残渣、pH、紫外吸光度等；检查材料中特定的物质，如聚氯乙烯硬片中氯乙烯单体、聚丙烯输液瓶中催化剂、复合材料中溶剂残留；检查材料加工时的添加物，如橡胶中硫化物、聚氯乙烯膜中增塑剂（邻苯二甲酸二辛酯）、聚丙烯输液瓶中抗氧剂等。

（3）使用性能及生物安全性能的考察

药包材产品使用性能及生物安全性能的检测指标根据所包装药物制剂的要求制定，主要包含以下项目：

① 材料、容器的使用性能检查　容器需检查密封性、水蒸气透过量、抗跌落性、滴出量（若有定量功能的容器）等；片材需检查水蒸气透过量、抗拉强度、延伸率；组合使用材料、容器需检查热封强度、扭力、组合部位的尺寸等。

② 材料、容器的生物安全性能检查　材料、容器的生物安全性能检查包括微生物限度检查及安全性检查。

微生物限度检查是指根据该材料、容器被用于何种剂型，测定各类微生物的量；安全性检查是指根据该材料、容器被用于何种剂型，选择检查异常毒性、溶血细胞毒性、眼刺激性、细菌内毒素等项目，如注射剂类药包材的检验项目包括细胞毒性试验、急性全身毒性试验和溶血试验等，滴眼剂瓶应考察异常毒性试验、眼刺激试验等。

（二）药用高分子包装材料的测试与评价方法

药品包装指对药物制剂的半成品或成品进行分（灌）、封、装、贴签等操作。药品包装材料须具备一定的力学性能（强度、韧性和弹性等），以适应压力、冲击、振动等因素的影响；还需要具备一定的隔离性能（隔离水分、水蒸气、光线、芳香气、异味、热量等），以及包装材料本身的无毒性、无腐蚀性（能防虫、防蛀、防鼠、抑制微生物）等特性，因此，对药品包装材料进行质量检测需按照《中国药典》（2025 年版）[30]严格执行，主要分为以下几种方法。

1. 药包材物理试验方法

用于包装的药用高分子聚合物需具有良好物理特性，如包装袋的柔软、不易撕裂，瓶体的刚性、抗挤压性和抗冲击性能等，不同制剂产品对包装材料有不同要求，因此药包材物理试验需从外观、尺寸、质量、容量、形状以及机械强度、吸湿性、透气、透水、透光试验等方面进行。

（1）药用高分子包装材料的鉴别　药用高分子包装材料的鉴别主要分为以下几项。

① 红外光谱测定法　利用红外光谱特征峰分布规律进行药品包装材料的鉴别，分为三种方法：透射法、衰减全反射法和显微红外法。

A. 透射法是通过采集透过供试品前后的红外吸收光强度变化，得到红外吸收光谱。透射法光谱采集范围一般为 4000～400cm^{-1}，又分为热敷法、膜法及热裂解法。热敷法、膜法适用于塑料产品及粒料，热裂解法适用于橡胶产品。

B. 衰减全反射法（ATR 法）以一定的入射角度照射供试品表面，经过多次反射得到供试品的反射红外吸收光谱。该法又分为单点衰减全反射法和平面衰减全反射法。该法光谱采集范围一般为 4000～650cm^{-1}，适用于塑料产品及粒料、橡胶产品。

C. 显微红外法是用切片器将供试品切成厚度小于 50μm 的薄片，置于显微红外仪上观察供试品横截面，选择每层材料，通常以透射法采集光谱，适用于多层膜、袋、硬片等产品。

② 药包材密度的测定法　密度是药品包装材料的特性之一，可用于药品包装材料的鉴别。高分子药包材密度的测定一般采用浸渍法。浸渍法系指供试品在规定温度的浸渍液中所受到浮力的大小，可采用供试品排开浸渍液的体积与浸渍液密度的乘积表示。而浮力的大小可以通过测量供试品的质量与供试品在浸渍液中的质量之差求得。该法适用于除泡沫塑料以外的塑料容器（材料）的密度测定，条件为利用精度为 0.1mg 的天平，温度计的最小分度值为 0.1℃，将在（23±2）℃、相对湿度 50%±5%环境中放置 4 小时以上的供试品（≤2g）浸入已知密度的浸渍液（供试品上端距浸渍液液面应不小于 10mm，浸渍液密度应小于供试品密度，材料密度大于 1 时可选用水或者无水乙醇，当材料密度小于 1 时可选用无水乙醇），精密测定其质量（b），按下式计算容器（材料）的密度：

$$\rho_t = \frac{a\rho_x}{a-b} \tag{6-1}$$

式中，ρ_t 为温度为 t 时供试品的密度，g/cm^3；a 为供试品在空气中的质量，g；b 为供试品在浸渍液中的质量，g；ρ_x 为浸渍液的密度，g/cm^3。

③ 注射剂胶塞、垫片穿刺力的测定　注射剂胶塞、垫片的穿刺力、穿刺落屑均属于橡胶类包装材料使用前的检测项目，一般注射剂胶塞、垫片在使用前均需经过高温消毒等工序，当加热时间过长时，橡胶类材料固化，使用注射针头刺入胶塞、垫片时易脱落橡胶颗粒，容易引起血管堵塞、不易排出等不良反应，因此对于注射剂使用的胶塞、垫片均需测其穿刺力及穿刺落屑，具体测定法如下。

穿刺力的测定是测定在穿刺试验中穿刺器刺透胶塞或垫片的最大力值。共用三种穿刺方法。第一种、第二种方法均为橡胶胶塞的穿刺，用不同的穿刺器（见图 6-6 和图 6-7）进行。第一法为将穿刺器以（200±20）mm/min 速度做垂直运动，刺入预处理过的十瓶注射剂瓶（模拟注射剂瓶橡胶塞、垫片包装，（121±2）℃消毒 30 分钟，然后 30 分钟内冷却至室温条件）胶塞标记位置，记录刺透胶塞所施加的最大力值，以刺透胶塞所施加的最大力值表示，若 10 个瓶中任意 2 瓶之间穿刺力的差值大于 50N，则需重新试验，重新试验差值仍大于 50N，则更换两根金属穿刺器重新进行整个试验。在穿刺过程中，若有两个以上（含两个）胶塞在穿刺过程中被推入瓶中，则判该项不合格；若 10 个被测胶塞中有一个被推入瓶中，则需另取 10 个胶塞重新试验。

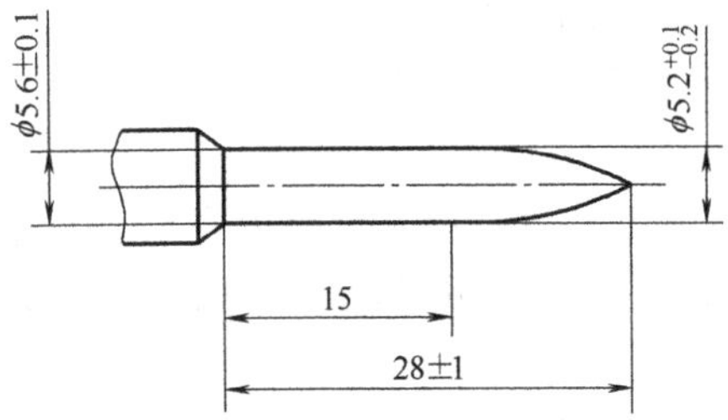

单位：mm

图 6-6　塑料穿刺器

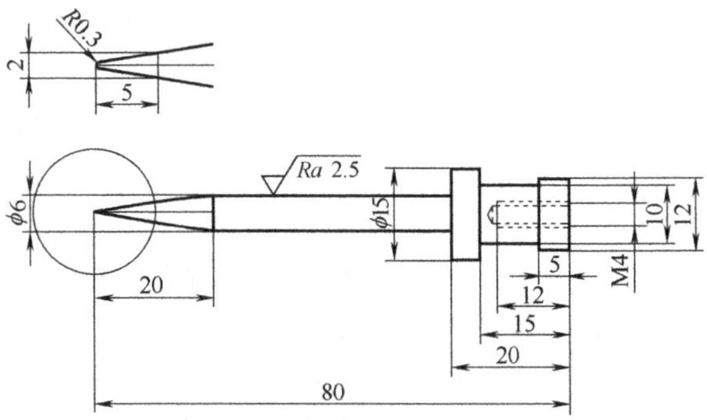

单位：mm

图 6-7　金属穿刺器

第二法的穿刺器为注射针，穿刺器仍以（200±20）mm/min 速度做垂直运动，运动期间穿刺器受到的反作用力能被记录，胶塞预处理改为胶塞单独处理，如水煮沸 5min 后，高压蒸汽灭菌器中加热（121℃±2℃），保持 30min，后冷却至室温后使用，穿刺器对胶塞标记位置进行垂直穿刺，以刺透胶塞所施加的最大力值表示。

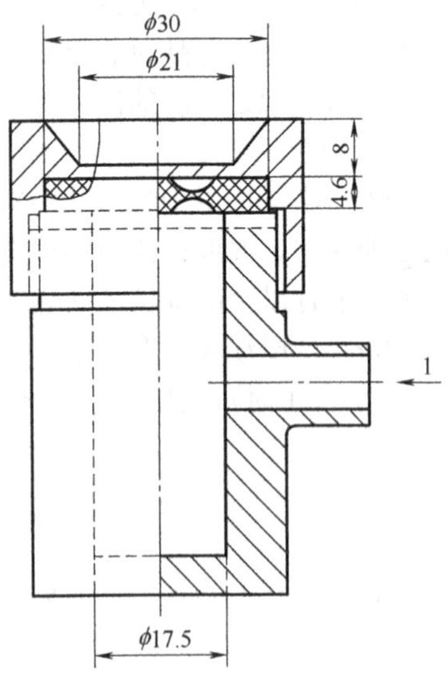

单位：mm

图 6-8　垫片支撑装置

1—压缩气体进口

第三法则为针对垫片进行的穿刺力测定，预处理同第一法，以刺透胶塞所施加的最大力值表示，一般所用穿刺器同第一法。所用装置为带有垫片夹持器的钢瓶，垫片支撑装置如图 6-8。

④ 注射剂用胶塞、垫片的穿刺落屑测定　穿刺落屑是指在穿刺试验中穿刺器刺透胶塞或垫片所产生的，在没有放大工具帮助下观察到的可见落屑，以落屑数量计。同穿刺力测定法，共有三种方法。

第一法目的是测定不同注射液用胶塞或冻干胶塞穿刺落屑的相对趋势关系，其结果受多种因素的影响，如胶塞优化过程、封盖装置类型、密封阻力、穿刺器大小及锋利程度、穿刺器上润滑剂的用量和操作者视力好坏等。为了得到可比较的结果，有必要控制以上影响结果的因素，为此被测胶塞必须和已知穿刺落屑数的对照胶塞做同步比较试验。

该法实施步骤同穿刺力第一法，不同的是样品需加入阳性对照样品进行对比，步骤为手持穿刺器，垂直穿刺第一排第一个被测胶塞上的标记部位，刺入后，晃动注射剂瓶数秒后拔出穿刺器。接着按上述步骤穿刺第二排第一个已知穿刺落屑数的阳性对照胶塞。以此类推，按先被测胶塞后阳性对照胶塞的顺序，交替垂直穿刺胶塞上的标记部位，直至所有胶塞被穿刺一次，然后将样品瓶、对照瓶中液体分别过滤，距离滤纸 25cm 的位置，人眼观察滤纸上的落屑数（相当于 50μm 以上微粒）。

第二法同穿刺力测定第二法，同样选用注射针穿透注射剂瓶上的胶塞，瓶中的水全部通过一张滤纸过滤，确保瓶中不残留落屑。肉眼观察滤纸上的落屑数（相当于 50μm 以上微粒）。此为直接法测定，对照法则为根据胶塞穿刺落屑结果，分析胶塞受多种因素的影响而判定结果。除另有规定外，一般选用“直接法”进行试验。

第三法为利用金属穿刺器和塑料穿刺器进行垫片落屑的测定，具体方法同穿刺力测定第三法，滤纸过滤穿刺后的溶液，肉眼观察滤纸上的落屑数（相当于 50μm 以上微粒）。

（2）高分子材料机械强度、热性能的测定

① 剥离强度测定　对于黏合在一起的多层材料，测定从接触面进行剥离时的作用力，来反映材料的剥离强度。剥离强度系指将规定宽度［纵、横向宽度为（15.0±0.1）mm，长度为 200mm 的试样各 5 条，复合方向为纵向］的试样，在温度（23±2）℃、相对湿度 50%±5%的环境中放置 4h 以上，在一定速度下，进行 T 形剥离（沿试样长度方向一端将复合层与基材预先剥开 50mm，未剥开部分与拉伸方向呈 T 形，被剥开部分不得有明显损伤），测定所得的复合层与基材的平均剥离力。该法适用于复合塑料或塑料复合其他基材（如铝箔、纸等）上的各种软质、硬质复合材料剥离强度的测定，若复合层不能剥离或复合层断裂时，其剥离强度判定为合格。

② 拉伸性能测定　对于高分子塑性材料，抗拉应力表征了材料最大均匀塑性变形的力，拉伸试样在承受最大拉应力之前，变形应该是均匀一致的，对于没有（或很小）均匀塑性变形的脆性材料，则反映了材料的断裂抗力。拉伸强度指在拉伸试验中，试验材料直至断裂为止，单位初始横截面上承受的最大拉伸负荷（抗拉应力）。断裂伸长率系指在拉伸试验中，试样断裂时，标线间距离的增加量与初始标距之比，以百分率表示。该法适用于药用塑料薄膜和片材（厚度不大于 1mm）的拉伸强度和断裂伸长率的测定，利用适当的夹具，样品在（23±2）℃、50%±5%相对湿度的环境中放置 4h 以上，试样拉伸强度按下式计算。

$$\sigma_t = \frac{p}{bd} \tag{6-2}$$

式中，σ_t为拉伸强度，MPa；p 为最大负荷、断裂负荷，N；b 为试样宽度，mm；d 为试样厚度，mm。

断裂伸长率按下式计算。

$$\varepsilon_t = \frac{L - L_0}{L_0} \times 100\% \tag{6-3}$$

式中，ε_t为断裂伸长率，%；L_0 为试样原始标线距离，mm；L 为试样断裂时标线间距离，mm。

分别计算纵、横向组试样的算术平均值作为试验结果。

③ 药用高分子材料的热合强度测定法　对于热合在一起的材料，从接触面进行分离时的作用力可反映材料的热合强度。药用高分子材料热合强度的测定指将规定的试样［从热合中间部位纵向、横向裁取（15.0±0.1）mm 宽的试样各 5 条］，在一定条件［试样温度（23±2）℃，相对湿度 50%±5%，袋试验相对湿度 50%±5%，放置 4h 以上］和速度［（300±30）mm/min］下，进行 T 形分离或断裂时的最大载荷。该法适用于塑料热合在塑料或其他基材（如铝箔等）上的热合强度及塑料复合袋的热合强度的测定。热合袋分为四面热合袋及工型热合袋，热合分为侧面热合、背面热合、顶部热合及底部热合，图形见图 6-9 和图 6-10。

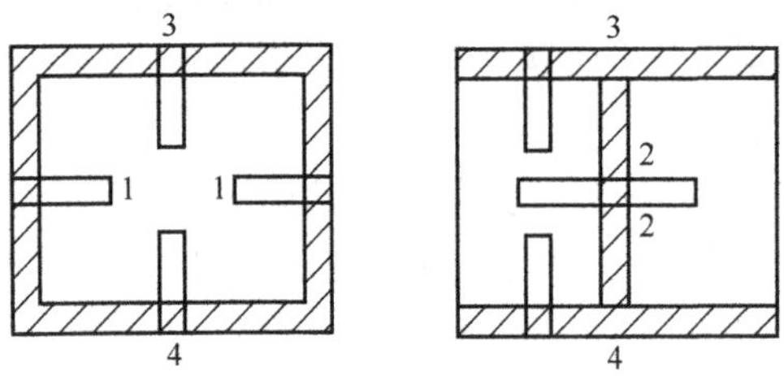

图 6-9　取样位置

1—侧面热合；2—背面热合；3—顶部热合；4—底部热合

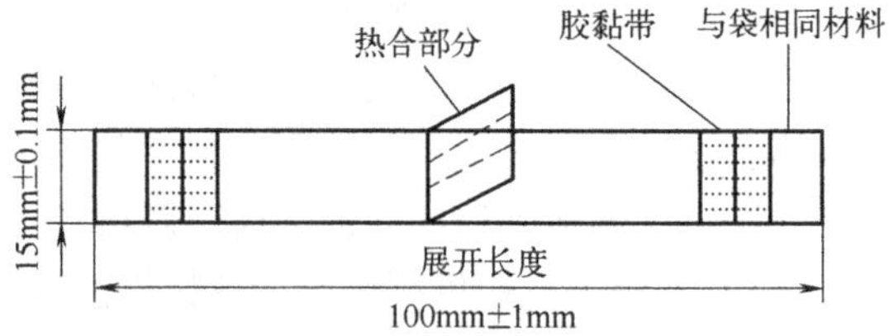

图 6-10　热合材料的形状与尺寸

（3）气密性测定　高分子药用包装材料一般都要求具有优良的气密性，以防止环境中的水蒸气、氧气、二氧化碳等进入而导致药品变质或失效，也可以防止包装内药品的挥发或充填气体的逸出。

高分子的气密性与其材料的结构以及气体与材料的相容性有密切联系。例如氧气对聚乙烯的扩散较对聚酯的扩散快得多，因为极性聚酯分子间有较大的引力；又如聚氯乙烯，虽然为极性分子，但气密性仍不如聚酯，因为聚酯材料具有高结晶度，而聚氯乙烯为无定形状态，气体分子更容易扩散。因此，对于药用的高分子包装材料，气密性的测定尤为重要。常采用的测定方法为材料的气体透过量测定法。

气体透过量系指在恒定温度和单位压力差下，单位面积和单位时间内稳定透过供试品的气体体积。通常以标准温度和 1 个标准大气压下的体积值表示，单位为 $cm^3/(m^2 \cdot 24h \cdot 0.1MPa)$。气体透过系数系指在恒定温度和单位压力差下，在稳定透过时，单位面积和单位时间内透过单位厚度供试品的气体体积，通常以标准温度和 1 个标准大气压下的体积值表示。

药用高分子材料的气体透过量的测定指测定高分子药用薄膜或薄片的气体透过量，测定方法为压差法和电量分析法。其中电量分析法仅适用于检测氧气透过量。测试环境：温度（23±2）℃，相对湿度 50%±5%。

① 压差法　采用压差法测定药用高分子气体透过量的操作步骤如下，用药用薄膜或薄片将低压室和高压室分开，高压室充约 0.1MPa 的试验气体，已知体积的低压室用供试品密封后用真空泵将其内的空气抽到接近零值，然后用测压计测量低压室的压力增量 ΔP。该法可确定试验气体由高压室透过供试品到低压室的以时间为函数的透过量。测量时取 3 片供试品（试验环境温度 23℃±2℃，放置 48h 以上）置仪器上，进行试验。进行 10min 的预透气

试验后，继续试验直到在相同的时间间隔内压差的变化保持恒定，即达到稳定透过时记录此时的压差。气体透过量（Q_g）可按下式计算。

$$Q_g = \frac{\Delta P}{\Delta t} \times \frac{V}{S} \times \frac{T_0}{P_0 T} \times \frac{24}{(P_1 - P_2)} \tag{6-4}$$

式中，Q_g为供试品的气体透过量，cm^3/（m^2 • 24h • 0.1MPa）；$\Delta P/\Delta t$ 为在稳定透过时，单位时间内低压室气体压力变化的算术平均值，Pa/h；V为低压室体积，cm^3；S为供试品的试验面积，m^2；T为试验温度，K。

② 电量分析法（库仑计法） 用供试品将透气室分为两部分，一侧通氧气，另一侧通氮气作为载气，透过供试品的氧气随氮气载气一起进入电量分析检测仪中进行化学反应并产生电压，该电压与单位时间内通过电量分析检测仪的氧气量成正比。电量检测器（库仑计）对氧气敏感，运行特性恒定，可用来测量透过的氧气量。

电量分析法气体透过量测定仪主要包括以下几部分：

透气室：由两部分构成，应配有测温装置，还需装配适宜的密封件，供试品测试面积根据测试范围调整，通常应在 1～150cm^2之间。

载气：通常为氮气或者含一定比例氢气的氮氢混合气。

试验气体：纯度应不低于 99.5%。

测定法：选取厚度均匀、平整，无褶皱、折痕、针孔及其他缺陷的适宜尺寸的供试品 3 片，在供试品朝向试验气体的一面做好标记，在（23±2）℃环境下，置于干燥器中，放置 48h 以上，用适宜的量具测量供试品厚度，精确到 0.001mm，至少测量 5 个点，取算术平均值。将供试品放入透气室，然后进行试验，当仪器显示的值已稳定一段时间后，测试结束。

氧气透过率（R_{O_2}）可按下式计算。

$$R_{O_2} = \frac{(E_e - E_0) \times Q}{A \times R} \tag{6-5}$$

式中，R_{O_2}为氧气透过率，cm^3/（m^3 • 24h）；E_e为稳态时测试电压，mV；E_0为试验前零电压，mV；A为供试品面积，m^2；Q为仪器校准常数，cm^3 • Ω/（mV • 24h）；R为负载电阻值，Ω。

氧气透过量（P_{O_2}）可按下式进行计算。

$$P_{O_2} = \frac{R_{O_2}}{P} \tag{6-6}$$

式中，P_{O_2}为氧气透过量，cm^3/(m^2 • 24h • 0.1MPa)；R_{O_2}为氧气透过率，cm^3/(m^2 • 24h)；P为透气室中试验气体侧的氧气分压，MPa，即氧气的摩尔分数乘总压力（通常为 1 个大气压）。载气侧的氧气分压视为零。

氧气透过系数（$\overline{P}_{O_2}$）可按下式进行计算。

$$\overline{P}_{O_2} = P_{O_2} \times t \tag{6-7}$$

式中，$\overline{P}_{O_2}$为氧气透过系数，cm^2/（m • 24h • 0.1MPa）；P_{O_2}为氧气透过量，cm^3/（m^2 • 24h • 0.1MPa）；t为供试品平均厚度，m。

试验结果以三个供试品的算术平均值表示，除高阻隔性能供试品［气体透过量结果小于等于 0.5cm^3/（m^2·24h·0.1MPa）］外，每一个供试品测定值与平均值的差值不得超过平均值的±10%。高阻隔性能供试品每次测定值均不得大于 0.5cm^2/（m^2·24h·0.1MPa）

（4）吸水性和吸湿性测定　材料的吸水性和吸湿性具有不同的意义，前者是指材料直接与水接触时的吸水程度，后者是指材料在一定湿度环境中吸附水汽的程度。对于防潮药用包装材料要求测定吸湿性，对于与水直接接触的包装材料要求测定其吸水性。一般而言，极性材料较非极性材料有更大的吸水性或吸湿性。

塑料的吸水性试验为将规定尺寸的试样浸入一定温度的蒸馏水中，经过一定时间，测定试样的增重即可。

药用包装材料的吸水性主要是通过水蒸气透过量测定法来确定。水蒸气透过量系指在规定的温度、相对湿度、一定的水蒸气压差下，供试品在一定时间内透过水蒸气的量。受试对象包括但不限于药用薄膜或薄片（药用高分子材料）及药用包装容器。共有三种方法测定：重量法、电解分析法和红外检测法。

① 重量法　重量法主要有增重法和减重法两种，即采用基于干燥剂增加和基于水溶液减失的重量变化得到水蒸气透过量的方法。

A. 增重法：测定在规定的温度、相对湿度环境下，材料或容器透入的水蒸气量，通常用干燥剂的重量增加来计算。增重法通常又可分为杯式法和容器法两种。

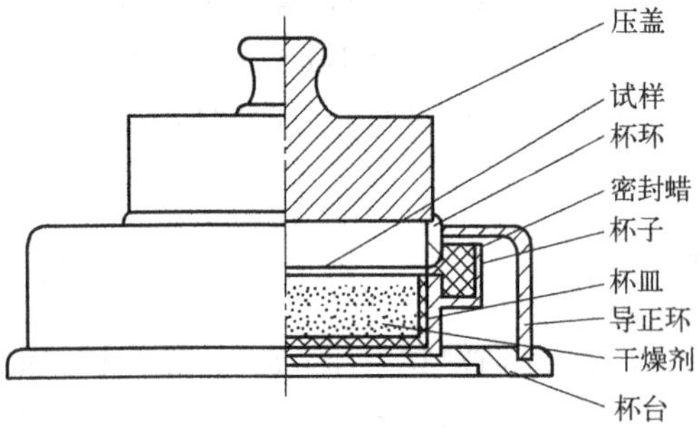

图 6-11　透湿杯组装图

a. 杯式法：系指将供试品固定在特制的装有干燥剂的透湿杯上，通过透湿杯的重量增量来计算药用薄膜或薄片的水蒸气透过量。一般适用于水蒸气透过量不低于 2g/（m^2·24h）的薄膜或薄片，透湿杯组装图见图 6-11。

选取厚度均匀，无皱褶、折痕、针孔及其他缺陷的供试品 3 片，分别用圆片冲刀冲切，供试品直径应介于杯环直径与杯子直径之间，将干燥剂放入清洁的杯皿中，加入量以使干燥剂距供试品表面约 3mm 为宜。将盛有干燥剂的杯皿放入杯子中，然后将杯子放到杯台上，供试品放在杯子正中，加上杯环后，用导正环固定好供试品的位置，再加上压盖。小心取下导正环，将熔融的密封蜡浇灌至杯子的凹槽中，密封蜡凝固后不允许产生裂纹及气泡。待密封蜡凝固后，取下压盖和杯台，并清除黏在透湿杯边及底部的密封蜡。在（23±2）℃环境中放置 30min，称量封好的透湿杯，将透湿杯放入已调好温度、湿度的恒温恒湿箱中，16h 后从箱中取出，放在处于（23±2）℃环境中的干燥器中，平衡 30min 后进行称量，称量后将透湿杯重新放入恒温恒湿箱内，以后每两次称量的间隔时间为 24、48 或 96h，称量前均应先放在处于（23±2）℃环境中的干燥器中，平衡 30min。直到前后两次质量增量相差不大于 5%时，方可结束试验。同时取一个供试品进行空白试验。按下式计算水蒸气透过量（WVT）。

$$\mathrm{WVT}=\frac{24\times(\Delta m_1-\Delta m_2)}{A\times t} \tag{6-8}$$

式中，WVT 为供试品的水蒸气透过量，g/（m^2·24h）；t 为质量增量稳定后的两次间隔时间，h；Δm_1 为 t 时间内的供试品试验质量增量，g；Δm_2 为 t 时间内的空白试验质量增量，

g；A 为供试品透水蒸气的面积，m^2。

试验结果以三个供试品的算术平均值表示，每一个供试品测定值与平均值的差值不得超过平均值的±10%。

b. 容器法：系指在规定的温度、相对湿度环境下，包装容器内透入的水蒸气量。一般适用于口服固体制剂用包装容器，如固体瓶等，常用试验条件如下：

温度（40±2）℃，相对湿度 75%±5%；

温度（30±2）℃，相对湿度 65%±5%；

温度（25±2）℃，相对湿度 75%±5%。

测定法：取试验容器适量，用干燥绸布擦净每个容器，将容器盖连续开、关 30 次后，在容器内加入干燥剂（20ml 或 20ml 以上的容器，加入干燥剂至距瓶口 13mm 处；小于 20ml 的容器，加入的干燥剂量为容器容积的 2/3），立即将盖盖紧。另取两个容器装入与干燥剂相等量的玻璃小球，作对照用。容器盖紧后分别精密称定，然后将容器置于恒温恒湿箱中，放置 72h，取出，用干燥绸布擦干每个容器，室温放置 45min，分别精密称定。按下式计算水蒸气透过量（WVT）。

$$\mathrm{WVT}=\frac{1000}{3V}\times\left[(m_t-m_i)-(C_t-C_i)\right] \tag{6-9}$$

式中，WVT 为供试品的水蒸气透过量，mg/（24h·L）；V 为容器的容积，ml；m_i 为容器试验前的质量，mg；C_i 为对照容器试验前的平均质量，mg；m_t 为容器试验后的质量，mg；C_t 为对照容器试验后的平均质量，mg。

B. 减重法：指在规定的温度、相对湿度环境下，一定时间内容器内水分损失的百分比。一般适用于口服、外用液体制剂用容器、输液容器等包装容器。常用试验条件为：

温度（40±2）℃，相对湿度 25%±5%；

温度（25±2）℃，相对湿度 40%±5%；

温度（30±2）℃，相对湿度 35%±5%。

测定方法为在试验容器中加水至标示容量，旋紧瓶盖，精密称定。然后将容器置于恒温恒湿箱中，放置 14 天，取出后，室温放置 45min 后，精密称定，按下式计算水分损失百分率。

$$水分损失百分率=\frac{m_1-m_2}{m_1-m_0}\times 100\% \tag{6-10}$$

式中，水分损失百分率即为容器水蒸气透过量，%；m_1 为试验前容器及水溶液的质量，g；m_0 为空容器质量，g；m_2 为试验后容器及水溶液的质量，g。

如供试品为已灌装好液体的包装（如输液产品）时，除另有规定外，取供试品精密称定，然后将供试品置于恒温恒湿箱中，放置 14 天，取出后，室温放置 45min 后，精密称定。按下式计算水分损失百分率。

$$水分损失百分率=\frac{m_1-m_2}{m_1}\times 100\% \tag{6-11}$$

式中，水分损失百分率即为容器水蒸气透过量，%；m_1 为试验前容器及水溶液的质量，g；m_2 为试验后容器及水溶液的质量，g。

② 电解分析法　电解分析法系指水蒸气遇电极电解为氢气和氧气，通过电解电流的数值计算出一定时间内透过单位面积供试品的水蒸气透过总量的分析方法。常用试验条件为：

温度（23±0.5）℃，相对湿度 85%±2%；

温度（38±0.5）℃，相对湿度 90%±2%。

测定方法为选取厚度均匀，无皱褶、折痕、针孔及其他缺陷的供试品，按仪器使用说明书进行试验操作，当显示的数值稳定后，测试结束。所需相对湿度可通过盐溶液调节。常用的温湿度配制方法见表 6-1。

表 6-1　常用温湿度配制表

温度/℃	相对湿度/%	饱和溶液
23	85	KCl
38	90	KNO_3

水蒸气透过量（WVT）可由仪器所带的计算机分析软件进行直接计算得到，也可按下式进行计算。

$$\mathrm{WVT}=8.067\times I/S \tag{6-12}$$

式中 WVT 为供试品的水蒸气透过量，g/（m^2 • 24h）；S 为供试品的透过面积，m^2；I 为电解电流，A；8.067 为常数，g/（A • 24h）。

试验结果以三个供试品的算术平均值表示，除高阻隔性能供试品[水蒸气透过量结果小于等于 0.5g/(m^2 • 24h)]外，每一个供试品测定值与平均值的差值不得超过平均值的±10%。高阻隔性能供试品每次测定值均不得大于 0.5g/（m^2 • 24h）。

③ 红外检测法　红外检测法适用于药用薄膜或薄片等片材的水蒸气透过量的测定。用供试品将测试腔隔开，一边设为低湿腔，无水蒸气；另一边设为高湿腔，里面充满水蒸气且温度已知。由于存在一定的湿度差，水蒸气从高湿腔通过供试品渗透到低湿腔，由载气传送到红外检测器产生一定量的电信号，当试验达到稳定状态后，通过输出的电信号计算出供试品水蒸气透过率。

常用试验条件为：

温度（25±0.5）℃，相对湿度 90%±2%；

温度（38±0.5）℃，相对湿度 90%±2%；

温度（40±0.5）℃，相对湿度 90%±2%；

温度（23±0.5）℃，相对湿度 85%±2%；

温度（25 ±0.5）℃，相对湿度 75%±2%。

水蒸气透过量（WVT）也可由仪器所带的计算机分析软件进行直接计算得到，也可按下式计算。

$$\mathrm{WVT}=\frac{S\times(E_S-E_0)}{(E_R-E_0)}\times\frac{A_R}{A_S} \tag{6-13}$$

式中，WVT 为供试品的水蒸气透过量，g/（m^2 • 24h）；E_0 为零点漂移值电压，V；E_R 为参考膜测试稳定时电压，V；S 为参考膜水蒸气透过率，g/（m^2 • 24h）；E_S 为供试品测试稳定时电压，V；A_R 为参考膜测试面积，m^2；A_S 为供试品测试面积，m^2。

试验结果以三个供试品的算术平均值表示，除高阻隔性能供试品[水蒸气透过量结果小于等于 0.5g/(m^2 • 24h)]外，每一个供试品测定值与平均值的差值不得超过平均值的±10%。

高阻隔性能供试品每次测定值均不得大于 0.5g/（m^2 • 24h）。试验结果以所测三个试样的算术平均值表示，结果若小于 1，小数点后保留 2 位；大于 1，则保留两位有效数字。

（5）药用高分子材料的透明性和遮光性　药物的性质不同，对药品包装用高分子材料的透明性和遮光性要求也不同。但在药典中并未有明确的规定，各个生产企业则根据所生产的药品进行透明性或遮光性的包装。

① 透明性的包装　大多数非晶态高聚物，当其不含杂质时，都是透明的，如聚苯乙烯、聚氯乙烯的透光率均在90%以上，聚乙烯、聚丙烯也是透明软塑料。晶态聚合物的透明性比较复杂，在结晶态和非结晶态共存时，若两相态密度相同，折射率也相同，则材料透明，否则就不透明；结晶度很高的聚合物，若晶体尺寸小于可见光波长，则晶体不会对光产生干涉作用，材料透明；相反，当晶体尺寸大于可见光波长时，由于光散射使材料变得不透明而呈乳白色。目前非PVC包装输液袋都是透明的，液体制剂基本选用透明性好的材料。

一般可利用分光光度计测定材料的透光率说明其透明性。

② 遮光性的包装　如果药物的化学稳定性或物理稳定性（如降解、变色、变相等）受光辐射影响，则要求高聚物材料具有遮光性。总体上，高聚物材料多属透明或半透明的，通常需添加着色剂或紫外光吸收剂以提高其遮光能力。常采用的可见遮光剂有氧化铁、二氧化钛。一般瓶、管、盒等中空容器由于外壁较厚，加入适量遮光剂即有很好效果，而薄膜包装则由于厚度太小，即使加入着色剂，遮光效果也不甚理想。

高分子材料的物理性能测试都有相应的标准测试方法，国家标准化管理委员会和中国石油和化学工业联合会对大多数塑料及其制品发布有国家标准(GB)和部颁标准(HG和HGB)，美国试验与材料学会(ASTM)也制定了大量性能测试方法供高分子材料的物理性能测试参考。

2. 药包材化学试验方法

药包材化学试验方法主要指对高分子包装材料的化学性质进行的检查，根据不同包装材料性质选择恰当项目进行检查。如鉴别试验（燃烧试验、干馏试验、溶解性试验及红外光谱分析）、纯度试验（输液用、滴眼剂用容器纯度要求较高，包括重金属、灼烧残渣、增塑剂及稳定剂含量）、吸着性试验、溶出性试验、耐受试验（憎水性、耐溶剂性及耐酸碱性）、耐老化试验（耐热性、耐湿性及耐光性）等。下面主要介绍吸着性和溶出性试验方法。

（1）吸着性试验方法　药物成分可能向包装材料迁移并吸附在材料中，这种吸附材料常称为吸着剂。吸着剂给某些药物制品带来两方面的不良后果。一方面，一些小剂量高效药物可因吸着造成剂量损失而显著影响疗效，如硝酸甘油片剂量仅为0.5mg，挥发性又强，容易被高聚物材料吸着，不宜采用聚合物材料包装。另一方面，含有微量防腐剂的药品，也可因吸着性造成损失，使这些防腐剂不能有效地抑制细菌或霉菌生长。影响吸着性的因素包括药物本身的化学结构、药剂的pH值、溶剂种类及浓度，以及材料的结构和面积等，环境温度和接触时间也起一定作用。不同药物及其剂型对材料的吸着性要求也不同，试验实例见表6-2。

表6-2　不同药物剂型对不同材料的吸着性实例

包装材料	针对药物	吸着性结果
M312非PVC输液袋、玻璃输液瓶、PVC输液袋	多柔比星、头孢噻肟钠、头孢硫脒、环孢素、氟尿嘧啶、地尔硫䓬、顺铂、泮托拉唑钠	吸着性：PVC输液袋＞非PVC输液袋 非PVC输液袋对药物吸附性小[31]
PVC、PVC、PP三层共挤复合膜、玻璃容器	丹红、丹参、冠心宁三种中药注射剂	吸着性：PVC材料＞PVC材料和非PVC三层共挤复合膜＞玻璃容器[32]
PVC输液袋、M312C非PVC输液袋、玻璃输液瓶	胺碘酮、氯丙嗪、头孢他啶、头孢呋辛钠、川芎嗪、西咪替丁、克林霉素、地塞米松	吸着性：PVC输液袋＞非PVC输液袋[33]

续表

包装材料	针对药物	吸着性结果
M312 非 PVC 输液袋、玻璃输液瓶、PVC 输液袋	常规人胰岛素（重组 DNA）、硝酸异山梨酯、硝酸甘油、地西泮、紫杉醇、利多卡因、香丹注射液、头孢噻肟钠、头孢拉定、头孢曲松、甲硝唑磷酸二钠、环磷酰胺、甲氨蝶呤、氟尿嘧啶、奥美拉唑	吸着性：PVC 输液袋及玻璃输液瓶对一些药物有吸着，吸着性大于非 PVC[34]
非 PVC 多层共挤膜输液袋、玻璃输液瓶、PP 输液瓶	氟尿嘧啶	吸着性：PP 输液瓶对氟尿嘧啶有吸着性[35]

注：PVC 为聚氯乙烯，PP 为聚丙烯。

由此看出，对于不同药物，聚氯乙烯（PVC）输液袋均对药物有较强的吸着性，非 PVC 高分子材料输液袋则具有较弱的吸着性，故非 PVC 输液袋目前成为含药输液包装的首选材料。

（2）溶出性试验方法　药用高分子的溶出性主要是指存在于高分子中的助剂从包装容器中扩散进入药品中的性质。虽然在制备高分子材料选择助剂时已经考虑了它们的毒性问题，但这些物质或多或少地会迁移到所包装的物品上，尤其是液体药品。例如邻苯二甲酸二辛酯被认为是毒性最低的增塑剂之一，但一些研究发现，含该种增塑剂的 PVC 输血袋，血液保存时间越长，输血病人发生肺源性休克的现象就越多。

一般情况下高分子材料自身溶出量非常少，但在某些特殊条件下也可能发生溶出。例如聚乙烯与油脂长期接触，低分子量聚乙烯就可能有少量的溶出。干燥不充分的聚酯在加工时可能有些酯键会水解，水解生成的小分子也可以溶出，有油脂、酒精及大量水或有机溶剂的液体药剂中，这种溶出现象会变得更为突出。溶出物影响药剂的外观、色泽、口味，严重的则与药物发生相互作用，影响疗效。以聚氯乙烯树脂制备的输液袋，增塑剂邻苯二甲酸二辛酯从输液袋中溶出可形成不溶性微粒，须严格注意其中增塑剂的溶出对药液澄明度的影响。

3. 高分子药包材的安全性及其生物学试验

（1）高分子药包材生物相容性试验　生物相容性是指材料与生物体接触后不引起明显的毒性、刺激或过敏反应的能力。高分子药包材生物相容性试验是指药品与包装材料相容性评价。药用高分子包装材料需要具备良好的生物相容性，材料应该与生物体的组织和细胞相互作用良好，不会对其产生不良影响。

① 药品与包装材料相容性研究的内容　药品与包装材料相容性研究的内容主要包括三个方面：提取研究、相互作用研究（包括迁移试验）以及吸附试验安全性研究。相容性研究的试验材料为塑料材料、塑料部件或塑料包装容器，这些材料主要用于直接接触药品的包装系统，该类包装系统既能为药品提供保护，以满足其预期的安全有效性用途，又应与药品具有良好的相容性，即不能引入可引发安全性风险的浸出物，或引入浸出物的水平符合安全性要求。是否需要进行相容性研究，以及进行何种相容性研究，应基于对制剂与包装材料发生相互作用的可能性以及评估由此可能产生安全性风险的结果进行。

② 药品与包装材料相互作用可能性的预判　大多液体制剂在处方中除活性成分外还含有一些功能性辅料（助溶剂、防腐剂、抗氧剂等），这些功能性辅料与包装材料发生相互作用的可能性较大，有可能促进包装材料中成分的溶出，因此，需要进行相互作用可能性的预判。如吸入气雾剂或喷雾剂、注射液或注射用混悬液、眼用溶液或混悬液、鼻吸入气雾剂或喷雾剂等制剂，由于给药后将直接接触人体组织或进入血液系统，被认为是风险程度较高的

品种，按照药品给药途径的风险程度及其与包装材料发生相互作用的可能性分级，与口服制剂相比，这些制剂被列为与包装材料发生相互作用可能性较高的高风险制剂，必须进行药品与包装材料的相容性研究，以证实包装材料与制剂具有良好的相容性。

③ 包装材料与药品的相互影响　对药品来说，包装应适用于其预期的临床用途，并应具备如下特性：保护作用、相容性、安全性与功能性。相容性是药品包装必须具备的特性之一，相容性研究则是说明包装材料与药品之间是否发生严重的相互作用，并是否导致药品有效性和稳定性发生改变，或者产生安全性风险的过程，即药品与包装材料的相容性研究贯穿于药品研发的整个过程。对包装组件所用材料以及添加剂等进行分析，然后通过初步的稳定性试验、加速试验和长期稳定性试验考察包装材料对药品稳定性的影响，并通过药物与包装材料的相容性研究考察包装材料中成分迁移进入药品的程度、包装材料对制剂中活性成分与功能性辅料的吸附程度，确认包装材料可以保证药品质量稳定，并与药品相容性良好；同时药品上市变更包装后包装材料的影响也包括了包装材料与药品的相容性研究，以证明这种变更不足以对药品质量以及包装材料功能性产生不可接受的变化，即不会导致安全性风险。

（2）药品与包装材料相容性研究步骤

① 确定直接接触药品的包装组件。

② 了解或分析包装组件材料的组成、包装组件与药品的接触方式与接触条件、生产工艺过程。

③ 分别对包装组件所采用的不同包装材料进行提取试验，对可提取物进行初步的风险评估并预测潜在的浸出物。

④ 进行制剂与包装容器系统的相互作用研究，包括迁移试验和吸附试验，获得包装容器系统对主辅料的吸附及在制剂中出现的浸出物信息。

⑤ 对制剂中的浸出物水平进行安全性评估。

⑥ 对药品与所用包装材料的相容性进行总结，得出包装系统是否适用于药品的结论。

综上所述，高分子材料的生物相容性在药物运用过程中会直接影响到人们的生命安全，应用具体指导内容可参考《国家食品药品监督管理总局关于发布 YBB 00032005—2015〈钠钙玻璃输液瓶〉等 130 项直接接触药品的包装材料和容器国家标准的公告》（2015 年第 164 号）。

（3）高分子药包材毒性试验　高分子药用包装材料的毒性不仅与高聚物本身有关，在很大程度上还与残留单体及各种添加剂有关。如聚酯本身无毒，但其安全性问题来自聚合过程中残留的催化剂，如锑、锗等重金属。

针对药用高分子材料的毒性试验，目前有急性全身毒性检查法、细胞毒性检查法、体内生物学试验，分述如下：

① 药包材急性全身毒性检查法　药包材急性全身毒性检查法是指将一定剂量的供试品溶液注入小鼠体内，在规定时间内观察小鼠有无毒性反应和死亡情况，以判定供试品是否符合规定的一种方法。

浸提介质为 0.9%氯化钠注射液、新鲜精制植物油（如棉籽油等）、乙醇-0.9%氯化钠注射液（1∶20）及聚乙二醇 400。方法为将样品浸没在浸提介质中进行充分浸提，浸提液作为供试品，对照液为浸提介质（不含有供试品），供试品溶液和对照液在制备后 24h 内使用，以注射速度 0.1ml/s 将供试品溶液和对照液注射至小鼠体内，观察小鼠即时反应，并分别于 4h、24h、48h、72h 观察和记录试验组和对照组小鼠的一般状态、毒性表现和死亡小鼠数，并在 72h 时称量小鼠体重，如果观察期内供试品组小鼠的毒性反应不显著大于对照组小鼠，则判定供试品合格。

② 药包材细胞毒性检查法　药包材细胞毒性检查法是指将供试品或供试品溶液接触细胞，通过对细胞形态、增殖和抑制影响的观察，评价供试品对体外细胞的毒性作用。具体方法为选用含血清哺乳动物细胞的培养基作为浸提介质，浸提比例以供试品厚度对于不同的浸提介质体积，浸提条件以不同温度对应不同时间为基础，参照相对增殖度法、琼脂扩散法、直接接触法及浸提法进行检查。

③ 体内生物学试验　经过体外生物学反应性试验合格的高分子包装材料一般不要求做体内生物学试验，但体外试验有显著生物活性者必须做进一步的体内试验。此外，对于包装注射剂和血液制品的材料、包装滴眼液的材料以及直接与人体接触的植入剂高分子材料等也需进行体内生物学试验。

体内生物学试验包括材料提取液的静脉注射或腹腔注射、皮内注射、眼内刺激性以及材料的埋植试验。对于输液剂等灭菌或无菌药品的高分子包装材料还必须进行无菌试验、热原试验以及溶血试验等安全性试验。

药包材溶血试验：药包材溶血检查法是将药包材供试品与血液接触，测定红细胞释放的血红蛋白量，以此评价供试品体外溶血程度的方法。实验中需设立三个组别样品：供试品组（供试品+0.9%氯化钠注射液）、阴性对照组（0.9%氯化钠注射液）、阳性对照组（纯化水）。样品分别加入抗凝（用抗凝剂3.2%枸橼酸钠或2%草酸钾将健康家兔新鲜血液抗凝备用）后的稀释兔血，定时保温，用紫外-可见分光光度法（545nm波长）测定吸光度（阴性对照管吸光度≤0.03；阳性对照管吸光度0.8±0.3），按下式计算溶血率：

$$\text{溶血率}=\frac{\text{供试品组吸光度}-\text{阴性对照组吸光度}}{\text{阳性对照组吸光度}-\text{阴性对照组吸光度}}\times 100\% \qquad (6\text{-}14)$$

当溶血率小于5%时为合格品。

高分子药用包装材料或容器的评价除上述主要内容外，对于包装不同制剂的容器还有各自需进行的特殊检查。例如对于血液制品的塑料包装容器，规定了撕裂检查、裂隙检查、温度变异试验以及透光率检查等；对包装液体制剂，尤其是包装注射液的容器则要求全面检查其生物性能和理化性能等。

（三）药用高分子包装材料的质量检查实例

1. 固体制剂的药用高分子包装材料

固体制剂的药用高分子包装材料[10]目前应用的有明胶空心胶囊、羟丙甲纤维素空心胶囊、羟丙基淀粉空心胶囊等。

例一：羟丙甲纤维素及其空心胶囊

① 羟丙甲纤维素　羟丙甲纤维素即2-羟丙基醚甲基纤维素，为半合成品，分子量范围为1万～150万。分为四种取代型，即1828、2208、2906、2910型，其质量检测包括性状、溶解度、成分鉴别、黏度、酸碱度、干燥失重、炽灼残渣、重金属及含量测定。

羟丙甲纤维素含量测定方法主要针对甲氧基成分测定，具体步骤按照甲氧基、乙氧基与羟丙氧基测定法［《中国药典》（2025年版）四部通则0712］进行操作。

② 羟丙甲纤维素空心胶囊质量检测

A. 性状检查　羟丙甲纤维素为高分子材料，具有柔性链，能成形，要求空心囊呈圆筒状，由可套合和锁合的帽和体两节形成质硬且有弹性的空囊。囊体光洁、色泽均匀、切口平整、无变形、无异臭。分为透明（两节均不含遮光剂）、半透明（仅一节含遮光剂）、不透明（两节均含遮光剂）三种。

B. 空心胶囊质量检查　对于形成胶囊壳的检查主要是从药物制剂角度出发，对形成胶囊壳的成分、形成胶囊壳的松紧度，以及囊壳的密合度、脆碎度、重金属及微生物限度项目进行检查，检测步骤见《中国药典》相关要求。

例二：注射用无菌粉末用卤化丁基橡胶塞

注射用无菌粉末用卤化丁基橡胶塞执行 YBB00052005 标准，该标准适用于直接与注射用无菌粉末接触的氯化或溴化丁基橡胶塞（不含冷冻干燥用胶塞）的检验，注射用无菌粉末用卤化丁基橡胶塞的检测项目包括穿刺力、穿刺落屑、自密封性、吸光度、胶塞与容器密合性等指标。

2. 液体制剂的药用高分子包装材料

液体制剂包装包括口服、外用、注射用液体制剂的包装，以多层共挤输液用膜、袋为代表，多层共挤输液用膜、袋一般指非聚氯乙烯输液共挤膜、袋，常用聚乙烯、聚丙烯及其他成分形成膜、袋，因组成成分比例不同，质量标准也不同，如三层共挤输液用膜（多室袋用膜），适用于包装液液双室、液液多室制剂，检测项目有外观、鉴别、温度适应性、抗跌落、透明度、穿刺力等项目检测。

例：聚丙烯/聚丙烯/聚丙烯三层共挤膜的检查

聚丙烯/聚丙烯/聚丙烯三层共挤膜系指聚丙烯为主体，采用共挤出工艺，不使用黏合剂所形成的三层输液用膜、袋。检测项目有外观（透明、光洁、无肉可见的异物）、鉴别［显微特征、红外光谱、灭菌适应性试验（温度、抗跌落、透明性、不溶性微粒）］、使用适应性试验［（袋）穿刺力、穿刺器保持性和插入点不渗透性、注药点密封性、悬挂力］、物理性能［水蒸气透过量、氧气透过量、氮气透过量、拉伸强度（膜）、热合强度（袋）］、透光率、炽灼残渣、金属元素、溶出物试验（澄清度、颜色、pH、紫外吸光度、不挥发物、NH_4^+、Ba^{2+}、Cu^{2+}、Cr^{2+}、Pb^{2+}、Sn^{2+}、Al^{3+}、重金属及泡沫试验）、细菌内毒素、生物试验（包括细胞毒性、致敏试验、皮内刺激试验、急性全身毒性试验及溶血试验）。

综上所述，药用高分子材料是包装领域中特殊的一类材料，各个国家医药管理部门均对包装管理及质量检验、包装材料及其容器质量、标准化等有明确规定，有各自相应的药品包装法规，但目前作为药用包装的高分子材料的品种并不多，至今，仅有聚乙烯、聚丙烯、聚苯乙烯、聚酯-聚氯乙烯、聚四氟乙烯、聚甲基丙烯酸甲酯、聚碳酸酯等，由于这些包材各自性质不同，在检测方法上需区别对待。所以，在使用这些材料以及新来源的包装材料时，必须严格按现有高分子材料的国家标准进行质量控制。

思考题

1. 药包材的细胞毒性主要涉及高分子哪些方面？
2. 不同制剂中的药包材有何特点？

参考文献

［1］ 孙旭然. 生物医药行业发展趋势与机遇分析［J］. 中国国情国力，2022（08）：25-29.

［2］ 国家药品监督管理局.中华人民共和国药品管理法［S］. 2019.

［3］ 杨文展，王恕. 药品包装与用药安全性的思考［J］. 中国药房，2000，11（06）：246-247.

［4］ 药品包装用材料、容器标准汇编［M］. 北京：中国标准出版社，2001.

[5] 中国食品药品检定研究院. 国家药包材标准［M］. 北京：中国医药科技出版社，2015.
[6] 黄雅理，孙会敏，林飞，等. 采用细胞毒性试验对23个药用包装材料进行生物安全性评价［J］. 癌变•畸变•突变，2022，34（02）：139-143.
[7] 左笑丛，谢冰玲. 谈药品包装的适用性［J］. 中国药事，1999，13（06）：6-8.
[8] 蔡荣. 固体制剂药品包装材料的选择与要求［J］. 上海包装，2008（04）：15.
[9] 谢斯彦. 基于患者体验的固体制剂药用塑料瓶设计研究［J］. 艺术与设计（理论），2013，2（11）：113-115.
[10] 梅丽芳，谢新艺，杨芳芳，等. 不同药用包装材料包装小儿氨酚黄那敏颗粒的影响因素试验［J］. 广东化工，2021，48（21）：6-7.
[11] 刘娟，陈颖，汪国华. 大力发展我国的非PVC大输液包装容器［J］. 中国药业，2005，14（01）：15-16.
[12] 张友根. 塑料包装原辅材料绿色化进展［J］. 湖南包装，2012，27（02）：8-13.
[13] 洪定一. 塑料工业手册:聚烯烃［M］. 北京：化学工业出版社，1999.
[14] 陈乐怡. 合成树脂及塑料速查手册［M］. 北京：机械工业出版社，2006.
[15] 朱廷丽，张毅兰. 药用丁基橡胶塞与蛋白质药物相容性简述［J］. 中国医药工业杂志，2017，48（08）：1099-1105.
[16] 焦书科，夏宇正. 丙烯酸酯橡胶（ACM）研发进展［J］. 丙烯酸化工与应用，2007，20（3）：9.
[17] 李晓俊，刘小兰，李铭新. PET/MMT纳米复合材料的制备及其在液体包装中的应用［J］. 工程塑料应用，2005，33（03）：38-41.
[18] 董志远，王克俭. 高阻隔性包装材料发展综述［J］. 塑料包装，2018，28（02）：1-4.
[19] 周新军. 聚丙烯的应用研究进展［J］. 乙醛醋酸化工，2018（6）：11.
[20] 张治国. 塑料热成型技术问答［M］. 北京：印刷工业出版社，2012：23.
[21] 秦紫明，施均. 食品用塑料包装材料的安全性研究［J］. 上海塑料，2010，38（04）：14-18.
[22] 陶永亮，李彬杰，杨建京. 医用塑料应用与介绍［J］. 橡塑技术与装备，2022，48（12）：1-7.
[23] 陶国源. 聚醚酰亚胺（PEI）的性能、加工及应用［J］. 塑料制造，2006（07）：38-45.
[24] 李智杰. 新型聚芳醚砜的制备与性能研究［D］. 上海：东华大学，2021.
[25] 张招贵，刘峰，余政. 有机硅化合物化学［M］. 北京：化学工业出版社，2010.
[26] 谢庆兰，张增佑. 具有生物活性的有机硅化合物研究近况［J］. 有机化学，1984，4（03）：187-192.
[27] 王亮梅. 膨体聚四氟乙烯医用膜材料开发研究［D］. 杭州：浙江工业大学，2001.
[28] 姚日生. 药用高分子材料［M］. 3版. 北京：化学工业出版社，2018.
[29] 郑俊民. 药用高分子材料学［M］. 3版. 中国医药科技出版社，2009：186-198.
[30] 国家药典委员会. 中华人民共和国药典［M］. 2025年版. 四部. 中国医药科技出版社，2025.
[31] 田丽珠. 3种不同材质输液容器对8种药品的吸附性研究［J］. 中国民康医学，2016，28（07）：57-59+79.
[32] 孙燕伟，韩博. 三种不同材质输液容器对三种中药注射剂有效成分吸附性研究［J］. 中小企业管理与科技，2011（19）：322.
[33] 薛金华. 3种不同材质输液容器对8种药物的吸附性研究［J］. 中国药事，2009，23（12）：1205-1207.
[34] 徐小薇，杜小莉，李大魁，等. 3种不同材质输液容器对15种药物的吸着性实验［J］. 中国药学杂志，2004，39（03）：45-48.
[35] 潘文. 3种材质输液容器对氟尿嘧啶的吸附性考察［J］. 中国药师，2009，12（09）：1244-1245.